Basiswissen Psychologie

Herausgegeben von
J. Kriz, Osnabrück, Deutschland

Weitere Informationen zu dieser Reihe finden Sie unter
http://www.springer.com/series/12310

Die erfolgreiche Lehrbuchreihe im Programmbereich Psychologie: Das Basiswissen ist konzipiert für Studierende und Lehrende der Psychologie und angrenzender Disziplinen, die Wesentliches in kompakter, übersichtlicher Form erfassen wollen.

Eine ideale Vorbereitung für Vorlesungen, Seminare und Prüfungen: Die Bücher bieten Studierenden in aller Kürze einen fundierten Überblick über die wichtigsten Ansätze und Fakten. Sie wecken so Lust am Weiterdenken und Weiterlesen.

Neue Freiräume in der Lehre: Das Basiswissen bietet eine flexible Arbeitsgrundlage. Damit wird Raum geschaffen für individuelle Vertiefungen, Diskussion aktueller Forschung und Praxistransfer.

Herausgegeben von
Prof. Dr. Jürgen Kriz
Universität Osnabrück

Wissenschaftlicher Beirat:
Prof. Dr. Markus Bühner
Ludwig-Maximilians-Universität
München

Prof. Dr. Jochen Müsseler
Rheinisch-Westfälische
Technische Hochschule Aachen

Prof. Dr. Thomas Goschke
Technische Universität Dresden

Prof. Dr. Astrid Schütz
Otto-Friedrich-Universität Bamberg

Prof. Dr. Arnold Lohaus
Universität Bielefeld

Thomas Schäfer

Methodenlehre und Statistik

Einführung in Datenerhebung,
deskriptive Statistik und
Inferenzstatistik

 Springer

Thomas Schäfer
Technische Universität Chemnitz
Chemnitz, Deutschland

Dieses Buch ist eine Zusammenfassung und Überarbeitung der beiden Bände Statistik I und Statistik II.

Zusätzliches Material zu diesem Buch finden Sie auf http://www.lehrbuch-psychologie.de

Basiswissen Psychologie
ISBN 978-3-658-11935-5   ISBN 978-3-658-11936-2   (eBook)
DOI 10.1007/978-3-658-11936-2

Die Deutsche Nationalbibliothek verzeichnet diese Publikation in der Deutschen National-bibliografie; detaillierte bibliografische Daten sind im Internet über http://dnb.d-nb.de abrufbar.

Springer
© Springer Fachmedien Wiesbaden 2016

Gedruckt auf säurefreiem und chlorfrei gebleichtem Papier

Springer Fachmedien Wiesbaden GmbH Teil der Fachverlagsgruppe Springer Science+Business Media (www.springer.com)

Danksagung

Für tatkräftige Unterstützung, wertvolle Hinweise und konstruktive Kritik, die zum Gelingen dieses Buches beigetragen haben, danke ich ganz herzlich Doreen Zimmermann, Juliane Eberth und Frederik Haarig. Mein besonderer Dank für eine angenehme Zusammenarbeit und tatkräftige Unterstützung geht auch an den Herausgeber, Jürgen Kriz, sowie die Mitarbeiterinnen und Mitarbeiter beim Springer-Verlag.

Inhalt

Die wissenschaftliche Sicht auf den Menschen

Im Grunde genommen versucht jeder Mensch ein Psychologe zu sein. Menschen fragen oder wundern sich, warum andere Menschen bestimmte Dinge tun oder lassen, warum sie dieses oder jenes sagen, warum sie ihnen sympathisch erscheinen oder nicht. Und sie haben ihre ganz persönlichen Ideen und Erklärungen – nicht nur für das Verhalten anderer sondern auch für ihr eigenes. Diese Alltagspsychologie liefert einen guten Anhaltspunkt für die Themen, mit denen sich auch „echte" Psychologen beschäftigen. Der entscheidende Unterschied liegt jedoch in der Art und Weise, wie nach den Antworten auf die gestellten Fragen gesucht wird, oder kurz, in der *Methode*.

Die Psychologie ist eine Wissenschaft an der Schnittstelle zwischen Natur- und Geisteswissenschaften. Das Ziel dieses Buches ist es zu verdeutlichen, was die Psychologie als Wissenschaft auszeichnet und wie der Weg von einer Frage zu einer wissenschaftlich fundierten Erkenntnis aussieht. Jede Psychologin und jeder Psychologe – auch wenn sie oder er nicht selbst Forscher werden möchte – sollte wissen, was wissenschaftliche Aussagen und Erkenntnisse von bloßen Meinungen oder Behauptungen unterscheidet und wie man gute von weniger guten Forschungsergebnissen trennen kann. Nur so kann vor allem in der praktischen Anwendung psychologischer Erkenntnisse sinnvolles Handeln und Entscheiden sichergestellt werden.

Der Weg von einer Fragestellung zu einer wissenschaftlichen Erkenntnis schließt in der Psychologie in der Regel die Planung von Untersuchungen, die Sammlung von Daten und schließlich deren statistische Auswertung ein. Um einen möglichst vollständigen Eindruck von diesem Prozess zu gewinnen, werden wir uns mit allen diesen Schritten beschäftigen, wobei der Fokus dieses Buches auf der Statistik liegt. Das Planen und konkrete Umsetzen von Untersuchungen mit Hilfe verschiedener methodischer Verfahren und Instrumente bezeichnen wir als *Forschungsmethodik*. Die Vertrautheit mit diesen Methoden ist die Voraussetzung für

© Springer Fachmedien Wiesbaden 2016
T. Schäfer, *Methodenlehre und Statistik*,
DOI 10.1007/978-3-658-11936-2_1

ein richtiges Verständnis der *statistischen Verfahren*, mit denen die gesammelten Daten ausgewertet und aufbereitet werden. In den Ergebnissen der statistischen Analysen und deren inhaltlicher Interpretation besteht oft der eigentliche Erkenntnisfortschritt.

1.1 Wissen braucht Methode: Das Anliegen der Psychologie als Wissenschaft

Der Ursprung der wissenschaftlichen Psychologie

Woher kommt die Psychologie? Ihre Ursprünge liegen in der Philosophie. Bis Anfang des 20. Jahrhunderts war die Philosophie für alle Fragen zuständig, die mit dem Menschen und seinem Platz in der Welt zu tun haben. Das Leib-Seele-Problem beispielsweise ist eine Frage, die schon die alten Philosophen umgetrieben hat: Platon war der Auffassung, dass Körper und Geist zwei vollständig voneinander getrennte Dinge sind, während Aristoteles glaubte, dass sie mehr oder weniger zwei Seiten einer Medaille darstellen und je nach Betrachtungsweise nur anders erscheinen. Für die Philosophie ist charakteristisch, dass diese beiden widersprüchlichen Auffassungen nebeneinander existieren können, ohne dass eine von beiden je für endgültig „richtig" oder „falsch" erklärt würde.

Heute gilt die Philosophie als Universalwissenschaft, aus der sich nicht nur die Psychologie, sondern alle sogenannten Einzelwissenschaften (z. B. Biologie, Physik, Theologie) nach und nach entwickelt haben. Die Entwicklung des naturwissenschaftlichen Denkens, dessen *empirische Methodik* und Streben nach einer „objektiven Wahrheit" den größten Unterschied zur Philosophie darstellen, hatte dabei einen besonderen Einfluss auf die Entstehung einer von der Philosophie abgelösten Psychologie.

So war es denn auch ein griechischer Philosoph, Pythagoras (wohl eher bekannt für seine Entdeckung der geometrischen Beziehungen in Dreiecken), der für die Naturwissenschaft, wie wir sie heute kennen, eine zündende Rolle gespielt hat. Vor 2500 Jahren experimentierte er mit Tönen, die schwingende Saiten von sich gaben und fand heraus, dass diese Töne dann ein harmonisches Zusammenspiel ergaben, wenn man die Saiten in ganzzahligen Verhältnissen teilte. Eine Saite, die man genau in der Mitte teilte (also im Verhältnis 1:1), ergab zum Beispiel einen Ton, der genau eine Oktave über dem ursprünglichen Ton lag. Das Revolutionäre daran war, dass ein von uns Menschen subjektiv empfundenes Phänomen (Harmonie) durch simple mathematische Zahlenverhältnisse abgebildet werden konnte. Das menschliche Empfinden ließ sich also in Zahlen fassen. Da lag es nahe, dass das, was für einfache Töne galt, auch auf den Rest der Natur zutreffen sollte. Damit war die Idee der Naturwissenschaft geboren, nämlich dass sich die Natur und der Mensch prinzipiell mit Hilfe von Zahlen und Gesetzmäßigkeiten darstellen und verstehen lassen.

Die im 16. und 17. Jahrhundert aufblühenden Naturwissenschaften konnten mehr und mehr Erkenntnisse vorlegen, die durch objektive Methoden (wie Messinstrumente und eine vereinheitlichte wissenschaftliche Sprache) ermöglicht wurden. Naturwissenschaftliche Erkenntnisse vermehrten sich radikal und streiften auch den Menschen selbst – vor allem in den Bereichen Medizin und Physiologie. Daraufhin begann sich allmählich die Idee durchzusetzen, dass nicht nur der Körper des Menschen als Teil der Natur anzusehen und mit naturwissenschaftlichen Methoden zu untersuchen war, sondern auch der Geist, einschließlich des Bewusstseins. Damit wandelte sich die seit langem gestellte Frage „Was ist das Bewusstsein?" zur Frage „Wie funktioniert Bewusstsein?" Die *Deutung* des Bewusstseins wurde also aufgegeben und durch eine *Analyse* des Bewusstseins ersetzt. Bei einer Analyse geht man davon aus, dass das Wesen der Dinge ausschließlich durch ihre Funktionsweise definiert ist. Und so begann man, das Funktionieren des Bewusstseins naturwissenschaftlich zu untersuchen. Das bedeutete auch, dass das Bewusstsein in einzelne, untersuchbare Teile zerlegt werden musste (wie zum Beispiel Gedächtnis, Sprache, Wahrnehmung). Diese funktionelle Teilung findet sich noch heute in der Psychologie.

Man kann also zusammenfassen, dass der Schritt von der Philosophie zur Psychologie ein methodischer Schritt war. Der Geist und das Bewusstsein sollten fortan nicht mehr mit philosophisch-deutenden sondern mit naturwissenschaftlichen Methoden untersucht werden. Was aber zeichnet die naturwissenschaftlichen Methoden aus?

Das Denken in Zahlen und Daten

Das Wort *Methode* stammt aus dem Griechischen und bedeutet soviel wie „der Weg". Die Methode ist demnach ein Weg oder Werkzeug. Wenn wir als Psychologen Fragen über den Menschen stellen, müssen wir einen Weg gehen und Werkzeuge benutzen, die uns bei der Beantwortung dieser Fragen helfen. Das Ziel ist es die verschiedenen methodischen, statistischen und mathematischen Werkzeuge so gut zu beherrschen, dass man auf psychologische Fragen wissenschaftliche Antworten geben kann.

Wie wir eben gesehen haben, benutzt die Philosophie die Deutung als ihre vorrangige Methode. Ihr Ziel ist das *Verstehen* von Zusammenhängen oder von Sinn. Die Naturwissenschaften hingegen folgen einer *empirisch-analytischen* Methode. Ihr Ziel ist vor allem das *Erklären* von Phänomenen. Sie suchen nach

Regeln, Mechanismen, Funktionsweisen und Gesetzmäßigkeiten, die in mathematischen Beziehungen beschrieben werden können. Die Betonung liegt auf dem Vertrauen in die *Empirie* (griechisch *Erfahrung*). Die Naturwissenschaften nutzen also nicht das Denken oder den Verstand als primäre Quelle der Erkenntnis, sondern die Erfahrung – also all das, was der Mensch mit Hilfe seiner Sinnesorgane oder entsprechender Geräte und Hilfsmittel wahrnehmen kann. Die Psychologie kann heute eher den Naturwissenschaften zugeordnet werden, auch wenn sie natürlich weiterhin eine sehr große Schnittstelle zur Philosophie aufweist. Schließlich sind psychologische Fragestellungen immer auch mit der Frage nach dem Sinn des Lebens oder des menschlichen Bewusstseins verbunden. Psychologische Erkenntnisse beziehen sich eben nicht auf Objekte, sondern auf denkende und fühlende Menschen, die etwas über sich selbst erfahren wollen.

► Die Psychologie ist vorrangig eine empirische Wissenschaft. Sie stützt sich auf wahrnehmbare Erfahrungen und benutzt naturwissenschaftliche Methoden. Die Interpretation ihrer Erkenntnisse hat aber auch mit der menschlichen Sinnsuche und mit Verstehens- und Verständigungsprozessen zwischen Menschen zu tun.

Der entscheidende Punkt, wenn man die Psychologie als Wissenschaft verstehen und betreiben will, ist die Annahme, dass sich menschliches Erleben und Verhalten in Zahlen und Daten, in Mechanismen und Gesetzmäßigkeiten fassen und ausdrücken lässt. Und obwohl sich darüber streiten lässt, wie gut dieses Unternehmen gelingen kann, ist es doch eine wichtige Möglichkeit, gesichertes Wissen über uns selbst zu sammeln, das sich von bloßen Meinungen oder Überzeugungen abhebt.

Alltagspsychologie und wissenschaftliche Psychologie
An diesem Punkt befinden wir uns direkt an der spannungsgeladenen Schnittstelle zwischen Alltags- und wissenschaftlicher Psychologie. Die *Alltagspsychologie* beschreibt die subjektiven Überzeugungen, die Menschen über sich selbst und andere haben. Diese beruhen meist auf einzelnen, sehr selektiven Erfahrungen, etablieren sich über den Lebensverlauf und sind nur schwer zu ändern. Das liegt oft daran, dass Menschen für ihre subjektiven Überzeugungen gezielt nach Bestätigungen suchen, die sich immer leicht finden lassen. So argumentiert der Raucher gern, dass seine Großmutter auch ununterbrochen geraucht hat und trotzdem 90 Jahre alt wurde.
    Anders gesagt: die Psychologie ist ein Fach, bei dem jeder meint mitreden zu können. Schließlich hat jeder eine eigene Psyche, von der er glaubt, ihr Funktio-

nieren gut zu kennen und dieses auch auf andere übertragen zu können. So bildet sich jeder Mensch seine eigenen „naiven" Theorien, die manchmal stimmen können, oft aber wenig mit den Erkenntnissen der wissenschaftlichen Psychologie zu tun haben. Umso mehr ist es eine Herausforderung für alle, die Psychologie studieren, Aufklärungsarbeit gegen falsche oder schädigende Überzeugungen zu leisten und manche Dinge einfach „besser" zu machen.

Das stärkste Argument gegen falsche Überzeugungen können nur gute Daten und Fakten sein. Die Psychologie will diese Daten und Fakten *suchen, finden, interpretieren* und *nutzbar machen* bzw. *anwenden*. Diese Ziele sind nur durch ihre *Forschungsmethoden* erreichbar. Die Forschungsmethoden trennen die wissenschaftliche von der Alltagspsychologie; und das wissenschaftliche Vorgehen zeichnet sich aus durch

- die systematische Beobachtung unter kontrollierten Bedingungen
- die Organisation gewonnenen Wissens in Hypothesen, Theorien, Gesetzen, Modellen
- die Systematisierung und Formalisierung der Theorien, um eine weltweit eindeutige Kommunikation und Überprüfbarkeit der Erkenntnisse zu gewährleisten.

Wissenschaftstheorie: Wie die Psychologie zu ihren Erkenntnissen gelangt
Die Psychologie wird für gewöhnlich als die Wissenschaft definiert, die menschliches Erleben und Verhalten beschreiben, erklären, vorhersagen und verändern will. Eine solche Definition klingt schlüssig und einfach, und doch zieht sie einige sehr grundlegende Fragen nach sich, über die man sich Gedanken machen muss, bevor man ins wissenschaftliche Alltagsgeschäft der Psychologie einsteigt. Eine dieser Fragen ist, ob „Erleben und Verhalten" etwas sein soll, was man objektiv und universell beschreiben kann oder ob es sich dabei um etwas rein Subjektives handelt, das nur jeweils einer einzelnen Person vollkommen zugänglich ist. Eine andere Frage ist, ob Menschen etwas über sich selbst erfahren können, indem sie möglichst intensiv nachdenken (also ihren eigenen Verstand bemühen) oder indem sie möglichst zahlreiche Fakten sammeln (und diese dann zu einem möglichst objektiven Bild zusammensetzen). Ganz allgemein sind das genau die beiden Fragen, mit der sich jede wissenschaftliche Disziplin auseinandersetzen muss. Sie definieren das Welt- bzw. Menschenbild, das dem wissenschaftlichen Arbeiten zugrunde gelegt wird.

Mit den verschiedenen Welt- und Menschenbildern in der Wissenschaft beschäftigt sich die *Wissenschaftstheorie* – ein Teilbereich der Philosophie. Formulieren wir also unsere beiden Fragen noch einmal etwas genereller. Die erste Frage lautet, WAS mit einer Wissenschaft eigentlich erkundet werden soll. Im einen Extrem könnten wir der Meinung sein, dass es eine *objektive Wahrheit* gibt – also eine von uns Menschen unabhängige, unveränderliche Wirklichkeit – und dass wir Menschen in der Lage sind, diese Wahrheit durch unsere Sinne und mit Hilfe der Forschung zu erkennen. Diese Position wird *Realismus* genannt und wird von den meisten Naturwissenschaften als sinnvolle Basis ihres Handelns akzeptiert. Im anderen Extrem könnten wir aber auch der Meinung sein, dass wir uns streng genommen nur über das sicher sein können, was wir subjektiv – in unserem eigenen Bewusstsein – erfahren. Wir können eigentlich nicht sicher sagen, ob es eine objektive „Außenwelt" gibt oder nicht, und wir könnten daher behaupten, dass eine objektive, vom Menschen unabhängige Beschreibung der Wirklichkeit nicht möglich ist. Diese Position wird *Idealismus* (manchmal auch *Konstruktivismus*) genannt und ist in einigen Geisteswissenschaften häufig anzutreffen.

Die zweite wissenschaftstheoretische Frage lautet, WIE wir an Erkenntnisse gelangen können. Auch das hatten wir eben schon angedeutet: Wir könnten im einen Extrem der Meinung sein, dass Erkenntnisse über den Kosmos, das Leben oder die Psyche durch Nachdenken und den Gebrauch unseres Verstandes zu erlangen sind. Die Philosophie hat uns das Jahrtausende lang vorgemacht. Und welcher Wissenschaftler träumt nicht vom berühmtberüchtigten Heureka-Erlebnis – also der Lösung eines wissenschaftlichen Problems, das durch intensives Nachdenken plötzlich auftaucht. Da hier Verstand und Vernunft (lateinisch *ratio*) im Vordergrund stehen, wird diese Position *Rationalismus* genannt. Doch obwohl es schlüssig klingt, dass wir unseren Verstand als Quelle von Erkenntnissen gebrauchen, stehen die meisten Wissenschaften auf einem anderen Standpunkt. Sie behaupten stattdessen, dass die Erfahrung (also die Empirie) die primäre Quelle von Erkenntnissen sei. Diese Position wird entsprechend *Empirismus* genannt. Erfahrungen sind für jedermann nachprüfbar und damit objektiver als Gedankeninhalte. Außerdem kann man die Hoffnung hegen, dass sich eine genügend große Anzahl von empirischen Fakten auf Dauer zu einem verlässlichen Bild über die Realität zusammensetzt.

Die vier beschriebenen Positionen sind jeweils Extreme, zwischen denen sich eine große Zahl von Zwischenpositionen definieren lassen. Jede Wissenschaft nimmt in diesem Koordinatensystem einen bestimmten Raum ein. Psychologinnen und Psychologen nehmen in der Regel kaum Stellung zu ihrer eigenen Position (was natürlich sehr schade ist, weil es hier um grundlegende Fragen des Anspruchs wissenschaftlichen Handelns geht). Lediglich an größeren historischen Richtungen der Psychologie lässt sich manchmal ablesen, dass sich der Fokus etwas verschoben hat. Die Bandbreite verschiedener Denkrichtungen innerhalb der Psychologie

Abb. 1.1 Die
wissenschaftstheoretische
Position der Psychologie

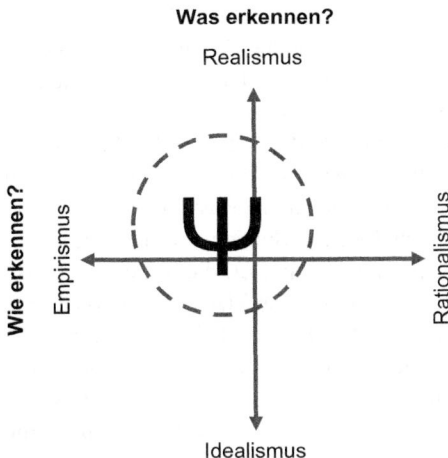

ist natürlich recht groß, aber man kann den Mainstream des Faches heute deutlich im Bereich Realismus-Empirismus erkennen (siehe Abb. 1.1).

Die Grenzen der empirischen Wissenschaft
Die Widersprüchlichkeit der beschriebenen wissenschaftlichen Weltbilder macht deutlich, dass auch Wissenschaft nie frei oder unabhängig ist von Annahmen und Überzeugungen. Wissenschaft ist kein weltweit verbindliches Geschäft, in dem es einheitliche Regeln gibt, mit denen alle übereinstimmen, oder das überall auf gleichen Voraussetzungen beruht. Das Entscheidende daran ist, dass wir nicht sagen können, welche wissenschaftliche oder wissenschaftstheoretische Auffassung die richtigere oder zutreffendere ist. Es gibt keine Instanz, die über der Wissenschaft steht und entscheiden könnte, welche Art von Wissenschaft die besseren oder richtigeren Erkenntnisse liefert. Das muss am Ende jeder Mensch für sich entscheiden – wenn jeder Mensch auch mit einer kulturabhängigen Auffassung von Wissenschaft sozialisiert wird.

Die Wissenschaftstheorie lehrt uns damit auch, dass wir selbst die nach unserer westlichen Art von Wissenschaft erlangten „objektiven" Erkenntnisse nicht als eine universelle Wahrheit ansehen können, die für jedermann gelten müsste. Diese Tatsache wird oft vergessen und kann zu einem falschen Verständnis von Wissenschaft führen. Denn oft scheint die Wissenschaft bei ihrer „Suche nach Wahrheit" stillschweigend den Anspruch zu erheben, sie wäre prinzipiell in der Lage, auf alle

Fragen, die sich der Mensch stellt, eine Antwort finden zu können. Entsprechend ist das Bild, das die Wissenschaft von der Welt vermittelt, ein Bild, welches aus objektiv gewonnen Fakten besteht, die schon allein dadurch einen Wahrheitsanspruch erheben, dass sie eben streng wissenschaftlich gewonnen wurden. In dieser Idee liegt allerdings der Fehlschluss, dass die Erkenntnisse, die die Wissenschaft generiert, bereits identisch sind mit den Antworten auf die Fragen, die wir Menschen uns stellen. Dies ist aber nur selten der Fall. Bleiben wir in der Psychologie. Psychologische Studien oder Experimente liefern uns bestimmte Kennwerte oder statistische Parameter, die mit einer gewissen Wahrscheinlichkeit Aussagen über große Gruppen von Menschen zulassen. Kurz gesagt, was wir erhalten, sind meist Zahlen! Welche Wahrheit steckt aber in Zahlen?

Der Forschungsprozess endet nicht bei Zahlen und Daten, sondern er enthält einen weiteren – vielleicht den interessantesten – Schritt: die Zahlen und Daten müssen *interpretiert* werden. Aus ihnen muss eine Antwort auf die Ausgangsfragestellung abgeleitet werden. Das heißt nichts anderes, als dass aus den Daten eine Bedeutung herausgelesen werden muss. Das Entscheidende ist aber, dass diese Bedeutung nicht bereits in den Daten selbst steckt. Vielmehr sind die Daten nicht mehr als ein Hinweis – sie deuten an oder zeigen darauf, wie eine folgerichtige Interpretation aussehen *könnte*. Die Daten selbst sind immer objektiv und demnach nie falsch. Was aber falsch sein kann, ist unsere Interpretation. Die Geschichte der Wissenschaft hat immer wieder gezeigt, dass Daten auf ganz unterschiedliche Art und Weise interpretiert werden können und dass diese Interpretationen manchmal ziemlich weit auseinander liegen.

Was damit gesagt werden soll, ist schlicht und einfach, dass die Wahrheit, nach der wir suchen, immer ein Stück über die Wissenschaft hinaus geht. Wissenschaft ist ein relativ formales, in sich geschlossenes System, das uns Daten und Fakten liefert. Sie erklärt aber nicht 1:1 die Welt um uns herum oder das menschliche Erleben und Verhalten. Das Erklären, Verstehen oder Deuten liegt außerhalb der Wissenschaft und wird natürlich vom menschlichen Verstand vollbracht. (Psychologische) Erkenntnisse sind also nie unstrittig oder in sich „wahr". Stattdessen sollten wir erkennen, dass Wissenschaft uns eine Hilfe sein kann, mehr über uns und die Welt, in der wir leben, zu erfahren. Dabei sollten wir aufmerksam und kritisch mit wissenschaftlichen Daten umgehen und uns immer wieder vor Augen halten, dass diese mehr als nur eine einzige Deutung zulassen. Nur so können wir offen, neugierig und tolerant bleiben für alternative Sichtweisen, neue Einfälle und den verständnisvollen Umgang mit anderen Menschen und ihren unzähligen subjektiven Welten, die wir als Psychologen zu verstehen versuchen.

Literaturempfehlung

Bunge, M., & Ardila, R. (1990). *Philosophie der Psychologie.* Tübingen: Mohr.

Westermann, R. (2000). *Wissenschaftstheorie und Experimentalmethodik.* Göttingen: Hogrefe.

Herzog, W. (2012). *Wissenschafts- und erkenntnistheoretische Grundlagen der Psychologie.* Wiesbaden: VS Verlag für Sozialwissenschaften.

1.2 Von der Frage zur Antwort: Der Erkenntnisprozess

Wir haben bisher von Wissenschaft, Fragestellungen, Hypothesen und Theorien gesprochen und sehr wenig von Statistik im eigentlichen Sinne. Aber wir haben gelernt, dass Daten und Zahlen in der Psychologie eine wichtige Rolle spielen. Im Folgenden wollen wir uns nun anschauen, wie der generelle Ablauf zur Beantwortung einer Forschungsfrage aussieht und an welcher Stelle die Statistik dabei ins Spiel kommt (Abb. 1.2).

Am Anfang jeder Forschung steht immer das Wundern über die Dinge, das Fragen oder Raten, die Idee oder der Einfall. Das Wundern und Fragen stößt den eigentlichen Prozess der Erkenntnisgewinnung an. Der Ausgangspunkt des wissenschaftlichen Arbeitens ist dann die *Theorie.* Eine Theorie ist ein strukturiertes Gebilde von miteinander verbundenen Ideen, Annahmen und Hypothesen über einen Sachverhalt. Die Theorie *schlägt eine vorläufige Antwort* auf die gestellten Fragen *vor.* Eine Theorie lässt sich als Ganzes kaum prüfen, da sie in der Regel sehr umfangreich ist. Daher werden aus der Theorie einzelne *Hypothesen* abgeleitet. Hypothesen sind ebenfalls vorläufige Antworten, aber sie sind weniger umfangreich als eine Theorie. Sie haben immer die Form konkreter Aussagen und sind daher *prüfbar.* Die Hypothesen stellen den Kern eines Forschungsvorhabens dar – alle weiteren Schritte dienen im Wesentlichen der Prüfung der Hypothesen. Dafür müssen die Hypothesen zunächst in wissenschaftlich fassbare Begriffe übersetzt werden. Wenn wir beispielsweise die Hypothese haben, dass extrovertierte Menschen mehr Geld für Kleidung ausgeben als introvertierte, dann müssen wir die Begriffe Extraversion und Introversion so definieren, dass sie „messbar" werden. Dieses methodische Definieren von Begriffen wird *Operationalisierung* genannt.

Abb. 1.2 Der
Erkenntnisprozess

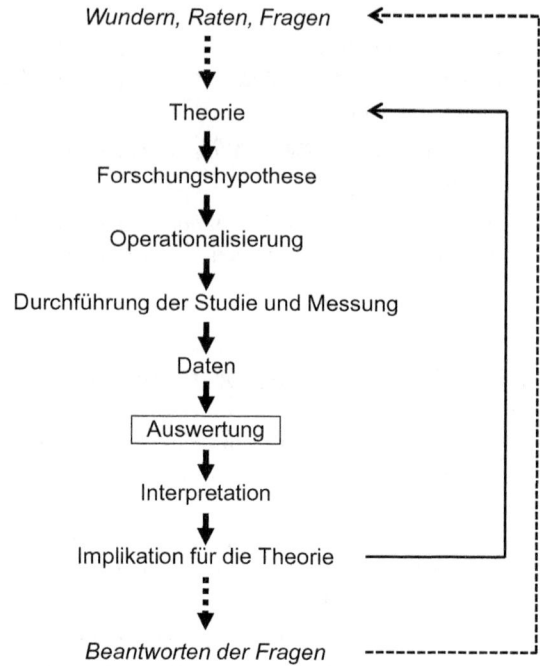

So wird Intelligenz beispielsweise durch den Punktwert in einem Intelligenztest operationalisiert, die menschliche Wahrnehmungsgeschwindigkeit durch Reaktionszeiten, usw. Nach der Operationalisierung kann der Forscher eine Studie planen, in der die entsprechenden Größen (hier etwa der Grad an Extraversion und Introversion und das ausgegebene Geld für Kleidung) *gemessen* werden. Die Messung führt zu Daten, die statistisch *ausgewertet* werden. Hinter der Auswertung der Daten verbergen sich all diejenigen statistischen Methoden und Verfahren, um die es uns im Folgenden gehen wird. Die statistische Auswertung der Daten liefert schließlich das Hauptargument für die jeweilige Antwort, die man auf die eingangs gestellte Forschungsfrage geben möchte.

Der Forscher selbst muss nach dieser statistischen Auswertung die Aussage oder Bedeutung der Daten *interpretieren*. Das heißt, er muss eine Entscheidung darüber treffen, ob die Daten die Hypothese stützen oder widerlegen und welche *Implikationen* dabei für die Theorie entstehen.

Daten führen also immer dazu, dass die Theorie ein Stück bestätigt oder verändert wird oder gar verworfen werden muss. Und in der Regel werfen Daten immer auch neue Fragen auf. Daher ist der Prozess der Erkenntnisgewinnung ein ständiger Kreislauf, der bestehende Theorien immer mehr verbessert oder zur Entwicklung neuer Theorien führt. Wenn man genug bzw. überzeugende Daten gesammelt hat, ist man schließlich in der Lage, auch die ursprünglichen Fragen zu beantworten, die den eigentlichen Forschungsprozess angestoßen haben.

Forschung hat viel mit Kreativität und neuen Ideen zu tun. Gute Theorien gehen meist auf äußerst kreative oder fremdartig erscheinende Einfälle zurück. Die Kreativität kann sich durch den gesamten Forschungsprozess ziehen, bis hin zur einfallsreichen Umsetzung von Studien, um schwierige Fragestellungen zu untersuchen. Bei anderen Schritten gilt es jedoch, auf größtmögliche Objektivität und Kontrollierbarkeit zu achten. Das gilt zum Beispiel für das Messen und Auswerten von Daten.

Sie haben in diesem kurzen Abschnitt sehr viele neue Begriffe kennengelernt, da wir hier den gesamten Ablauf des Forschungsprozesses zusammengefasst haben. Die Begriffe und die einzelnen Schritte werden in den folgenden Kapiteln aufgegriffen und ausführlicher diskutiert. Behalten Sie das Ablaufschema aus Abb. 1.2 gut im Hinterkopf.

1.3 Hypothesen in der Psychologie

Wenn sich die Psychologie als Wissenschaft vorstellt, wird ihr oft der Vorwurf gemacht, sie könne keine so „harten" Fakten liefern wie z. B. die Physik oder die Biologie. Das liegt daran, dass in der Psychologie nur selten *deterministische* Aussagen möglich sind – also Aussagen, die einen universalen kausalen Zusammenhang beschreiben. Ein Beispiel ist die sogenannte Frustrations-Aggressions-Hypothese, die von John Dollard und seinen Mitarbeitern 1939 formuliert wurde: Frustration führt zu aggressivem Verhalten. Diese Aussage ist so universal, dass schon ein einziger Gegenbeweis ausreicht, um sie zu widerlegen. Für Menschen sind solche universellen Aussagen fast nie gültig. Es gibt immer Situationen oder Bedingungen, in denen sich Menschen etwas anders verhalten. Daher werden die Aussagen meist in sogenannte *probabilistische* – also mit einer gewissen Wahrscheinlichkeit zutreffende – Aussagen umformuliert. Die deterministische Hypothese von oben wurde später umformuliert in eine probabilistische Hypothese: Bei Frustration tritt aggressives Verhalten „häufiger" auf, als wenn keine Frustration vorliegt. Probabilistische Aussagen sind durch einzelne Gegenbefunde nicht widerlegbar. Probabilistische Hypothesen werden meist auch *statistische Hypothesen* genannt, weil sie Angaben über statistische Verhältnisse (wie „häufiger",

„mehr", „stärker", „dreimal so viel" usw.) beinhalten. Dass Aussagen in der Psychologie in der Regel nur mit einer bestimmten Wahrscheinlichkeit oder unter bestimmten Bedingungen gelten, ist der Grund dafür, dass man in diesem Fach nur selten auf den Begriff „Gesetz" trifft. Stattdessen wird von Theorien oder Modellen gesprochen.

Trotz der Tatsache, dass die Psychologie nur selten deterministische Aussagen treffen kann, gilt das Argument mit der „Härte" verschiedener Wissenschaften heute allerdings nicht mehr uneingeschränkt. Wie sich gezeigt hat, sind auch Aussagen in Fächern wie Physik und Biologie nicht länger nur deterministisch, seit die Forscher in Gebiete wie die Chaostheorie oder die Quantenmechanik eingedrungen sind. Und auf der anderen Seite kennt man in der Psychologie allgemeine Gesetzmäßigkeiten, die beispielsweise mit Lernen oder Wahrnehmen zu tun haben, und die genauso allgemeingültig sind wie Gesetze in den Naturwissenschaften.

1.4   Zusammenhänge und Unterschiede

Sie werden in der Psychologie viel von Zusammenhängen und Unterschieden hören. *Jede* Hypothese beschreibt entweder einen Zusammenhang oder einen Unterschied. *Zusammenhangshypothesen* haben die allgemeine Form „je – desto", z. B.: „wer mehr raucht, wird früher sterben". Hier wird also eine Hypothese über den Zusammenhang von Rauchen und Lebenserwartung formuliert. *Unterschiedshypothesen* hingegen beschreiben Unterschiede zwischen Personen oder Unterschiede in Merkmalen von Personen über die Zeit hinweg, z. B.: „Personen, die bunte Werbung gesehen haben, kaufen mehr als Personen, die einfarbige Werbung gesehen haben".

Für Unterschieds- und Zusammenhangshypothesen gibt es verschiedene methodische Auswertungsverfahren – erste Verfahren zur Analyse von Zusammenhängen werden in Kap. 4 besprochen. Entscheidend ist aber die Tatsache, dass beide Arten von Hypothesen stets *ineinander überführbar* sind. So können wir die Zusammenhangshypothese, dass Menschen, die mehr rauchen, auch früher sterben, in eine Unterschiedshypothese umformulieren, etwa „starke Raucher sterben früher als Gelegenheitsraucher". Wir haben jetzt zwei Gruppen, die wir miteinander vergleichen. Umgekehrt können wir die Unterschiedshypothese, dass bunte Werbung besser wirkt als einfarbige, in eine Zusammenhangshypothese umformulieren: „Je farbiger eine Werbung gestaltet ist, desto wirksamer ist sie."

▶ Jede Hypothese beschreibt entweder einen Unterschied oder einen Zusammenhang. Unterschieds- und Zusammenhangshypothesen sind immer ineinander überführbar.

Das waren nur Beispiele, und es ließen sich viele ähnliche Formulierungen finden, um die entsprechenden Hypothesen auszudrücken. Welche Art der Formulierung geeigneter ist, hängt von der Fragestellung ab. Manchmal kann man sich Zusammenhänge besser vorstellen als Unterschiede und umgekehrt. Sie sollten jedoch lernen, jede Fragestellung sowohl als Unterschied als auch als Zusammenhang zu verstehen. Überlegen Sie sich einfach beliebige Hypothesen im Alltag und probieren Sie es aus!

Grundbegriffe der Datenerhebung: Vom Mensch zur Zahl

2

Statistik bezeichnet die, meist hypothesengeleitete, Auswertung von numerischen (quantitativen) Daten, die Rückschlüsse auf gestellte Forschungsfragen zulassen. Doch die Daten und Zahlen, mit denen man bei der Auswertung arbeitet, kommen nicht aus dem luftleeren Raum, sondern müssen zunächst gewonnen werden. In der Datenerhebung – gewissermaßen der „Umwandlung" des Menschen, seines Verhaltens und Erlebens in Zahlen – liegt deshalb eine große Herausforderung. Als Statistiker sollte man den Prozess der Datenerhebung nie aus den Augen verlieren – denn allzu leicht verfällt man sonst dem Trugschluss, dass die Zahlen, mit denen man arbeitet, objektive und zweifelsfreie Aussagen über den Menschen erlauben. Tatsächlich aber wird der Transformationsprozess vom Mensch zur Zahl an vielen Stellen durch die Entscheidungen des Forschers beeinflusst, ob nun bei der Operationalisierung (siehe Abschn. 2.1) oder bei der Wahl der Stichprobe (siehe Abschn. 2.5).

Die Datenerhebung muss übrigens nicht zwangsläufig mit einem Ergebnis in Zahlen enden. Ist das aber der Fall und schließt sich eine statistische Auswertung an, spricht man von *quantitativen Methoden*. Da es in diesem Buch um Statistik geht, ist das quantitative Denken das Feld, in dem wir uns hier bewegen. Neben den quantitativen Methoden existieren auch noch die sogenannten *qualitativen Methoden*, bei deren Anwendung weitgehend auf Zahlen verzichtet wird und alternative Zugänge zum menschlichen Verhalten und Erleben gesucht werden, z. B. in Form von Fallstudien oder Interviews. Bei einigen Fragestellungen hat sich gezeigt, dass diese nur durch qualitative Fragestellungen überhaupt zugänglich gemacht werden können. Der Großteil der psychologischen Forschung fokussiert heute auf den quantitativen Methoden, wenn auch zu beobachten ist, dass die Verwendung qualitativer Methoden in der Psychologie wieder zunimmt.

© Springer Fachmedien Wiesbaden 2016
T. Schäfer, *Methodenlehre und Statistik*,
DOI 10.1007/978-3-658-11936-2_2

Literaturempfehlung

Flick, U., von Kardorff, E., & Steinke, I. (Hrsg.). (2004). *Qualitative Forschung: Ein Handbuch*, (3. Aufl.). Reinbek: Rowohlt.

Kapitel 28 aus Sedlmeier, P., & Renkewitz, F. (2013). *Forschungsmethoden und Statistik*. München: Pearson.

2.1   Ohne Maßband oder Waage: Wie misst man die Psyche?

Da es das Ziel der Psychologie ist, menschliches Erleben und Verhalten zu erklären und zu verstehen, muss sie einen geeigneten Zugang zum Erleben und Verhalten finden, der das Durchführen wissenschaftlicher Untersuchungen erlaubt. In diesem Zugang liegt eine sehr zentrale Herausforderung. Denn vieles, über das wir reden, wenn es um Menschen und ihr Erleben und Verhalten geht, können wir nicht einfach mit einem Mikroskop beobachten oder mit einem Lineal messen. Es gibt natürlich einige Dinge, die man einfach bestimmen oder messen kann, wie beispielsweise das Alter oder das Geschlecht einer Person, ihr Einkommen oder das Geld, das sie pro Tag für Lebensmittel ausgibt. Für andere interessierende Größen ist das nicht so leicht, stattdessen müssen geeignete Instrumente entwickelt werden, mit denen ein solcher Zugang möglich gemacht werden kann. Mit anderen Worten: man benötigt geeignete Messinstrumente für das Erfassen von Emotionen, Verhaltensweisen, Einstellungen, Persönlichkeitsmerkmalen usw. Das Problem dabei besteht – wie man sich leicht vorstellen kann – in der Übersetzung solcher psychologischer Phänomene in Zahlen und Daten. Beispielsweise könnten wir uns für das Thema „Intelligenz" interessieren. Wie soll man die Intelligenz eines Menschen bestimmen? Was ist Intelligenz überhaupt? Lässt sie sich messen? Und wenn ja, was sagen uns dann die konkreten Zahlen, die nach der Messung übrig bleiben?

Bleiben wir beim Beispiel Intelligenz. Zur Frage, was Intelligenz ist, müssen zuerst theoretische Überlegungen angestellt werden. Und es wird in erster Linie eine Definitionsfrage sein, was eine Gemeinschaft von Forschern unter Intelligenz verstehen möchte und was nicht. Die zweite Frage – ob Intelligenz messbar ist – wird von der Psychologie prinzipiell mit Ja beantwortet. Denn da sie eine Wissenschaft ist, versucht sie ja genau das zu bewerkstelligen: sie versucht, Erleben und Verhalten in wissenschaftlich untersuchbare Teile oder Einzelheiten zu zerlegen.

Im ersten Kapitel haben wir diesen Prozess als *Operationalisierung* kennengelernt: das Einigen auf geeignete Messinstrumente. Der Sinn des Messens ist es, mit Hilfe von Zahlen möglichst genau das abzubilden, was ein Mensch denkt, fühlt oder welche Verhaltensweisen er zeigt. Am Ende soll also eine objektive Zahl für ein meist subjektives oder individuelles Phänomen stehen; die Zahl soll das Phänomen *repräsentieren*.

▶ Messen besteht im Zuordnen von Zahlen zu Objekten, Phänomenen oder Ereignissen, und zwar so, dass die Beziehungen zwischen den Zahlen die analogen Beziehungen der Objekte, Phänomene oder Ereignisse repräsentieren.

Wenn in dieser Definition von Objekten gesprochen wird, so können damit beispielsweise Einstellungen gemeint sein. Eine Einstellung ist die (meist wertende) Überzeugung, die eine Person gegenüber einem gewissen Gegenstand oder Sachverhalt hat. So kann jemand den Umweltschutz befürworten oder kritisieren, und auch die Stärke einer Befürwortung oder einer Kritik kann bei verschiedenen Personen verschieden stark ausgeprägt sein (sie kann also variieren). Will ein Forscher nun die Einstellung verschiedener Personen zum Umweltschutz messen, muss er dafür ein geeignetes Instrument finden oder entwickeln. In diesem Fall könnte er beispielsweise einen Fragebogen entwerfen, auf dem die befragten Personen ihre Meinung auf einer Skala ankreuzen können. Wie solche Skalen aussehen können und welche weiteren Möglichkeiten es gibt, solche Messungen durchzuführen, werden wir im Folgenden sehen. In jedem Fall aber wird der Forscher davon ausgehen wollen, dass das, was er mit seinem Fragebogen erfasst hat, auch dem entspricht, was die befragten Personen wirklich „gemeint" haben.

Die Übersetzung von Objekten, Phänomenen oder Ereignissen in Zahlen wird in Abb. 2.1 verdeutlicht. Beim Messen werden häufig die Begriffe empirisches und numerisches Relativ verwendet. Das *empirische Relativ* bezieht sich dabei auf die tatsächlichen (empirischen) Verhältnisse oder Tatsachen in der Welt. Beispielsweise könnte ein Forscher die Aggressivität von Personen messen wollen. Die durch eine geeignete Operationalisierung zugänglich und beobachtbar gemachte Aggressivität dieser Personen würde dabei das empirische Relativ bilden. Und es wäre auch möglich, dass zehn verschiedene Personen zehn verschiedene Ausprägungen in der Stärke ihrer Aggressivität haben. Die Idee beim Messen ist es nun, jeder Person einen Zahlenwert für die Stärke ihrer Aggressivität zuzuordnen. Diese Zahlen sollen möglichst gut die tatsächliche Stärke der Aggressivität wiedergeben oder abbilden. Sie bilden dann das *numerische Relativ*. Mit Hilfe der Zahlen ist es nun möglich, Unterschiede oder Verhältnisse zu beschreiben, die die

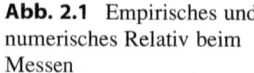

Abb. 2.1 Empirisches und numerisches Relativ beim Messen

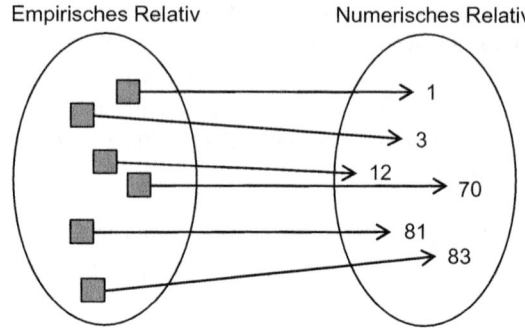

Unterschiede und Verhältnisse der tatsächlichen Aggressivität der Personen widerspiegeln.

Die Abbildung eines empirischen in ein numerisches Relativ kann mehr oder weniger gut gelingen. In der Psychologie hat dieses Problem sogar einen Namen: das *Repräsentationsproblem*. Wie dieser Name bereits andeutet, geht es hierbei um die Frage, wie repräsentativ eine Messung für das ist, was gemessen werden soll. Für physikalische Eigenschaften stellt sich dieses Problem nicht: das Körpergewicht eines Menschen lässt sich z. B. zweifelsfrei mit einer Waage feststellen. Außerdem wird sofort klar, was es bedeutet, wenn eine Person 2 Kilogramm schwerer ist als eine andere Person, oder auch, wenn sie „doppelt so schwer" ist. Auch die Eigenschaften Alter und Geschlecht haben wir eben schon genannt; sie sind einfach feststellbar. In der Psychologie sind jedoch die meisten Eigenschaften nicht so eindeutig in Zahlen überführbar. Man kann beispielsweise nicht mehr so einfach behaupten, dass eine Person doppelt so aggressiv sei wie eine andere Person. Was soll mit „doppelt so viel" gemeint sein?

Wie kann die Psychologie das Repräsentationsproblem zumindest annähernd lösen? In der Regel wird dies versucht, indem man den Prozess des Messens so gut und genau wie möglich gestaltet. Was wiederum eine „gute" Messung ist, ist in der Psychologie genauestens definiert. Die Erfüllung sogenannter Gütekriterien (Objektivität, Reliabilität, Validität), auf die hier nicht näher eingegangen werden kann (siehe z. B. Kap. 3 aus Sedlmeier und Renkewitz 2013), spielt dabei eine wichtige Rolle.

Ein wesentliches Ziel der quantitativen Vorgehensweise ist es daher, geeignete Messinstrumente zu entwickeln, die das, was gemessen werden soll, auf einer (numerischen) Skala so genau wie möglich abbilden. Im folgenden Abschnitt werden wir verschiedene Arten von Skalen kennenlernen und sehen, was man mit ihnen machen kann. Vorher jedoch ist es notwendig, einige Begriffe zu klären, die im Zusammenhang mit Messen und Testen immer wieder auftauchen und für das weitere Verständnis unerlässlich sind.

2.2   Variablen und Daten

Wir haben bisher oft davon gesprochen, dass man bestimmte Dinge oder Größen messen will. Wenn man etwas misst, dann haben diese „Dinge" oder „Größen" einen Namen; sie heißen *Variablen*.

▶ Messen bezieht sich immer auf Variablen. „Variable" ist die Bezeichnungen für eine Menge von Merkmalsausprägungen.

Die Variable ist der zentrale Begriff in Methodenlehre und Statistik. Denn letztendlich geht es ja immer um die Erklärung von Phänomenen, die verschiedene Ausprägungen annehmen können, die also *variabel* sind. Etwas, das bei verschiedenen Menschen oder über die Zeit hinweg immer in derselben Ausprägung vorliegt, stellt also keine Variable dar und kann auch nicht gemessen werden. Das hört sich erst mal etwas seltsam an, doch egal womit sich die Psychologie beschäftigt – alles lässt sich als Variable ausdrücken: Bei der Untersuchung von Intelligenz geht es darum zu erklären, warum eine Person intelligenter ist als eine andere. Bei Persönlichkeitsmerkmalen (wie z. B. Großzügigkeit) soll erklärt werden, warum sie bei verschiedenen Personen verschieden stark ausgeprägt sind. Bei psychischen Störungen möchte man wissen, warum der eine sie bekommt, der andere nicht. Und natürlich sucht man bei all diesen Fragen nach den Ursachen, die wiederum auch als Variablen gemessen werden. Variablen, die oft als Ursachen für die Ausprägungen von anderen Variablen in Frage kommen, sind beispielsweise das Alter von Personen, ihr Geschlecht, ihr Bildungsstand, ihre Sozialisationsbedingungen usw. – alles wiederum Größen, die bei verschiedenen Menschen verschieden (variabel) sein können.

Das Besondere an einer Variable ist also, dass sie verschiedene *Ausprägungen* annehmen kann. Je nachdem, welche Ausprägungen eine Variable hat, lassen sich dichotome, kategoriale, diskrete und kontinuierliche Variablen unterscheiden.

Dichotome, kategoriale, diskrete und kontinuierliche Variablen

Jede Variable muss mindestens zwei Ausprägungen haben. Wenn sie genau zwei Ausprägungen hat, dann wird sie auch *dichotome Variable* genannt. Dichotom bedeutet so viel wie Entweder/Oder. Eine typische dichotome Variable ist z. B. das

Geschlecht: es kann nur die Ausprägungen männlich oder weiblich annehmen. Eine Vielzahl von Variablen lässt sich als dichotome Variablen behandeln oder darstellen. Beispielsweise könnte man Menschen ganz grob danach einteilen, ob sie jung sind (z. B. höchstens 40 Jahre alt) oder alt (alle, die älter sind als 40 Jahre). Dann hätte man wieder eine Variable mit zwei Ausprägungen. Eine solche Festlegung von Variablenausprägungen ist natürlich sehr willkürlich, aber sie kann je nach Forschungsfrage ausreichend oder angemessen sein. Ähnlich könnte man demnach auch jeweils zwei Gruppen von intelligenten/nicht intelligenten, aggressiven/friedfertigen oder introvertierten/aufgeschlossenen Personen bilden. In vielen Fällen ist die interessante Frage auch einfach die, ob ein bestimmtes Merkmal vorliegt oder nicht vorliegt, also z. B., ob jemand Raucher ist oder nicht, ob jemand eine bestimmte Krankheit hat oder nicht, ob jemand aus einer Scheidungsfamilie stammt oder nicht, usw.

Wenn nun eine Variable mehr als zwei Ausprägungen hat, dann stellt sich die Frage, wie diese Ausprägungen abgestuft sind. Es gibt dabei zwei prinzipielle Möglichkeiten. Eine Möglichkeit ist, dass die verschiedenen Ausprägungen der Variablen einzelne Kategorien beschreiben. Nehmen wir das Beispiel Haarfarbe, dann könnten wir hier eine Variable definieren, die die Ausprägungen schwarz, blond, braun und rot hat. Diese vier Antwortalternativen entsprechen einfach vier verschiedenen Kategorien. Daher werden solche Arten von Variablen auch *kategoriale Variablen* genannt. Manchmal spricht man auch von *qualitativen Variablen*, weil den verschiedenen Ausprägungen lediglich eine je eigene Qualität zukommt.

Eine andere prinzipielle Möglichkeit ist, dass die Ausprägungen einer Variable nicht bloß Kategorien bilden, sondern quantitativ messbar sind. Dabei kann es sich um diskret oder kontinuierlich messbare Variablen handeln. Einige Variablen haben Ausprägungen, die nur in ganz bestimmten – diskreten – Schritten vorliegen können und daher *diskrete Variablen* genannt werden. Beispielsweise ist die Anzahl von Geschwistern ein diskretes Merkmal, da offensichtlich nur ganzzahlige Ausprägungen sinnvoll sind. Anders ist das bei Variablen, die stufenlos (kontinuierlich) gemessen werden können. In diese Rubrik der *kontinuierlichen Variablen* fallen die meisten Variablen. Einfache Beispiele sind Zeit, Länge oder Gewicht. Diese Variablen kann man kontinuierlich, also in beliebig kleinen Schritten oder Unterteilungen messen. Typisch für diese Variablen ist natürlich, dass man sie in Zahlen ausdrückt, die außerdem beliebig genau sein können (je nachdem, wie viele Stellen nach dem Komma man für diese Zahlen benutzen möchte). So kann die Größe einer Person z. B. 175 cm betragen. Man kann die Größe aber auch genauer angeben, z. B. 175,45 cm. Eine solche Bezeichnung mit Zahlenwerten ist für kontinuierliche Variablen also unumgänglich, während man kategoriale Variablen zunächst nicht in Form von Zahlenwerten erfasst. Wie wir später noch sehen werden, versucht man in der Psychologie häufig, das Erleben und Verhalten mit Hilfe von kontinuierlichen Variablen zu messen.

Manifeste und latente Variablen

Variablen lassen sich nach einem weiteren Gesichtspunkt unterscheiden, der besonders für die Psychologie sehr wichtig ist. Es geht um die Frage, ob man eine Variable direkt messen kann oder ob sie sozusagen im Verborgenen liegt. Nehmen wir einmal an, wir untersuchen das Kaufverhalten einer Person und wollen wissen, wie der Betrag, den sie an der Supermarktkasse für Lebensmittel ausgibt, von ihrer Einstellung gegenüber gesunder Ernährung abhängt. Den Geldbetrag, den die Person an der Kasse bezahlt, können wir einfach registrieren. Diese Variable manifestiert sich also direkt und wird daher *manifeste Variable* genannt. Die Einstellung der Person gegenüber gesunder Ernährung können wir hingegen nicht so einfach bestimmen; sie ist nach außen nicht sichtbar, sondern liegt in einem subjektiven Werturteil der Person. Wie sollen wir diese Einstellung also messen? Eine Möglichkeit wäre auch hier wieder, einen Fragebogen zu entwerfen, mit dem der Forscher mit Hilfe von ausgewählten Fragen zum Thema Ernährung auf die Einstellung der Person schließen kann. Wir sehen aber, dass diese Einstellung für den Forscher prinzipiell im Verborgenen liegt, also latent ist. Solche Variablen – die man nicht direkt messen kann, sondern durch andere Variablen (z. B. durch die Angaben auf einem Fragebogen) erst erschließen muss – heißen *latente Variablen*.

▶ Variablen, die man direkt messen kann, heißen manifeste Variablen. Solche, die man nicht direkt messen kann, sondern erst mit Hilfe anderer Variablen erschließen muss, heißen latente Variablen.

In der Psychologie ist die Mehrzahl aller interessanten Variablen latent und muss durch geeignete Instrumente zugänglich gemacht werden. Diesen Schritt haben wir oben als Operationalisierung bezeichnet. Latente Variablen haben auch noch einen anderen Namen, der in der Psychologie sehr gebräuchlich ist: sie heißen auch *Konstrukte*. Konstrukte sind Begriffe, die theoretisch sinnvoll erscheinen, um etwas Interessantes zu beschreiben, was nicht direkt beobachtbar oder messbar (also latent) ist und erst durch andere Variablen erschlossen werden muss. Mit einigen Beispielen für latente Variablen haben wir schon hantiert, beispielsweise Intelligenz, Aggressivität oder Persönlichkeit. Aber auch basale Begriffe wie Wahrnehmung, Lernen, Gedächtnis, Motivation usw. sind Konstrukte: sie beschreiben etwas, was psychologisch interessant ist, was aber erst einmal lediglich ein Begriff ist und nicht etwas, was man direkt sehen oder messen kann. Wenn Sie schon einmal an einem Intelligenztest teilgenommen haben, dann wissen Sie, dass man dort viele Fragen beantworten und viele Aufgaben lösen muss. All diese Fragen und Aufgaben sind Variablen, die auf das Konstrukt Intelligenz *hindeuten* sollen.

Unabhängige und abhängige Variablen

Eine weitere Unterscheidung, die uns im Rahmen der psychologischen Forschung begleiten wird, ist die zwischen unabhängigen und abhängigen Variablen. Die *abhängige Variable* ist im Forschungsprozess immer diejenige Variable, an deren Erklärung oder Beschreibung man interessiert ist. Wir könnten beispielsweise den Altersdurchschnitt von zwei verschiedenen Städten bestimmt und daraufhin festgestellt haben, dass sich die beiden Durchschnittswerte unterscheiden. Und nun werden wir sehr wahrscheinlich der Frage nachgehen wollen, woran das liegt. Warum ist das Durchschnittsalter in den beiden Städten verschieden? Dafür können mehrere Variablen als Ursache in Betracht kommen – Variablen, die in beiden Städten verschiedene Ausprägungen haben. Beispielsweise könnte die eine Stadt eine Großstadt sein, in der viele junge Leute leben, während die andere Stadt auf dem Land liegt und aufgrund hoher Arbeitslosigkeit weniger attraktiv ist. Diese Variable – nennen wir sie „Urbanisierungsgrad" – würde also als mögliche Erklärung für den Altersunterschied in Frage kommen. Sie wäre dann eine *unabhängige Variable*, denn ihre Ausprägung (z. B. hoher vs. niedriger Urbanisierungsgrad) ist von vornherein durch unsere Fragestellung und die konkrete Untersuchung gegeben, sie ist sozusagen unabhängig von anderen Variablen. Das Entscheidende ist, dass die Ausprägung der abhängigen Variable von der Ausprägung der unabhängigen Variable abhängt. In unserem Beispiel ließe sich das so verallgemeinern: wenn sich der Urbanisierungsgrad einer Stadt verändert, dann verändert sich auch der Altersdurchschnitt ihrer Einwohner.

Prinzipiell lässt sich fast jede Erkenntnis, die die wissenschaftliche Psychologie aufgrund empirischer Daten erlangt, in der Form *unabhängige Variable → abhängige Variable* beschreiben. Wie wir noch sehen werden, ist es oft das Ziel psychologischer Forschung, unabhängige Variablen ausfindig zu machen oder sogar selbst zu manipulieren und den Effekt auf die abhängige Variable zu untersuchen. Die Aufgabe der Forschungsmethoden und vor allem der Statistik ist es dabei, den Zusammenhang zwischen unabhängiger und abhängiger Variable mathematisch zu beschreiben und zu verallgemeinern. Wann immer wir nach Erklärungen für ein psychologisches Phänomen suchen, wird diese Erklärung in Form einer unabhängigen Variable formuliert sein.

Tab. 2.1 Verschiedene Arten von Variablen

Variablen lassen sich einteilen...	Beschreibung	Beispiele
nach der Art ihrer Ausprägungen		
dichotom	nur 2 mögliche Ausprägungen	Geschlecht, Raucher/ Nichtraucher, Atomgegner/ Atombefürworter
kategorial	mehrere Ausprägungen, die verschiedenen Kategorien entsprechen	Schulabschluss, Wohngegend, Musikgeschmack
diskret	Ausprägungen, die sich der Größe nach ordnen lassen	Anzahl von Geschwistern, Schulnoten
kontinuierlich	Stufenlose Ausprägungen, die sich der Größe nach ordnen lassen	Alter, Intelligenz
nach ihrer Beobachtbarkeit bzw. Messbarkeit		
manifest	direkt messbar oder beobachtbar	Alter, Geschlecht, präferiertes Fernsehprogramm
latent	nicht direkt messbar oder beobachtbar, muss erschlossen werden	Intelligenz, Einstellung gegenüber Ausländern, Glücklichkeit
nach ihrer Rolle im Forschungsprozess		
unabhängig	wird beobachtet oder systematisch variiert	Hintergrundmusik in Kaufhaus A, aber nicht in Kaufhaus B
abhängig	wird als Effekt der UV gemessen	Umsatz in Kaufhaus A und Kaufhaus B

▶ Die unabhängige Variable *(UV)* ist die Variable, die während einer Untersuchung fokussiert oder während eines Experimentes systematisch variiert oder manipuliert wird. Die abhängige Variable *(AV)* ist die Variable, mit der der Effekt festgestellt wird, der auf die UV zurückführbar ist.

Die verschiedenen Unterteilungen von Variablen sind in Tab. 2.1 noch einmal zusammengefasst.

Wir wissen jetzt, was Variablen sind und dass sich Messen immer auf Variablen bezieht. Wenn wir Variablen gemessen und bestimmte Ergebnisse erhalten haben, dann werden diese Ergebnisse *Daten* genannt. Daten sind damit Ausschnitte der

Wirklichkeit, die als Grundlage für empirisch-wissenschaftliche Erkenntnisse benötigt werden. Die Daten bilden letztendlich die Basis für jede Art von Aussage, die ein Forscher über einen bestimmten Gegenstand machen kann.

2.3 Daten auf unterschiedlichem Niveau: das Skalenproblem

Skalen und Skaleneigenschaften

Wie wir gesehen haben, können wir die Ausprägung einer Variable messen (den empirischen Relationen numerische zuordnen). Dabei kann diese Messung ganz unterschiedlich aussehen: sie kann darin bestehen, dass man danach fragt, ob eine bestimmte Variablenausprägung vorliegt oder nicht, ob sie in eine bestimmte Kategorie fällt, oder man sucht einen konkreten Zahlenwert, wenn die Variablenausprägung diskret oder kontinuierlich gemessen werden kann. Offenbar haben wir es hier also mit ganz unterschiedlichen Arten von Messung zu tun, und die Daten (also das Ergebnis der Messung) liegen in ganz verschiedenen Formaten vor. Diese Unterschiede kommen daher, dass wir Messungen auf verschiedenen *Skalen* machen können. Der Begriff „Skala" beschreibt die Beschaffenheit des empirischen und des numerischen Relativs sowie eine Abbildungsfunktion, die die beiden verbindet. Dabei geht es um die Frage, wie das, was durch das empirische Relativ erfasst wird, durch ein numerisches Relativ (also durch Zahlen) sinnvoll repräsentiert werden kann. Je nach Beschaffenheit des empirischen Relativs sind verschiedene Abbildungsfunktionen in Zahlenwerte möglich bzw. sinnvoll. Insgesamt kann man vier Arten von Skalen unterscheiden; man spricht auch von *Skalenniveaus*: Nominal-, Ordinal-, Intervall- und Verhältnisskala. Von Skalen „niveaus" spricht man deshalb, weil der Informationsgehalt und die mathematische Güte über die vier Skalen hinweg steigen. Doch schauen wir uns zunächst an, was es mit diesen Skalen auf sich hat.

Die *Nominalskala* ist die einfachste Skala. Auf ihr werden dichotome und kategoriale Variablen gemessen, und sie ist lediglich dazu geeignet, die Gleichheit oder Ungleichheit von Variablenausprägungen zu beschreiben. Betrachten wir noch einmal das Beispiel Haarfarbe mit den Ausprägungen schwarz, blond, braun und rot. Wenn wir mehrere Personen hinsichtlich ihrer Haarfarbe untersuchen, dann können wir sagen, dass eine bestimmte Anzahl von Leuten z. B. schwarze Haare hat und dass diese Leute in der Haarfarbe schwarz übereinstimmen. Ein anderes Beispiel könnte das Genre von Musikstücken sein: z. B. Klassik, Pop, Electro. Jedes Musikstück lässt sich für diese Variable in eine Kategorie einordnen.

Wenn zwei Musikstücke in der gleichen Kategorie landen, dann wissen wir, dass sie hinsichtlich ihres Genres übereinstimmen. Das ist alles. Wir können mit Variablen, die auf einer Nominalskala gemessen wurden, keinerlei weitere mathematische Berechnungen anstellen. Wir könnten zwar den verschiedenen Variablenausprägungen Zahlen zuordnen (z. B. eine 1 für schwarze Haare, eine 2 für blonde Haare, eine 3 für braune Haare und eine 4 für rote Haare), aber diese Zahlen drücken keine quantitativen Beziehungen aus. Wir können nicht etwa sagen, dass blonde Haare „doppelt so viel" sind wie schwarze Haare, weil 2 doppelt so viel ist wie 1. Und wir können auch nicht sagen, dass rote Haare irgendwie „mehr" oder „besser" sind als schwarze. Diese Aussagen machen offenbar keinen Sinn. Daten auf Nominalskalenniveaus lassen also nur qualitative Aussagen zu.

Eine zweite Art von Variablen lässt sich so messen, dass man auch quantitative (also mengenmäßige) Aussagen über ihre Ausprägungen machen kann, weil sie bestimmte Relationen erkennen lassen. Ein gutes Beispiel sind die Ränge bei einem sportlichen Wettkampf. Wenn die drei Sieger die Ränge 1, 2 und 3 bekommen, dann wissen wir, wer der Beste war, wer der Zweitbeste und wer der Drittbeste. Mit den Rängen 1, 2, 3 können wir also eine Relation deutlich machen, die einen quantitativen Unterschied beschreibt. Man kann auch von einer größer-kleiner Relation sprechen. Daten, die solche Aussagen über Relationen zulassen, befinden sich auf *Ordinalskalenniveau*. Obwohl wir hier schon mathematisch von größer-kleiner Beziehungen sprechen können, sind wir aber immer noch nicht in der Lage, mit solchen Daten die genauen numerischen Distanzen zwischen Variablenausprägungen zu beschreiben. Wenn wir beim Beispiel der Ränge 1, 2, 3 bleiben, wissen wir also hier nicht, „um wie viel besser" der Sportler mit Rang 1 als der Sportler mit Rang 2 war. Er könnte z. B. doppelt so schnell oder dreimal so schnell gewesen sein, oder aber auch nur wenige Millisekunden schneller. Und wir wissen auch nicht, ob der Abstand zwischen den Sportlern mit den Rängen 1 und 2 genauso groß war wie der zwischen den Sportlern mit den Rängen 2 und 3. Über diese *absoluten* Unterschiede und über die Größe der Differenzen erfahren wir also nichts, sondern müssen uns damit begnügen, nur etwas über die *relativen* Unterschiede zwischen den Variablenausprägungen zu erfahren.

Um tatsächlich etwas über absolute Unterschiede herausfinden zu können, müssen wir unsere Daten mindestens auf einer *Intervallskala* messen. Die Bezeichnung „Intervall" drückt aus, dass auf dieser Skala die genauen Intervalle (also Abstände) zwischen den einzelnen Variablenausprägungen gemessen werden können. Ein Beispiel ist die Messung von Intelligenz mit Hilfe des Intelligenzquotienten (IQ). Der IQ wird auf einer Skala gemessen, die mehr oder weniger willkürlich festgelegt wurde. Sie ist so angelegt, dass die meisten Menschen auf dieser Skala einen Wert von ca. 100 erreichen. IQ-Werte, die kleiner oder größer sind als

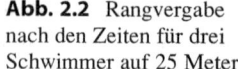 **Abb. 2.2** Rangvergabe
nach den Zeiten für drei
Schwimmer auf 25 Meter

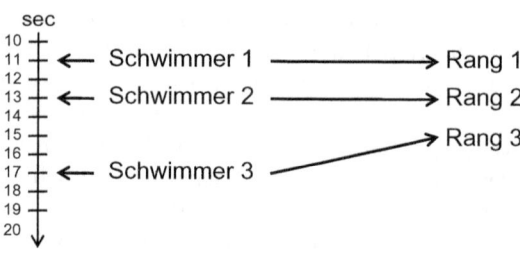

100, sind nicht mehr so häufig und solche, die sehr stark von 100 abweichen (z. B. 180 oder 65) sind schon sehr selten. Das Entscheidende ist aber, dass man mit Hilfe der IQ-Skala die absoluten Unterschiede zwischen Personen bestimmen kann und dass man außerdem etwas über die Gleichheit oder Ungleichheit von Differenzen sagen kann. Wenn eine Person einen IQ von 110 und eine andere Person einen IQ von 120 hat, dann weiß man nicht nur, dass Person 2 intelligenter ist als Person 1, sondern man hat auch eine Vorstellung darüber, was dieser Unterschied inhaltlich bedeutet (sofern man weiß, was genau in dem Test gemacht wurde). Außerdem weiß man, dass sich diese beiden Personen in ihrer Intelligenz genauso stark unterscheiden wie zwei andere Personen, die einen IQ von 90 und einen IQ von 100 haben: in beiden Fällen beträgt die Differenz 10, und auf Intervallskalenniveau bedeutet das, dass beide Differenzen inhaltlich identisch sind. Mit Daten, die auf Intervallskalenniveau gemessen wurden, kann man deshalb auch mathematische Berechnungen anstellen, die über einfache größer-kleiner Beziehungen hinausgehen. Man kann hier addieren und subtrahieren: wenn man den IQ von Person 1 vom IQ der Person 2 abzieht, dann erhält man die Differenz von 10, die Auskunft über den absoluten Intelligenzunterschied gibt. Eine solche Berechnung lässt sich mit Daten auf Ordinalskalenniveau nicht anstellen. Wenn Ränge addiert oder subtrahiert werden, dann erhält man kein inhaltlich interpretierbares Ergebnis, weil man nicht weiß, welche konkreten Zahlenwerte sich hinter den Rängen verbergen. Abbildung 2.2 verdeutlicht dieses Problem noch einmal.

Wenn wir unsere Daten auf Intervallskalenniveau gemessen haben, können wir also schon interessante Berechnungen mit ihnen anstellen, wie beispielsweise die Berechnung von Mittelwerten (siehe Abschn. 3.3). Mittelwerte sind nur auf Intervallskalenniveau sinnvoll interpretierbar. Und wir wissen jetzt auch, dass wir mit solchen Daten etwas über die Gleichheit oder Ungleichheit von Differenzen sagen können. Was wir jedoch noch nicht können, ist eine Aussage darüber treffen, in welchem *Verhältnis* zwei Messwerte stehen. Ein Verhältnis geht über die bloße Differenz zweier Messwerte hinaus, es beschreibt vielmehr die relative Lage dieser

Messwerte in Bezug auf den Nullpunkt der Skala. Gehen wir noch einmal zu unserem Beispiel mit dem Intelligenztest zurück. Wenn zwei Personen einen IQ von 80 und 160 haben, dann wissen wir zwar, dass sie sich mit einer Differenz von 80 IQ-Punkten unterscheiden, wir können aber nicht sagen, dass die zweite Person „doppelt so intelligent" ist wie die erste. Eine solche Aussage ist deshalb nicht möglich, weil die Intelligenzskala keinen natürlichen Nullpunkt hat. Genauer gesagt, kann niemand einen IQ von Null haben. Wie schon erwähnt, wurde die Intelligenzskala relativ willkürlich festgelegt, ihr Mittelwert liegt bei 100 und die im Test geringsten möglichen IQ-Werte liegen bei etwa 30 bis 40 Punkten. Wenn ein solcher Nullpunkt fehlt oder er mehr oder weniger willkürlich auf einen bestimmten Wert festgelegt wurde, sind also keine sinnvollen Aussagen über Verhältnisse zwischen Messwerten möglich. Bei Skalen, die einen solchen natürlichen Nullpunkt besitzen, kann man die Verhältnisse von Messwerten angeben. Beispiele für solche *Verhältnisskalen* sind Temperatur (auf der Kelvin-Skala), Körpergröße, Alter, Anzahl usw. Hier kann man also Aussagen über die Gleichheit oder Ungleichheit von Verhältnissen machen. Beispielsweise ist eine dreißigjährige Person natürlich doppelt so alt wie eine fünfzehnjährige Person. Gleichermaßen würde eine Person mit 3 Stunden Fernsehkonsum pro Tag dreimal so lang fernsehen wie eine Person mit einer Stunde Fernsehkonsum. Wir können hier also Verhältnisse wie 1:2 oder 1:3 angeben.

Da man mit den verschiedenen Skalen, die wir kennengelernt haben, Messungen auf unterschiedlichen Niveaus machen kann, spricht man auch oft vom *Messniveau* einer Skala oder vom Messniveau der Daten. Man unterscheidet hier entsprechend nominales Messniveau (für Daten von Nominalskalen), ordinales Messniveau (für Daten von Ordinalskalen) und metrisches Messniveau (für Daten von Intervall- und Verhältnisskalen). Der Begriff „metrisch" deutet dabei an, dass Daten mindestens auf Intervallskalenniveau gemessen wurden und daher schon die gebräuchlichsten Berechnungen mit ihnen durchgeführt werden können. Manchmal spricht man auch einfach von *Intervalldaten* oder benutzt synonym den Begriff *metrische Daten*, sobald Intervallskalenniveau erreicht ist. In Tab. 2.2 sind die Skalenarten und Skaleneigenschaften noch einmal zusammengefasst.

In der Forschung ist man nun häufig bestrebt, Daten auf einem möglichst hohen Messniveau zu erheben. Dabei wird in den meisten Fällen mindestens Intervallskalenniveau angestrebt. Den Grund dafür haben wir nun schon mehrfach angedeutet: erst auf Intervallskalenniveau werden viele statistische Kennwerte (wie z. B. Mittelwerte) überhaupt berechenbar oder interpretierbar. Damit sind auch erst Daten auf diesem Messniveau für die statistischen Auswertungen geeignet, die wir noch kennenlernen werden. Außerdem können Daten im Nachhinein von

Tab. 2.2 Skalenarten und ihre Eigenschaften

Skalenart	Mess-niveau	Mögliche Aussagen	Rechen-operationen	Beispiele
Nominalskala	nominal	Gleichheit oder Ungleichheit	$=/\neq$	Familienstand, Wohnort
Ordinalskala	ordinal	größer-kleiner Relationen	$</>$	Ranking von Hochschulen, Tabellenplatz im Sport
Intervallskala	metrisch	Gleichheit oder Ungleichheit von Differenzen	$+/-$	Intelligenzquotient, Feindseligkeit gegenüber Ausländern
Verhältnisskala		Gleichheit oder Ungleichheit von Verhältnissen	$:/\cdot$	Länge, Gewicht, Alter

einem höheren auf ein niedrigeres Messniveau transformiert werden, was umgekehrt jedoch nicht funktioniert.

Ratingskalen

In der psychologischen Forschung versucht man meist, Intervallskalenniveau durch die Konstruktion geeigneter Fragebögen zu erreichen. Diese Fragebögen enthalten Fragen, deren Antwortmöglichkeiten auf Intervallskalen erfasst werden können. Solche Skalen, auf denen ein Befragter eine Antwort (ein sogenanntes Rating) abgeben muss, werden *Ratingskalen* genannt.

► Ratingskalen verwendet man, um Urteile über einen bestimmten Gegenstand zu erfragen. Es wird ein Merkmalskontinuum vorgegeben, auf dem der Befragte die Merkmalsausprägung markiert, die seine subjektive Empfindung am besten wiedergibt.

„Gegenstand" eines solchen Urteils kann die eigene Person sein (z. B. wenn man seinen eigenen Charakter einschätzen soll), eine oder mehrere andere Personen (z. B. Ausländer) oder ein abstraktes Einstellungsobjekt (z. B. die Einstellung gegenüber Umweltschutz). Ratingskalen können ganz verschieden gestaltet sein, und jede dieser Gestaltungsmöglichkeiten kann Vorteile und Nachteile haben. Typische Ratingskalen sehen meist so aus wie in Abb. 2.3. Diese Skala hat zehn Stufen, also zehn Antwortmöglichkeiten, zwischen denen der Befragte wählen kann. Um mit Hilfe von Ratingskalen tatsächlich intervallskalierte Daten zu

Vorlesungen zu Methodenlehre und Statistik besuche ich gern.

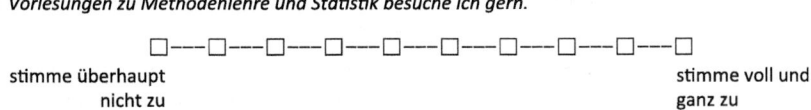

stimme überhaupt   stimme voll und
nicht zu   ganz zu

Abb. 2.3 Eine typische Ratingskala

erhalten, empfiehlt es sich die Unterteilung der Skala nicht zu grob zu gestalten. Hat die Skala nur vier Stufen, ist die inhaltliche Differenzierung des erfragten Sachverhaltes eingeschränkt. Mit anderen Worten: Personen mit unterschiedlichen aber doch ähnlichen Einstellungen müssen alle denselben Skalenwert ankreuzen, während sie bei einer feineren Skalierung eventuell verschiedene Skalenwerte angekreuzt hätten. Es macht daher mehr Sinn, eine Skala mit beispielsweise zehn Skalenwerten zu konstruieren. Voraussetzung für das Erlangen intervallskalierter Daten ist aber stets, dass das Phänomen, welches man messen möchte, eine solche Quantifizierung zulässt.

2.4   Fragebögen und Tests

In den vorangegangenen Abschnitten haben wir das Prinzip des Messens in der Psychologie ausführlich beleuchtet. Vor allem haben wir ein häufig verwendetes Messinstrument, die Ratingskala, kennengelernt. Nun ist es aber selten der Fall, dass man einer Person nur eine einzige Frage stellt oder ihr nur eine einzige Ratingskala vorlegt. In der Regel hat man eine ganze Sammlung von Fragen, auf die eine Person antworten soll – die *Fragebögen*. Fragebögen messen in aller Regel Eindrücke, Einstellungen, Meinungen, Gefühle, Gedankeninhalte oder auch persönliche Daten wie Alter und Geschlecht. Beim Ausfüllen von Fragebögen gibt es keine Zeitvorgabe und keine richtigen oder falschen Antworten. Neben den Ratingskalen kommen in Fragebögen auch Fragen mit Mehrfachantworten, ja/nein-Fragen oder Fragen mit offenen Antwortfeldern zum Einsatz. Die Konstruktion von Fragebögen folgt keinem festgelegten Schema; Wissenschaftler können Fragen selbst entwerfen und ein geeignetes Layout für die Antwortmöglichkeiten entwickeln.

Während Fragenbögen in der Regel nur Meinungen oder Einstellungen abfragen, sind Forscher oft an mehr interessiert und wollen einzelne Individuen so genau wie möglich charakterisieren. Zur Messung individueller Eigenschaften, Fähigkeiten oder Leistungen eignen sich Fragebögen manchmal nicht so gut, ganz einfach weil die befragte Person nur eingeschränkten Zugang dazu hat. Wenn man

etwa die Fähigkeit sich über einen längeren Zeitraum zu konzentrieren (Konzen-
trationsfähigkeit) einer Person messen möchte, dann ist es wenig sinnvoll, sie
danach zu fragen. Sie könnte zwar auf einer Ratingskala beurteilen, für wie
konzentriert sie sich hält, aber es wäre wesentlich sinnvoller, die Konzentrations-
fähigkeit durch bestimmte Aufgaben genau zu erfassen. Die Messung von Eigenschaften, Fähigkeiten oder Leistungen von Individuen erfolgt durch *Tests*. Es
lassen sich Persönlichkeits- und Leistungstests unterscheiden. *Persönlichkeitstests*
laufen auch ohne Zeitdruck ab, und es gibt keine richtigen oder falschen Antworten. Sie sind aber nach einem festgelegten Schema konstruiert und normiert.
Normiert bedeutet, dass man von einer recht großen Zahl von Menschen aus der
Bevölkerung (etwa 2000) die Werte kennt, die sie in diesem Test erreichen. So
kann man den Wert, den eine bestimmte Person erreicht hat, genau einordnen und
mit den Werten anderer vergleichen. Bei *Leistungstest* gibt es in der Regel eine
Zeitbegrenzung und natürlich richtige und falsche Antworten. Solche Tests beinhalten also neben Fragen auch verbale, mathematische, grafische oder praktische
Aufgaben, die gelöst werden müssen. Intelligenztests sind also z. B. typische
Leistungstests. Die Fragen und Aufgaben in einem Test werden auch *Items*
genannt. Manchmal werden aber auch die Fragen aus einem Fragebogen als Item
bezeichnet.

▶ Items sind Fragen oder Aufgaben, die beantwortet bzw. gelöst werden müssen.
Tests bestehen aus einer Zusammenstellung von Items.

2.5   Stichproben und Population

Die Psychologie strebt in der Regel nach Erkenntnissen, die auf größere Personengruppen anwendbar sind. Zum Beispiel sucht man nach Möglichkeiten zur optima-
len Förderung von Kindern im Vorschulalter oder nach einer Erklärung, warum
Menschen depressiv werden. In beiden Fällen bezieht sich die Fragestellung auf
sehr große Personengruppen, z. B. alle in Deutschland lebenden Kinder im Alter
von 4–6 Jahren. Diese große Gruppe, nach der in einer Untersuchung gefragt wird,
wird *Population* genannt.

Von praktischer Seite betrachtet wird jedem schnell einleuchten, dass man in
einer kleinen psychologischen Untersuchung nicht alle Vorschulkinder der Bun-
desrepublik untersuchen kann, sondern sich auf einen Auszug beschränken muss.
Diesen Auszug bezeichnet man als *Stichprobe*. Obwohl man in der Psychologie
immer nur mit (teilweise sehr kleinen) Auszügen aus einer Population arbeitet,

hegt man doch den Wunsch, die Ergebnisse aus der Stichprobe auf die gesamte Population zu verallgemeinern (man sagt auch: zu *generalisieren*).

Das ist ein großer Anspruch. Offensichtlich kann eine solche Generalisierung von Ergebnissen von einer Stichprobe auf eine Population nur dann sinnvoll gelingen, wenn die Personen in der Stichprobe in all ihren Eigenschaften den Personen entsprechen, die die Population ausmachen. Das heißt, die Personen in der Stichprobe sollten möglichst *repräsentativ* für die Population sein. Überspitzt formuliert würde es kaum Sinn machen, eine Fragestellung nur an Frauen zu untersuchen und anschließend das gefundene Ergebnis auf Männer zu verallgemeinern. Schließlich hätte die Studie bei Männern zu völlig anderen Ergebnissen führen können. Sind Stichproben kein repräsentatives Abbild der Population, so können wir unsere Ergebnisse nicht sinnvoll verallgemeinern. Stattdessen würden unsere Ergebnisse immer nur auf die „Art" von Personen zutreffen, die auch in der Stichprobe waren. Führen wir etwa eine Befragung per Post durch, bekommen wir meist nicht von allen angeschriebenen Personen eine Antwort. Es besteht also das Risiko, dass nur ganz bestimmte Personen auf die Umfrage antworten. Wenn z. B. nur extravertierte Personen antworten (weil sich introvertierte nicht trauen), dann hätten wir keine repräsentative, sondern eine sogenannte *selektive* Stichprobe vorliegen und könnten ein gefundenes Ergebnis streng genommen nur auf die Population von extravertierten Personen verallgemeinern. Die Gefahr, selektive Stichproben zu ziehen, besteht immer. Machen Sie sich deutlich, dass die Mehrzahl der Forschungsergebnisse in der Psychologie an Psychologiestudierenden gewonnen wurde und damit eigentlich gar nicht auf die Gesamtbevölkerung verallgemeinerbar ist! Wenn die Repräsentativität von Stichproben so wichtig ist, was können wir dann tun, um solche Stichproben zu bekommen? Die Antwort ist verblüffend einfach: wir ziehen die Leute für die Stichprobe *zufällig* aus der Population. Bei einer zufälligen Ziehung von Personen aus einer Population kommt uns der Zufall – siehe auch Abschn. 2.7 – dadurch zu Hilfe, dass er alle möglichen Merkmale und Besonderheiten, die Personen aufweisen können, zu gleichen Anteilen auch in unsere Stichprobe einbringt. Betrachten wir das Prinzip der Zufallsstichproben an Abb. 2.4.

Das Auswahlverfahren besteht im Ziehen einer Zufallsstichprobe. Ein einfaches Beispiel ist das Geschlecht. In der Population gibt es etwa gleich viele Männer wie Frauen. Der Zufall sollte dafür sorgen, dass in der Stichprobe der Anteil von Frauen und Männern ebenfalls 50:50 ist. Genauso verhält es sich mit allen anderen Merkmalen. So werden z. B. unterschiedlich intelligente Menschen, Menschen unterschiedlichen Alters, ledige und verheiratete Menschen, Gesunde und Kranke, Extravertierte und Introvertierte usw. in demselben Verhältnis in unserer Stichprobe auftauchen, wie sie auch in der Population vorliegen.

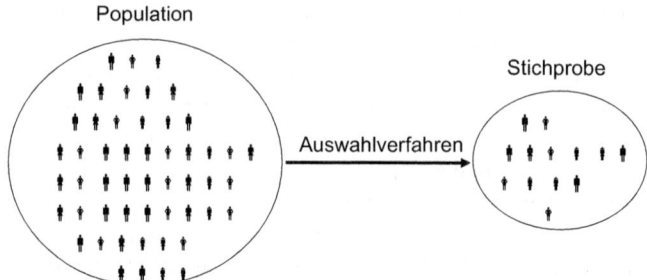

Abb. 2.4 Ziehen einer Stichprobe aus einer Population

Wenn wir also sichergehen wollten, dass in einer Studie mit Schulkindern diese tatsächlich repräsentativ sind für die Population aller Schulkinder, könnten wir nicht einfach in eine Schulklasse gehen, sondern müssten von allen deutschen Schülern eine zufällige Stichprobe ziehen. Sie sehen, dass das Ziehen von Zufallsstichproben mit ziemlich viel Aufwand verbunden sein kann. Daher wird vor allem in der Grundlagenforschung oft auf Zufallsstichproben verzichtet. Bei sehr anwendungsorientierten Studien sind Zufallsstichproben aber in der Regel unerlässlich, um verallgemeinerbare Ergebnisse zu erzielen. Ein häufig zitiertes Beispiel sind Wahlumfragen, bei denen man durch die Befragung einer kleinen Stichprobe eine Hochrechnung des Anteiles von Wählern verschiedener Parteien erhalten möchte. Hierbei ist das Verwenden einer Zufallsstichprobe so einfach wie effektiv. Die Population besteht hier aus den Stimmberechtigten einer ganzen Nation. Repräsentative Stichproben werden dabei durch eine Zufallsauswahl aus allen deutschen Haushalten gezogen. Oder aber, das Umfrageunternehmen stellt sich selbst einen repräsentativen Pool von Personen zusammen, deren in einer Datenbank registrierte Merkmale in der Stichprobe so verteilt werden, dass sie auch der Verteilung in der Population entsprechen. Bei einer so sorgfältig gezogenen repräsentativen Stichprobe ist es möglich, durch eine Umfrage an nur 2000 Personen eine ziemlich exakte Hochrechnung des Wahlergebnisses für über 60 Millionen Wahlberechtigte zu erhalten!

In der Psychologie ist es die Regel, dass man mit eher kleinen Stichproben arbeitet, teilweise mit 20–100 Versuchsteilnehmern. Damit läuft man Gefahr, dass ein Effekt, den wir in unserer Stichprobe gefunden haben, eventuell nur durch Zufall zustande kam. Das heißt, der Effekt könnte für unsere Stichprobe gelten, nicht aber für die Population. Um zu prüfen, wie gut wir aufgrund von Stichproben in der Lage sind, einen Effekt in der Population zu schätzen, brauchen wir statistische Methoden, die unter dem Begriff *Inferenzstatistik* zusammengefasst werden (siehe Kap. 5). Sie können also schon im Hinterkopf behalten, dass die Inferenzstatistik die Verallgemeinerbarkeit von Ergebnissen aus Studien auf die Population prüft. Die deskriptive und die explorative Datenanalyse hingegen beziehen sich vor allem auf die Beschreibung und Analyse von Stichprobendaten, in die noch keine Überlegungen zur Generalisierbarkeit eingeflossen sind.

2.6 Methoden der Datenerhebung I: Befragungen und Beobachtungen

Die Kenntnisse zum Messen und Testen aus den vorangegangenen Abschnitten sind die Grundlage für die konkreten Methoden, mit denen man Daten erheben kann. Diesen Methoden – Befragen, Beobachten und Experiment – wollen wir uns jetzt zuwenden. Allen drei Methoden liegt die Idee des Messens zugrunde, und meist werden Fragebögen oder Tests verwendet. Während sich also Messen und Testen eher auf den theoretischen Aspekt der Datenerhebung beziehen, geht es beim Befragen, Beobachten und Experimentieren um die praktische Durchführung und um den Kontext, in dem die Datenerhebung stattfindet. Dem Experiment werden wir uns etwas ausführlicher zuwenden, da die Prinzipien beim Experimentieren einen unmittelbaren Einfluss auf die spätere statistische Auswertung der Daten haben.

Befragungen

Wenn es um die Untersuchung von Sachverhalten geht, die man einfach erfragen kann – wie die Erfassung von Einstellungen, Gewohnheiten, Persönlichkeitsmerkmalen usw. – dann ist die Befragung die entsprechende Methode der Datenerhebung. Befragungen kann man auf vielfältige Art und Weise gestalten und durchführen. Das Spektrum reicht vom Einholen einfacher Informationen (z. B. eine Befragung, wie gern jemand ein bestimmtes Produkt mag oder wie viel Geld er dafür bezahlen würde) bis hin zu formalen Befragungssituationen, in denen man konkrete Tests einsetzt, von denen wir oben gesprochen hatten.

Befragungen können mündlich oder schriftlich durchgeführt werden. Die mündliche Befragung hat in aller Regel die Form eines Interviews, bei der ein Interviewer entweder eine Person (Einzelinterview) oder gleich mehrere Personen (Gruppeninterview) befragt. Eine typische praktische Anwendung von Interviews sind Bewerbungssituationen. In der Forschung dagegen werden Interviews nur dort angewendet, wo man über ein bestimmtes Themengebiet noch wenig oder gar nichts weiß. In diesem Fall werden Interviews genutzt, um von den Befragten interessante Ideen zu bekommen oder auf Aspekte zu stoßen, auf die man selbst nicht gekommen wäre. Sie können damit ein Hilfsmittel zur Generierung von Hypothesen oder Theorien sein.

Wenn allerdings die Fragen bzw. Aufgaben, die man untersuchen möchte, bereits feststehen – und das ist wie gesagt in der Forschung der häufigere Fall – so kann man auf die zeitintensive Durchführung von Interviews verzichten und statt dessen eine schriftliche Befragung einsetzen. Der Vorteil bei schriftlichen Befragungen ist, dass kein Interviewer anwesend sein muss und die Befragung daher an vielen Personen gleichzeitig und beispielsweise auch per Post oder im Internet durchgeführt werden kann. Ein Nachteil bei Befragungen per Post ist allerdings die sogenannte Rücklauf-quote, also der Anteil von ausgefüllten Fragebögen, die der Forscher tatsächlich zurückerhält. Die Rücklaufquote ist meist eher gering (manchmal nur 30 %), und man weiß dann nicht, ob diejenigen Personen, die geantwortet haben, dies aus einem bestimmten Grund getan haben. Das heißt, man kann sich dann nicht mehr sicher sein, dass man mit den zurückerhaltenen Fragebögen eine repräsentative Stichprobe vorliegen hat.

Befragungen können mehr oder weniger *standardisiert* sein. Das bedeutet, dass die Durchführung entweder konkret festgelegt ist und beispielsweise die gestellten Fragen schon feststehen oder völlig offen ist und der Befragte im Prinzip frei assoziieren und berichten kann, was ihm zu einem bestimmten Thema einfällt. Wenig standardisierte Befragungen führen meist zu größeren Datenmengen (also längeren Texten) und einer Vielzahl unterschiedlichster Aussagen. Sie sind daher schwerer auszuwerten als stärker standardisierte Befragungen, bei denen sich die meisten Aussagen auf die konkreten, vorher festgelegten Fragen des Forschers beziehen.

Beobachtungen

Nicht immer ist es sinnvoll, zur Erhebung von Daten die entsprechenden Personen zu fragen, z. B. wenn es um Verhaltensweisen geht, die in einer konkreten Situation auftreten. Beispielsweise könnte ein Therapeut das Verhalten eines Patienten in sozialen Situationen unter die Lupe nehmen wollen. In einem solchen Fall wäre eine Befragung eher unzweckmäßig. Eine bessere Möglichkeit ist die Beobachtung von konkreten Situationen (also z. B. eine Situation, in der der Patient einen Fremden nach der Uhrzeit fragen soll). Der Beobachter kann das Verhalten der beobachteten Person bzw. Personen nach relevanten Verhaltensweisen, Äußerungen, nonverbalen Gesten usw. untersuchen, um Antworten auf bestimmte Fragen zu erhalten (z. B. ob sich der Patient freundlich gegenüber dem Fremden verhält).

Wenn es um eine komplexe Beobachtungssituation (mit vielen Fragestellungen oder mit vielen zu beobachtenden Personen) geht, ist es immer sinnvoll die

Beobachtung auf Video aufzuzeichnen. Die Auswertung von Beobachtungen, egal ob live oder per Videomaterial, gestaltet sich dabei ähnlich schwierig wie die Auswertung unstandardisierter Interviews. Der Beobachter muss das relevante Verhalten identifizieren, kategorisieren und versuchen, die für ihn entscheidenden Informationen zu extrahieren. Und oft ist gar nicht so klar, was genau eigentlich der Gegenstand der Beobachtung ist. Soll untersucht werden, was jemand sagt, wie viel und wie er es sagt, wie er dabei Blickkontakt mit seinem Gegenüber hält, welche Gesten er macht, welche Körperhaltung er einnimmt, oder gar alles zusammen? Es empfiehlt sich daher immer, das Ziel der Beobachtung vorher genau festzulegen und die Beobachtung genauestens zu protokollieren. Eine Videoaufzeichnung bietet sich auch dann an, wenn ein einzelner Beobachter mit einer live-Situation leicht überfordert sein könnte.

Beobachtungen können wiederum ganz unterschiedlich gestaltet sein. Der Beobachter kann Teil des beobachteten Geschehens sein (*teilnehmende* Beobachtung) oder außerhalb des Geschehens stehen (*nicht-teilnehmende* Beobachtung). Die Beobachteten können von der Befragung wissen (*offene* Beobachtung) oder sie werden nicht darüber informiert, dass es eine Beobachtung gibt (*verdeckte* Beobachtung). Und nicht zuletzt ist neben *Fremdbeobachtungen*, bei denen eine außenstehende Person andere Menschen beobachtet, die *Selbstbeobachtung* der eigenen Person möglich.

In den vergangenen Jahren haben mehr und mehr physiologische Messungen in die psychologische Forschung Einzug gehalten, darunter vor allem die Messung von Blickbewegungen, der Herzaktivität (EKG, Blutdruck) oder der Funktion und Struktur des Gehirns mit Hilfe bildgebender Verfahren. All diese Verfahren liefern ebenfalls Beobachtungsdaten, auch wenn es hier weniger der Forscher selbst ist, der beobachtet, als vielmehr sein Messgerät.

2.7   Methoden der Datenerhebung II: Experimente

Bei Beobachtungen und Befragungen ist ein wesentlicher Punkt im Verborgenen geblieben, der aber für psychologische Untersuchungen von zentraler Bedeutung ist: die Kausalität. Psychologen fragen oft nach den Ursachen für menschliches Verhalten und Erleben. Diese sind aber oft viel schwerer zu ermitteln, als man auf den ersten Blick meinen könnte. Der einzige Weg, um kausale Aussagen über Ursachen und Wirkungen treffen zu können, ist die Durchführung eines Experiments. Sehen wir uns an, worin genau das Problem mit der Kausalität besteht, und wenden uns dann dem Grundgedanken des Experiments zu.

Abb. 2.5 Beispiel für
Zusammenhänge von
Variablen

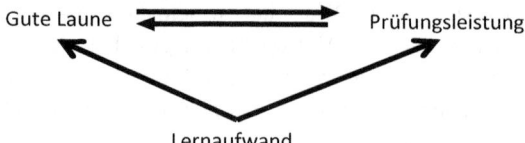

Kausalität

Nehmen wir an, wir hätten beobachtet, dass Schüler mit guter Laune bessere Klausuren schreiben als schlechtgelaunte Schüler. Diese Beobachtung mag uns interessant erscheinen, aber was verbirgt sich eigentlich hinter ihr? Auf den ersten Blick würden wir wahrscheinlich sagen: Ist doch klar, gute Laune verbessert die Prüfungsleistungen, z. B. weil man sich bei besserer Laune mehr zutraut oder weil man konzentrierter ist. Das Problem bei dieser Interpretation ist aber, dass wir schlichtweg nicht wissen, ob sie stimmt. Es gibt nämlich auch andere Interpretationsmöglichkeiten, die auf Basis der vorliegenden Beobachtung möglich sind. Um genau zu sein, gibt es in jedem Fall drei mögliche Interpretationen, wenn zwei Variablen – so wie in unserem Beispiel – einen Zusammenhang aufweisen (siehe Abb. 2.5).

Die erste Möglichkeit hatten wir bereits formuliert: gute Laune könnte die Ursache für bessere Prüfungsleistungen sein. Die zweite Möglichkeit geht in die entgegengesetzte Richtung: Schüler, die generell bessere Noten haben, könnten deswegen generell auch eher gute Laune haben. Und schließlich gibt es noch eine dritte Möglichkeit: es könnte eine dritte Variable geben, die den Zusammenhang von guter Laune und Prüfungsleistung hervorgerufen hat. In unserem Beispiel könnte dies die Variable Lernaufwand sein. Schüler, die einen größeren Lernaufwand betreiben, könnten sich durch diese Anstrengung besser fühlen, und gleichzeitig würde der höhere Lernaufwand zu besseren Prüfungsleistungen führen. Gute Laune und Prüfungsleistungen hätten dann überhaupt keine direkte Verbindung – sie wären *kausal unabhängig* voneinander.

▶ Kausalität beschreibt die Ursache-Wirkungs-Beziehung zweier Ereignisse oder Variablen. Dafür sind ein zeitliches Nacheinander von Ursache und Wirkung und der Ausschluss alternativer Erklärungen unverzichtbare Voraussetzungen.

Es kann natürlich Beobachtungen geben, bei denen die Richtung der Kausalität klar ist. So ist die Straße nass (Wirkung), weil es vorher geregnet hat (Ursache) und nicht umgekehrt. Höheres Alter ist die Ursache für mehr Erfahrungswissen und nicht umgekehrt. Aus diesen Beispielen können wir die allgemeinen Kriterien ableiten, die für Kausalität erfüllt sein müssen: A verursacht B kausal, wenn (1) A zeitlich *vor* B auftritt, (2) A und B „kovariieren" (eine Veränderung von A mit einer Veränderung von B einhergeht) und (3) der Einfluss von Drittvariablen (Alternativerklärungen) ausgeschlossen werden kann.

Diese Kriterien klingen vielleicht ziemlich theoretisch, sie sind aber praktisch sehr einleuchtend. Nehmen wir an, in unserem Beispiel ist Möglichkeit 1 die zutreffende (gute Laune verursacht bessere Prüfungsleistungen). Diese Aussage können wir nur mit Sicherheit machen, wenn (1) die gute Laune vor der Prüfung da war, (2) gute Laune zu guten und schlechte Laune zu schlechteren Prüfungsleistungen führt und (3) und es keine Drittvariablen gibt, die den Zusammenhang erklären könnten.

In den meisten Fällen wissen wir all diese Dinge nicht und können daher durch die bloße Beobachtung von Variablen noch nichts über ihre Kausalität sagen. Wie in jeder Wissenschaft ist es aber auch in der Psychologie das höchste Ziel, Kausalaussagen über den Zusammenhang von Variablen zu treffen. Noch genauer: meist sind wir an den Ursachen von bestimmten Variablen interessiert. Wie aber können wir es methodisch anstellen, etwas über die Kausalitätsrichtung zu erfahren? Hier kommt eine einfache wie geniale Methode ins Spiel: das Experiment.

Die Idee des Experiments

Machen wir zunächst ein Gedankenexperiment (im wahrsten Sinne des Wortes). Stellen Sie sich vor, Sie sind ein Forscher, der den Zusammenhang der Variablen in unserem Beispiel untersuchen möchte. Sie haben die Hypothese, dass gute Laune die Ursache für bessere Prüfungsleistungen ist. Wie könnten Sie vorgehen? Sagen wir, Sie haben 20 Schüler einer Schulklasse zur Verfügung, mit denen Sie einen Test schreiben können. Laut unserer Definition von Kausalität müssen Sie zuerst sicherstellen, dass die gute Laune *vor* der Prüfungssituation auftritt. Das könnten Sie tun, indem Sie über einen Fragebogen bei jedem Schüler seine aktuelle Laune ermitteln, bevor Sie den Test schreiben. Zweitens sollten Schüler mit besserer Laune bessere Testergebnisse haben und Schüler mit schlechterer Laune schlechtere Ergebnisse (*Kovariation*). Hier kommt eine zentrale Idee des Experimentes ins Spiel: Sie müssen die Laune in irgendeiner Art und Weise *variieren,* um dieses Kriterium zu prüfen. Wenn Sie Glück haben, gibt es in der Klasse bereits Schüler mit guter und Schüler mit schlechter Laune. Wenn Sie Pech haben, sind alle Schüler schlecht gelaunt. Sie müssen daher bei einem Teil der Schüler dafür sorgen, dass sie bessere Laune haben. Das könnten Sie tun, indem Sie diesen Schülern einen kurzen lustigen Film zeigen. Danach müssten Sie mithilfe des Fragebogens prüfen, ob diese Manipulation geklappt hat und ein Teil der Schüler jetzt wirklich besser gelaunt ist. Sie können nun prüfen, ob die gutgelaunten

Schüler tatsächlich bessere Noten im Test erreichen. Ist das der Fall, besteht Ihre letzte Aufgabe im *Ausschließen von Alternativerklärungen*. Sie müssen zeigen, dass der Zusammenhang zwischen guter Laune und Testergebnis nicht durch eine andere Variable hervorgerufen wurde. Dafür müssen Sie sich überlegen, welche Variablen hier in Frage kommen. Oben hatten wir gesagt, dass beispielsweise der Lernaufwand vor dem Test sowohl gute Laune als auch bessere Prüfungsleistungen bewirken könnte. Wie könnten Sie das prüfen? Anders ausgedrückt: wie könnten Sie den Einfluss des Lernaufwandes „ausschalten"? Zunächst müssen Sie den Lernaufwand jedes Schülers erfassen. Das könnten Sie wieder mit einem Fragebogen tun. Was aber, wenn alle Schüler, die von guter Laune berichten, auch mehr gelernt haben? Dann stehen Sie vor einem Problem und kommen nicht weiter. Sie müssten stattdessen dafür sorgen, dass Schüler mit verschieden großem Lernaufwand sowohl in der Gruppe von gutgelaunten als auch in der Gruppe von schlechtgelaunten Schülern vorkommen. Wenn sich die Gruppen dann immer noch in ihrem Testergebnis unterscheiden, dann wissen Sie, dass das nicht mehr am Lernaufwand liegen kann, da der jetzt in beiden Gruppen gleich ist – man sagt, er ist *konstant gehalten*. Um das zu bewerkstelligen, könnten Sie nun eine Art Trick anwenden und sich der Methode von oben bedienen: Sie teilen die Klasse zuerst in zwei Hälften, in denen sich jeweils Schüler mit durchschnittlich gleich hohem Lernaufwand befinden. Dann hätten Sie in diesen beiden Gruppen den Lernaufwand konstant gehalten. Und nun der „Trick": da Sie in der einen Gruppe ja Schüler mit guter und in der anderen Gruppe Schüler mit schlechter Laune haben wollten, müssen Sie mit Hilfe des lustigen Filmes gute Laune in der einen Hälfte hervorrufen. Da sich in der anderen (der schlechtgelaunten) Gruppe eventuell auch ein paar Leute mit guter Laune befinden werden, können Sie die gleiche Methode anwenden und mit Hilfe eines unangenehmen oder langweiligen Filmes alle Schüler dieser Gruppe in schlechte Laune versetzen. Nun schreiben Sie den Test. Wenn die gutgelaunten Schüler bessere Leistungen erzielen als die schlechtgelaunten, können Sie nun mit großer Sicherheit sagen, dass die gute Laune tatsächlich die Ursache für den Prüfungserfolg war. Sie haben ein echtes Experiment durchgeführt.

An diesem einfachen Beispiel haben wir gesehen, welche Grundidee dem Experiment zugrunde liegt.

▶ Experimente sind künstliche Eingriffe in die natürliche Welt mit dem Ziel systematische Veränderungen in einer unabhängigen Variable (UV) hervorzurufen, die ursächlich zu einer Veränderung in einer abhängigen Variable (AV) führen. Alternativerklärungen werden dabei ausgeschlossen.

An dieser Definition wird der Unterschied zwischen Beobachtungen und Befragungen auf der einen Seite und Experimenten auf der anderen Seite deutlich: Experimente begnügen sich nicht mit dem Gegebenen, sondern sie stellen sozusagen eine bestimmte „Wirklichkeit" gezielt und künstlich her. In unserem Gedankenexperiment haben Sie z. B. gute und schlechte Laune durch einen Eingriff (den Film) einfach hergestellt oder induziert. Das Entscheidende dabei ist, dass die Variable, die uns als potenzielle Ursache einer anderen Variable interessiert, *systematisch variiert* wird. Wenn sie wirklich die Ursache der anderen Variable ist, muss diese systematische Variation zu einer Veränderung in dieser Variable führen. Diese Art von Kausalitätsprüfung ist beim Beobachten und Befragen nicht möglich. Das Experiment wird daher oft als „Königsweg" der Datenerhebung bezeichnet. Wenn es um das Aufdecken von Ursache-Wirkungs-Beziehungen geht, ist das Experiment meist die einzige Möglichkeit.

Das Experiment hat aber noch einen anderen großen Vorteil. Beim Experimentieren können wir sämtliche Bedingungen, die das Experiment stören könnten, selbst ausschalten oder kontrollieren. Man spricht dabei auch vom Ausschalten oder Kontrollieren von *Störvariablen*, denen wir uns jetzt zuwenden wollen.

Störvariablen

In unserem Gedankenexperiment hatten wir versucht, die Alternativerklärung – dass der Lernaufwand ebenfalls eine Ursache für unterschiedliche Prüfungsleistungen sein kann – auszuschließen. Das mussten wir deswegen tun, weil wir sonst nicht zweifelsfrei hätten behaupten können, dass gute Laune die kausale Ursache für bessere Prüfungsleistung ist. Wir mussten also sicherstellen, dass die Beziehung zwischen den beiden Variablen nicht durch eine dritte Variable (den Lernaufwand) *gestört* wird.

▶ Störvariablen sind Merkmale der Person oder der Situation, die eventuell ebenfalls die abhängige Variable (AV) beeinflussen. Ihr Effekt soll im Experiment ausgeschaltet werden, weil sie den Effekt der unabhängigen Variable (UV) stören könnten. Man spricht dabei auch von *experimenteller Kontrolle* von Störvariablen.

Konstanthalten und Parallelisieren

Wir hatten versucht, diesen störenden Effekt dadurch auszuschalten, dass wir verschieden hohen Lernaufwand gleichmäßig auf die beiden Gruppen aufgeteilt haben, in denen wir später gute bzw. schlechte Laune induziert hatten. Dieses *Konstanthalten*, wie wir es genannt hatten, sorgt dafür, dass sich die Gruppen hinsichtlich des Merkmals Lernaufwand nicht mehr unterscheiden. Folglich kann unterschiedlich hoher Lernaufwand nicht mehr die Ursache für unterschiedliche

Prüfungsleistungen zwischen unseren beiden Gruppen sein. Da man die unterschiedlichen Ausprägungen der Störvariable sozusagen parallel auf die beiden Gruppen aufgeteilt hat, spricht man anstelle vom Konstanthalten der Störvariablen auch oft vom *Parallelisieren* der Gruppen hinsichtlich der Störvariablen.

Das Konstanthalten von potenziellen Störvariablen ist schon eine gute und einfache Lösung von experimenteller Kontrolle. Leider kann es aber zwei Probleme geben, die das Konstanthalten von Störvariablen unmöglich machen.

Das erste Problem tritt auf, wenn es zu viele potenzielle Störvariablen gibt. Es könnte z. B. sein, dass in unserer Schulklasse die Mädchen generell bessere Prüfungsleistungen erbringen als die Jungen. Nun könnte es passieren, dass wir fast alle Mädchen in die gute-Laune-Gruppe getan haben und die meisten Jungen in die schlechte-Laune-Gruppe, oder umgekehrt. Das würde offensichtlich dazu führen, dass unterschiedliche Prüfungsleistungen in beiden Gruppen jetzt genauso gut auf das Merkmal Geschlecht zurückgeführt werden könnten und nicht unbedingt auf unsere Manipulation (gute versus schlechte Laune). Wir müssten nun also – zusätzlich zum Lernaufwand – auch noch das Geschlecht konstanthalten, indem wir den Anteil von Jungen zu Mädchen in beiden Gruppen gleich verteilen. Eine weitere Störvariable könnte aber auch noch die Intelligenz sein. Es ist sogar sehr wahrscheinlich, dass intelligentere Schüler bessere Prüfungsleistungen erzielen. Wir müssten also das Merkmal Intelligenz ebenfalls konstanthalten. An dieser Stelle wird deutlich, dass der Aufwand der experimentellen Kontrolle schnell anwächst, wenn die Anzahl potenzieller Störvariablen steigt. Es kann sogar sein, dass es technisch unmöglich wird, all diese Störvariablen gleich auf die beiden Gruppen zu verteilen – vor allem, wenn man nur 20 Personen zur Verfügung hat (was in Experimenten häufig der Fall ist). In den meisten Fällen wird es so sein, dass es nicht nur eine potenzielle Störvariable gibt. Es gibt Merkmale, die so gut wie immer als Störvariablen betrachtet werden, da von ihnen bekannt ist, dass sie auf fast alle abhängigen Variablen einen Effekt ausüben: darunter Alter, Geschlecht und Intelligenz.

Bevor wir zu einer Lösung dieses Problems kommen, sehen wir uns noch das zweite Problem beim Konstanthalten an, das noch verzwickter ist als das erste. Bisher hatten wir überlegt, wie wir die potenziellen Störvariablen gleichmäßig auf unsere Gruppen aufteilen. Das setzt allerdings voraus, dass wir diese Störvariablen auch kennen! Bei einer Vielzahl von Fragestellungen wissen wir schlichtweg nicht, welche möglichen Störvariablen es geben könnte. Folglich sind wir auch nicht in der Lage, die Gruppen im Experiment hinsichtlich der Störvariablen zu parallelisieren. Wie könnten wir es dennoch schaffen, dass alle potenziellen Störvariablen gleich auf die beiden Gruppen verteilt werden?

Randomisierung

Hier kommt uns eine der wichtigsten Techniken zu Hilfe, die es bei der Durchführung von Studien gibt: die *Randomisierung*. Das englische Wort random bedeutet zufällig.

▶ Bei der Randomisierung werden die Versuchspersonen zufällig den verschiedenen Versuchsbedingungen (den Gruppen des Experimentes) zugeteilt.

Die Versuchspersonen sind in unserem Beispiel die Schüler. Sie sollen nun nach dieser Definition zufällig (z. B. durch Lose) auf die beiden Gruppen aufgeteilt werden, in denen wir später gute bzw. schlechte Laune induzieren wollen. Aber wie löst dieses Vorgehen unsere beiden Probleme? Ganz einfach: Alle potenziellen Störvariablen – und zwar auch solche, die wir gar nicht kennen – werden durch den Zufall gleichmäßig auf beide Gruppen verteilt. Konkret heißt das, dass bei einer zufälligen Zuordnung der 20 Schüler in zwei Gruppen in beiden Gruppen gleich viele Schüler mit hohem und niedrigem Lernaufwand, gleich viele Jungen und Mädchen, sowie gleich viele intelligentere und weniger intelligente Schüler vorkommen. Das Gleiche passiert auch mit allen anderen Merkmalen, die wir gar nicht kennen. Wir müssen uns also gar nicht überlegen, welche Störvariablen es geben könnte, sondern wir überlassen dem Zufall die Arbeit, der für eine mehr oder weniger perfekte Parallelisierung sorgt. Natürlich werden per Zufall nicht immer *genau* gleich viele Jungen und Mädchen oder *genau* gleich viele intelligentere und weniger intelligente Schüler in die beiden Gruppen gelangen. Aber eine ungefähre Gleichverteilung reicht schon aus, um den Effekt der Störvariablen zu kontrollieren. Wichtig dabei ist, dass die Stichprobe ausreichend groß ist, denn sonst können die „ausgleichenden Kräfte des Zufalls" nicht richtig wirken (siehe Abschn. 3.6).

Sie sollten die Technik der Randomisierung gut im Hinterkopf behalten, da sie das wichtigste Grundprinzip für das Durchführen experimenteller Studien ist und oft auch eine Art Gütesiegel für methodisch korrekt durchgeführte Studien darstellt. In Abb. 2.6 ist der gesamte Ablauf beim Vorgehen unseres Experimentes noch einmal dargestellt.

Quasiexperimente

In unserem Schulklassen-Beispiel ist es kein Problem gewesen, zunächst zwei Gruppen von Schülern zufällig zu ziehen und danach das uns interessierende Merkmal (gute bzw. schlechte Laune) zu induzieren. Nun kann es allerdings auch Fälle geben, in denen es nicht möglich ist, das relevante Merkmal selbst zu beeinflussen. Nehmen wir an, wir wollen untersuchen, ob Menschen, die rauchen,

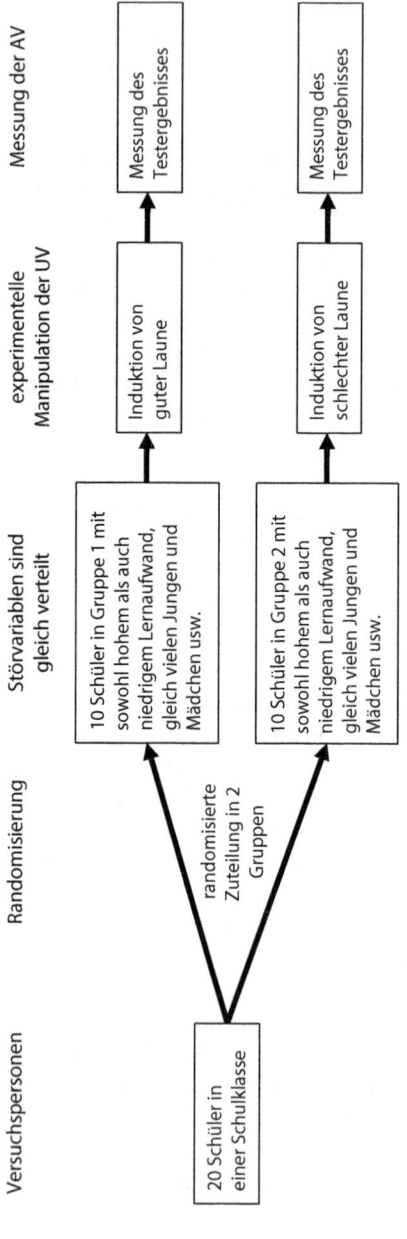

Abb. 2.6 Überblick über das experimentelle Vorgehen für die Beispielstudie

auch mehr Geld für Alkohol ausgeben als Menschen, die nicht rauchen. In diesem Fall hätten wir als unabhängige Variable wieder zwei Gruppen, nämlich Raucher und Nichtraucher (die abhängige Variable wäre der Geldbetrag für gekauften Alkohol). Wie man aber schon sehen kann, sind wir hier nicht in der Lage, das Merkmal Raucher/Nichtraucher einfach zu induzieren. (Streng genommen könnten wir natürlich wieder per Zufall zwei Gruppen von Leuten zusammenstellen und der einen Gruppe sagen, sie soll pro Tag 10 Zigaretten rauchen, während die andere Gruppe nicht rauchen darf. Aber ein solches Vorgehen verstößt offensichtlich gegen jegliche Forschungsethik und ist ausgeschlossen.) Stattdessen müssen wir uns wohl damit begnügen, die Gruppe von Rauchern und die Gruppe von Nichtrauchern so zu nehmen, wie sie sind. Das hat aber wiederum zur Folge, dass wir nicht sicher sein können, dass es keine Störvariablen gibt, in denen sich die beiden Gruppen unterscheiden. Da wir keine Randomisierung vornehmen können, sind wir daher wieder auf das Konstanthalten möglicher Störvariablen angewiesen. Wir müssten also wieder nach potenziellen Störvariablen schauen und versuchen, jeweils Raucher und Nichtraucher zu finden, für die alle Störvariablen gleich ausgeprägt sind. Sie sehen aber schon, dass wir auf diese Weise nicht in der Lage sind, alle Störvariablen mit Sicherheit auszuschalten. Man kann daher bei solchen Untersuchungen streng genommen nicht von Experimenten sprechen, da diese das Ausschalten von Störvariablen verlangen. Deshalb werden solche Arten von Untersuchungen *Quasiexperimente* genannt – im Gegensatz zu den *echten Experimenten*, von denen wir bisher gesprochen haben.

▶ Echte Experimente setzen das randomisierte Aufteilen von Versuchspersonen auf die Versuchsbedingungen voraus. Ist die Gruppeneinteilung jedoch von Natur aus vorgegeben und daher keine Randomisierung möglich, spricht man von Quasiexperimenten.

In der Grundlagenforschung sind die interessierenden unabhängigen Variablen meist manipulierbar bzw. induzierbar. Je anwendungsbezogener die Fragestellungen werden, desto eher hat man es mit Variablen zu tun, die schon vorgegeben sind und die man daher nur quasiexperimentell untersuchen kann. Ein häufiges Beispiel sind Untersuchungen, bei denen Männer und Frauen verglichen werden. Auch hier ist die Gruppeneinteilung vorgegeben. Entsprechend müssen alle Störvariablen parallelisiert werden. Manchmal kann es vorkommen, dass sich Störvariablen nicht vollständig parallelisieren lassen. Wenn beispielsweise in einer Untersuchung an Männern und Frauen die Aggressivität als Störvariable berücksichtigt werden soll, kann es schwierig sein, das Aggressionslevel in beiden Gruppen gleich zu verteilen, wenn Männer im Durchschnitt aggressiver sind als Frauen. Diesen Unterschied muss man vorerst in Kauf nehmen. Es ist aber in jedem Fall sinnvoll, die Ausprägung aller möglichen Störvariablen in der Untersuchung mit zu erheben und zu dokumentieren.

Gütekriterien bei Experimenten

Wie wir gelernt haben, sind Experimente eine unverzichtbare Methode, um Kausalitäten auf den Grund zu gehen. Aus den Erläuterungen sollte aber auch hervorgegangen sein, dass beim Experimentieren immer wieder Schwierigkeiten auftreten und man viele Fehler machen kann. Die sogenannten Gütekriterien dienen der Beurteilung der Qualität eines Experiments.

Das erste Gütekriterium wird als *interne Validität* eines Experiments bezeichnet. Wir hatten gefordert, dass durch Randomisieren bzw. Parallelisieren die Effekte potenzieller Störvariablen ausgeschaltet werden sollen. Wenn wir das geschafft haben, können wir sicher sein, dass ein Effekt in der AV auch tatsächlich auf die Veränderung der UV zurückgeht.

▶ Interne Validität liegt vor, wenn die Veränderung in der AV *eindeutig* auf die Veränderung in der UV zurückgeführt werden kann.

Wenn wir in einem intern validen Experiment einen Effekt gefunden haben, bleibt noch die Frage offen: Können wir dieses Ergebnis verallgemeinern? Das Ziel von Studien ist es immer, eine generelle Aussage über die Wirkung von Manipulationen zu treffen. Mit anderen Worten: die Ergebnisse, die anhand einer Stichprobe von Versuchsteilnehmern gewonnen wurden, sollen nicht nur für die untersuchte Stichprobe gelten, sondern auf die Allgemeinheit übertragen – man sagt auch *generalisiert* – werden. Mit Allgemeinheit ist dabei die jeweilige Gruppe von Personen gemeint, über die man eine Aussage treffen möchte (auch *Population* genannt, siehe Abschn. 2.5). In unserem Schulklassen-Beispiel könnte die relevante Population aus allen Schülerinnen und Schülern bestehen. Wenn wir in einer Studie mit Hilfe einer repräsentativen Stichprobe ein auf die Population verallgemeinerbares Ergebnis gefunden haben, dann sprechen wir von einer *extern valliden* Studie.

▶ Externe Validität liegt vor, wenn das in einer Stichprobe gefundene Ergebnis auf andere Personen bzw. auf die Population verallgemeinerbar ist. Sie wird durch repräsentative Stichproben erreicht, die am einfachsten durch eine zufällige Ziehung der Stichprobenmitglieder zustande kommen.

Literaturempfehlung
Huber, O. (2005). *Das psychologische Experiment: Eine Einführung*
(4. Aufl.). Bern: Huber.

Der Zusammenhang der Methoden der Datenerhebung

Bevor wir dieses Kapitel abschließen, soll noch etwas zum Zusammenhang der verschiedenen Methoden der Datenerhebung gesagt werden. Sicher ist Ihnen aufgefallen, dass wir der Beschreibung des Experimentes sehr viel Raum geschenkt haben. Das hat zwei Gründe. Zum einen ist das Experiment – wie wir gesehen haben – der Königsweg der Datenerhebung. Wann immer möglich, sollte man sich für die Durchführung eines Experimentes entscheiden, weil nur mit dieser Methode das Aufdecken von kausalen Zusammenhängen möglich ist. Zum anderen *beinhaltet* das Experiment meist die anderen Methoden – Beobachtung und Befragung. Zur Messung des Effektes in Experimenten werden fast immer Tests oder Fragebögen eingesetzt. Auch kann das Verhalten der Versuchsteilnehmer durch Beobachtung erfasst werden. Und die erwähnten biopsychologischen Messungen wie EKG oder Hirnscan stellen ebenfalls Beobachtungen dar.

Deskriptive Datenanalyse: Der Mensch als Datenpunkt

3

3.1 Das Anliegen der deskriptiven Datenanalyse

Nach dem Durchführen einer Studie liegen Daten vor – gewonnen durch Messungen in Beobachtungen, Befragungen oder Experimenten. Diese Daten können, je nach Umfang der Studie, sehr vielschichtig und komplex sein. Der nächste große Schritt besteht nun in der statistischen Auswertung der Daten. Dieser Schritt beinhaltet drei Aufgaben: das Beschreiben und Darstellen der Daten, das Erkennen und Beschreiben von eventuellen Mustern in den Daten und schließlich das statistische Prüfen der Daten dahingehend, ob sie auf die Population verallgemeinert werden können oder nicht.

Abbildung 3.1 veranschaulicht diese drei Aufgaben. Mit der Beschreibung (Deskription) der Daten beschäftigt sich die *deskriptive Statistik* (oder auch deskriptive Datenanalyse).

Die deskriptive Statistik vereint alle Methoden, mit denen empirische Daten zusammenfassend dargestellt und beschrieben werden können. Dazu dienen Kennwerte, Grafiken und Tabellen.

Bei vielen Fragestellungen ist die Beschreibung und Darstellung der Daten sogar die einzige Form von Auswertung, die erwünscht ist oder gebraucht wird. Das ist immer dann der Fall, wenn man entweder Befragungen an einer sehr großen, repräsentativen Stichprobe durchgeführt hat und daher keine weiteren Berechnungen anstellen muss, um die Verallgemeinerbarkeit der Daten zu prüfen. Oder aber man hat es mit einer Fragestellung zu tun, bei der die Daten gar nicht auf irgendeine Population verallgemeinert werden sollen, sondern nur für die untersuchte Gruppe relevant sind.

Ein zweiter Schritt – der über die bloße Beschreibung von Daten schon etwas hinausgeht – ist das Durchsuchen der Daten nach bestimmten Mustern oder Zusammenhängen. Auch diese *explorative* Datenanalyse kann man einsetzen, ohne

© Springer Fachmedien Wiesbaden 2016
T. Schäfer, *Methodenlehre und Statistik*,
DOI 10.1007/978-3-658-11936-2_3

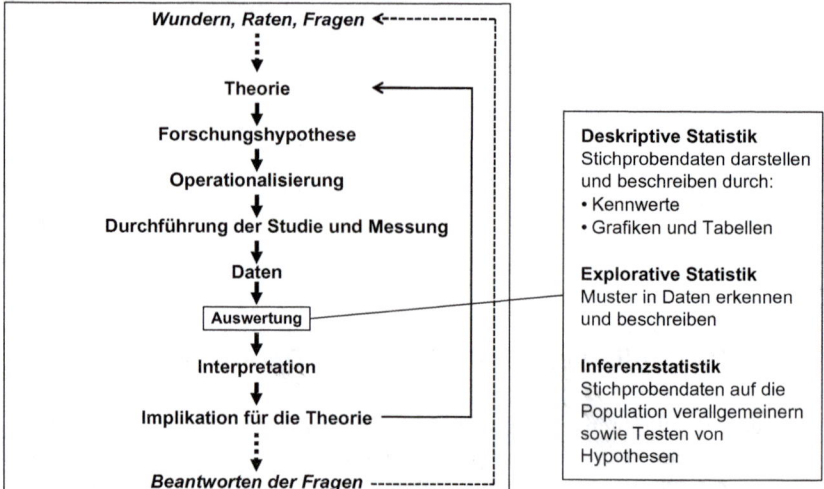

Abb. 3.1   Aufgaben bei der statistischen Auswertung von Daten

Aussagen über die Verallgemeinerbarkeit von Daten machen zu wollen. Wir werden uns dieser Methode im nächsten Kapitel zuwenden. Zunächst soll es um die ganz einfache Beschreibung und Darstellung der Daten gehen. Es gibt dafür mehrere Möglichkeiten, die sich nach der Art der gewonnenen Daten richten und sich unterschiedlich gut zu deren Veranschaulichung eignen: statistische Kennwerte sowie Tabellen und Grafiken. Die statistischen Kennwerte sind die grundlegendste und am häufigsten benutzte Möglichkeit zur Beschreibung von Daten. Zu ihnen gehören die Anteile und Häufigkeiten, sowie die Lagemaße und die Streuungsmaße. Schauen wir uns nun an, wie eigentlich die Daten aussehen, die wir für gewöhnlich nach dem Durchführen einer Studie vorliegen haben.

3.2   Anteile und Häufigkeiten

Das Format, in dem Daten nach einer Studie vorliegen, richtet sich nach dem Skalenniveau, auf dem sie gemessen wurden (siehe Kap. 2.2). In jeder Studie wird man mehrere verschiedene Arten von Daten erhalten. In nahezu jeder Studie wird man das Alter und das Geschlecht der Studienteilnehmer erfragen, manchmal auch den Familienstand, die Herkunft usw. Man spricht hier von *demografischen* Daten. Neben den demografischen Daten hat man natürlich in der Studie bestimmte

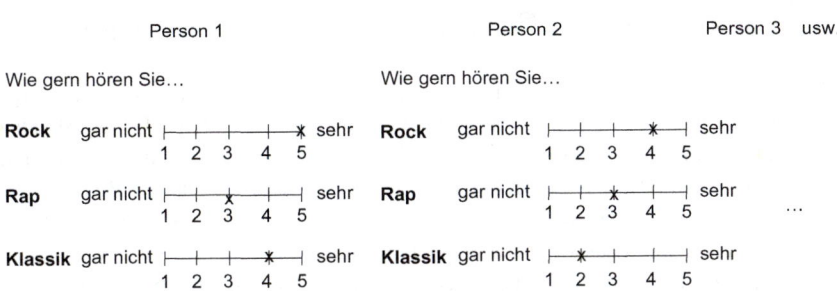

Abb. 3.2 Beispiel für Antworten auf Ratingskalen von verschiedenen Personen

Merkmale gemessen, die von inhaltlichem Interesse sind. Bei Befragungen handelt es sich hierbei meist um Urteile, Meinungen oder Einstellungen. So könnte man beispielsweise erfragt haben, wie sehr eine Gruppe von Personen (z. B. Psychologie-Studierende im ersten Semester) bestimmte Musikstile mag. Jede Person muss dann für jeden Musikstil auf einer Ratingskala einen Wert ankreuzen, der ihre Meinung am besten wiedergibt (siehe Abb. 3.2). Bei experimentellen Studien sind neben Ratings noch viele andere Arten von Daten denkbar, z. B. Reaktionszeiten, die ein PC auf der Grundlage von Mausklicks oder Tastenanschlägen errechnet, physiologische Messungen wie die Herzrate oder auch die Anzahl richtig gelöster Aufgaben in einem Test.

Auf welchem Skalenniveau liegen diese Daten nun vor? Obwohl Sie diese Frage schon selbst beantworten können, schauen wir uns noch einmal ein paar Beispiele an. Das Geschlecht bildet zwei Kategorien und stellt damit eine Nominalskala dar. Gleiches würde auch für den Familienstand gelten (z. B. ledig, verheiratet, verwitwet). Daten auf Nominalskalenniveau können nun dargestellt werden als Anteile oder als Häufigkeiten. Sagen wir, wir haben eine Stichprobe von 50 Personen und 20 davon sind Frauen – das ist bereits die Anzahl bzw. Häufigkeit. Diese Häufigkeit entspricht einem Frauenanteil von 40 %. Wenn wir weiterhin jede Person danach gefragt haben, welchen Musikstil sie am meisten mag (z. B. Rock, Rap oder Klassik), haben wir es wieder mit verschiedenen Kategorien (also mit Daten auf Nominalskalenniveau) zu tun und können auch hierfür Häufigkeiten und Anteile berechnen: 30 der 50 (also 60 %) Personen hören Rock am liebsten, 15 von 50 (also 30 %) hören Rap am liebsten usw.

Nun haben wir noch die Frage danach, wie sehr die jeweiligen Musikstile konkret gemocht werden (siehe Abb. 3.2). Aus den Ratings, die die Personen angekreuzt haben, können wir zunächst Rangreihen bilden. Person 1 vergibt für Rock den Wert 5, weil sie diesen Musikstil am meisten mag. Anders gesagt, er bekommt Rang 1. Entsprechend landet Klassik auf Platz 2 und Rap auf Platz 3. (Wir hätten die Personen die drei Musikstile natürlich auch selbst in eine Rangreihe bringen lassen können, aber in unserem Beispiel können wir die Ränge aus den Ratings ermitteln.) Die gefundenen Rangreihen liegen auf Ordinalskalenniveau vor, und sie lassen sich wieder mit Hilfe von Häufigkeiten und Anteilen ausdrücken: bei 25 von 50 Personen (also 50 %) landet Rock auf Platz 1, bei 15 Personen (also 30 %) auf Platz 2 usw. Die gleichen Angaben müssten wir dann noch für Rap und Klassik machen. Daran sieht man schon, dass Ränge – im Gegensatz zu den einfachen Kategorien – schon viel differenziertere Daten liefern und daher eine solche Darstellung in Häufigkeiten oder Anteilen auch nicht mehr gebräuchlich ist. So ähnlich sieht es aus, wenn wir noch eine Stufe höher gehen und uns die Ratings direkt anschauen.

Bei den Ratings gehen wir von Intervallskalenniveau aus. Zunächst können wir hier wieder Häufigkeiten und Anteile „auszählen": bei Rock haben 5 von 50 Personen (also 10 %) auf der Ratingskala den Wert 5 angekreuzt, 4 Leute (also 8 %) den Wert 4 usw. Auch hier müssten wir die gleichen Angaben noch für Rap und Klassik wiederholen. Offensichtlich ist also für Daten ab Ordinalskalenniveau die Darstellung in Häufigkeiten und Anteilen nicht mehr besonders effizient, da wir hier gleich mehrere Diagramme konstruieren müssten (in unserem Beispiel je eines für Rock, Rap und Klassik). Wir werden darauf gleich noch zurückkommen.

Die Darstellung von Anteilen und Häufigkeiten

Häufigkeiten und Anteile kann man als einfache Zahlenwerte darstellen – so wie wir das eben getan haben – oder in Form von Tabellen oder Abbildungen. Diese können ganz verschieden aussehen und aufbereitet sein. Nehmen wir an, wir hätten die 50 Studierenden lediglich gefragt, was ihr Lieblingsmusikstil ist, also unabhängig von der Stärke der Vorliebe. Eine Tabelle für die Häufigkeiten und Anteile könnte dann zum Beispiel so aussehen wie in Tab. 3.1.

In der Beschriftung zu Tab. 3.1 sehen Sie übrigens die gebräuchliche Darstellung der Stichprobengröße: N steht für die Anzahl von Personen, die an einer Studie teilgenommen haben. Sie wird bei allen Tabellen, Abbildungen und in wissenschaftlichen Publikationen so angegeben und wird – wie jeder andere Kennwert auch – kursiv geschrieben.

Alternativ können die Häufigkeiten und Anteile in einer Abbildung dargestellt werden, entweder in einem *Häufigkeitsdiagramm* (Abb. 3.3), oder in einem *Kreisdiagramm* (Abb. 3.4). Beim Häufigkeitsdiagramm kann man auf der Y-Achse – je nachdem, was gerade interessant ist – entweder die Häufigkeit oder den Anteil in Prozent abtragen.

Tab. 3.1 Häufigkeiten und Anteile von Liebhabern verschiedener Musikstile ($N = 50$)

	Anzahl Personen	Prozent Personen
Rock	30	60
Rap	15	30
Klassik	5	10

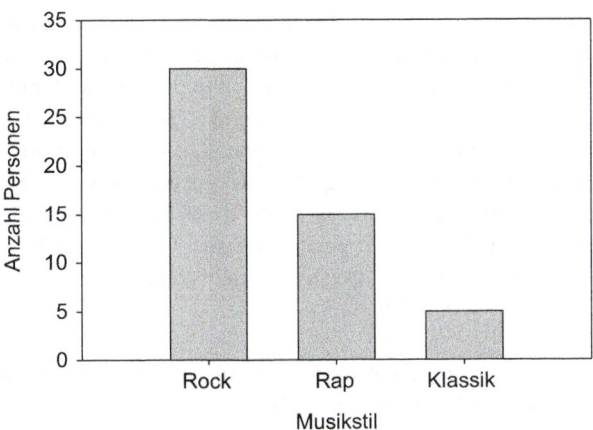

Abb. 3.3 Häufigkeitsdiagramm für die Beliebtheit von Musikstilen ($N = 50$)

Abb. 3.4 Kreisdiagramm für die Beliebtheit von Musikstilen ($N = 50$)

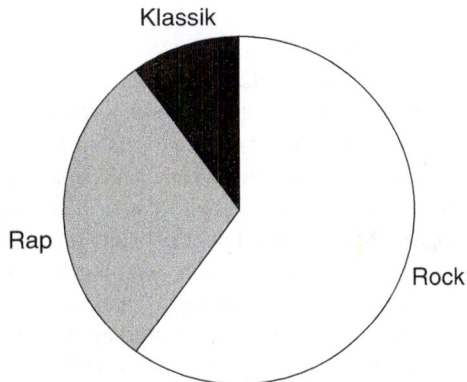

3.3   Häufigkeitsverteilungen und Lagemaße

Stichproben liefern Verteilungen

Versuchen wir noch einmal, den genauen Zusammenhang zwischen dem Skalenniveau der Daten und der Darstellung von Häufigkeiten und Anteilen zu verstehen. Am besten erkennt man diesen Zusammenhang in einem Häufigkeitsdiagramm wie in Abb. 3.3. Wir haben auf der Y-Achse die Anzahl von Personen abgetragen. Aber was ist auf der X-Achse abgetragen? Das ist nichts anderes als die Variable, die wir in der Studie untersucht haben: die Variable „Musikstil" mit ihren verschiedenen Ausprägungen. Auf der X-Achse steht also das gemessene Merkmal – daher spricht man einfach von der *Merkmalsachse*. Wir haben schon festgestellt, dass es sich hier um eine kategoriale Variable handelt, die demnach auf Nominalskalenniveau gemessen wurde. Wir haben also die Anzahl von Personen, die in jeder Kategorie (Rock, Rap, Klassik) liegen, einfach ausgezählt. Mit anderen Worten: durch die Auszählung können wir sehen, wie sich die untersuchten Personen in ihrem Musikgeschmack auf die drei Kategorien *verteilen*. Das Diagramm stellt daher eine sogenannte *Häufigkeitsverteilung* dar.

▶ In einer Häufigkeitsverteilung ist die Anzahl von Personen abgetragen, die in einer Studie bestimmte Messwerte aufweisen.

Abbildung 3.5 – die die gleichen Daten zeigt wie Abb. 3.3 – verdeutlicht noch einmal genauer, dass sich in Häufigkeitsverteilungen immer einzelne Personen wiederfinden. Wir werden später noch andere Arten von Verteilungen kennenlernen, die Sie dann gut auseinanderhalten müssen.

Modalwert (Modus)

Wenn wir uns die Häufigkeitsverteilung aus Abb. 3.5 anschauen, dann sehen wir sofort, dass die meisten Befragten Rock als Lieblingsmusik haben. Diese Information hat etwas mit der sogenannten *Lage* der Verteilung zu tun. Die Lage einer Verteilung gibt an, auf welchen Wert sich die Verteilung konzentriert. Für diese Information kann man nun verschiedene Kennwerte angeben – die sogenannten *Lagemaße*. Welches Lagemaß sinnvoll ist, hängt wieder vom Skalenniveau der Daten ab. Fangen wir beim Nominalskalenniveau an, wie in Abb. 3.5. Die Lage dieser Häufigkeitsverteilung können wir nur dadurch angeben, auf welche Kategorie die meisten Personen entfallen. Das hatten wir schon getan und festgestellt, dass es sich dabei um die Kategorie Rock handelt. Das entsprechende Lagemaß heißt *Modus* oder *Modalwert*.

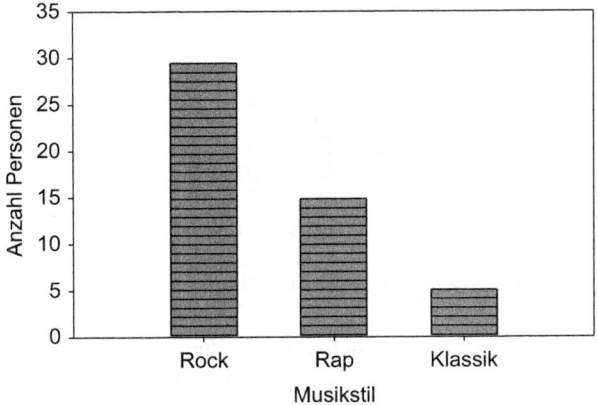

Abb. 3.5 Häufigkeitsverteilung für die Beliebtheit von Musikstilen. Jedes Kästchen stellt eine Person dar. ($N = 50$)

▶ Der Modus oder Modalwert einer Verteilung gibt diejenige Merkmalsausprägung an, die am häufigsten vorkommt.

In unserem Beispiel heißt der Modalwert „Rock" – was uns über die Häufigkeitsverteilung verrät, dass die Kategorie Rock am häufigsten vertreten ist. Mehr können wir über die Verteilung nicht aussagen.

Median

Das ändert sich bei Verteilungen von Daten auf Ordinal- und Intervallskalenniveau. Denn hier haben wir es nicht mehr nur mit qualitativen Merkmalsausprägungen (den Kategorien) zu tun, sondern mit Zahlen, die auf eine bestimmte Ordnung hinweisen. Sehen wir uns an, wie eine Häufigkeitsverteilung von Daten auf Intervallskalenninveau aussieht. Als Beispiel nehmen wir die Ratings aller Personen für die Frage, wie gut ihnen Klassik gefällt (siehe Abb. 3.6).

Auf der X-Achse stehen nun Zahlen auf Intervallskalenniveau, nämlich die möglichen Antworten (Ratings) auf die Frage, wie gut den Personen Klassik gefällt. (Eine solche Verteilung könnten wir natürlich auch noch für Rock und Rap machen.) Was können wir über die Lage dieser Verteilung aussagen? Zunächst können wir wieder den Modalwert bestimmen, denn auch in dieser Verteilung gibt es einen Wert, der am häufigsten vorkommt. Das ist hier der Wert

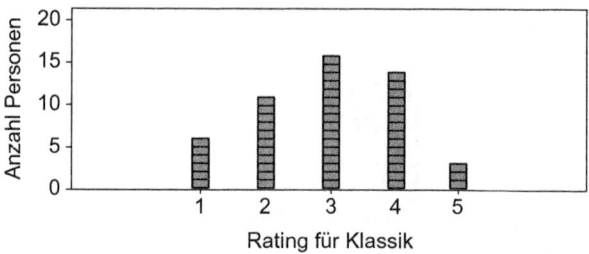

Abb. 3.6 Häufigkeitsverteilung der Ratings für Klassik

3. Damit wissen wir wieder, dass sich die Verteilung um den Wert 3 konzentriert. Da wir auf der X-Achse nun Zahlen auf Intervallskalenniveau stehen haben, können wir aber noch weitere Lagemaße angeben. Zunächst ist es interessant, welcher Wert genau in der Mitte der Verteilung liegt – der sogenannte *Median*.

▶ Der Median ergibt sich, wenn man alle Werte einer Verteilung der Größe nach aufschreibt und den Wert sucht, der genau in der Mitte steht. Liegt die Mitte zwischen zwei Werten, so wird von diesen beiden Werten der Mittelwert gebildet.

Wo ist der Median in unserer Verteilung? Dazu müssen wir alle 50 Messwerte der Größe nach aufschreiben. Sechs Personen haben eine 1 angekreuzt, 11 eine 2 usw.: 1111112222222222223333333333333333344444444444444444555 Nun suchen wir die Mitte dieser Reihe. Die Mitte liegt hier genau zwischen zwei Werten, die aber beide 3 sind. Der Median ist in unserer Verteilung also ebenfalls 3 und mit dem Modalwert identisch. Das liegt daran, dass unsere Verteilung relativ symmetrisch ist. Anders sieht das bei nicht-symmetrischen Verteilungen aus. Nehmen wir an, die Ratings würden sich so verteilen wie in Abb. 3.7.

In diesem Fall ist der Modalwert 4, während der Median immer noch 3 ist. Andersherum ausgedrückt: wenn man weiß, dass Modalwert und Median nicht übereinstimmen, dann weiß man gleichzeitig, dass man es mit einer nicht-symmetrischen Verteilung zu tun hat. Im Median steckt schon etwas mehr Information als im Modalwert, weil er die Lage der Verteilung besser wiedergibt: In Abb. 3.7 ist 4 zwar der häufigste Wert, aber er gibt die Lage der Verteilung – also ihre ungefähre Mitte – nicht gut wieder. Das liegt daran, dass verhältnismäßig viele Personen die 4 angekreuzt haben, obwohl der „Vorsprung" der 4 nicht besonders groß ist. Es könnte also auch sein, dass wir in unserer Stichprobe nur zufällig die 4 etwas häufiger gefunden haben. Dieser Zufall kann auch der Grund dafür sein, dass die Verteilung nicht symmetrisch ist. Der Median hingegen ist gegen solche

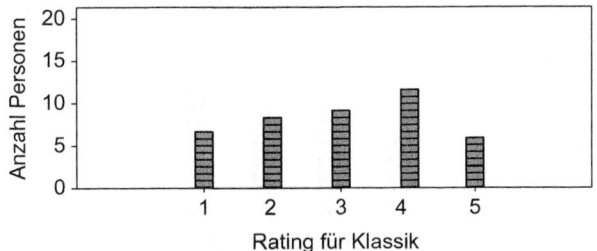

Abb. 3.7 Unsymmetrische Häufigkeitsverteilung der Ratings für Klassik

leicht-unsymmetrischen Verteilungen unanfällig. Er wird die ungefähre Mitte der Verteilung immer relativ gut wiedergeben. Der Median ist für Daten ab Ordinalskalenniveau brauchbar. Bei kategorialen Variablen macht es offensichtlich keinen Sinn, nach der „Mitte" der Messwerte zu suchen, weil die Messwerte nur qualitativ sind und daher nicht der Größe nach geordnet werden können. Ansonsten müssten wir z. B. die Merkmalsausprägungen Rock, Rap und Klassik „der Größe nach" aufschreiben, was aber nicht möglich ist.

Mittelwert

Bisher haben wir die Daten, die nach einer Studie vorliegen, im Prinzip nur „angeschaut", das heißt, wir haben an den *Rohdaten* nichts verändert. Wir gehen nun einen Schritt weiter und suchen in den Daten etwas, was nicht direkt sichtbar ist, sondern erst berechnet werden muss. Das dritte und letzte Lagemaß ist der *Mittelwert* der Daten.

▶ Der Mittelwert (auch arithmetisches Mittel, Durchschnitt, Mean) ist die Summe aller Einzelwerte der Daten, geteilt durch die Anzahl dieser Werte:

$$\overline{X} = \frac{\sum x_i}{N}$$

x_i steht immer für einen einzelnen Messwert. Wir haben also in unserer Studie die Messwerte verschiedener Personen erhoben: $x_1 = 1$, $x_2 = 1$ usw. Um das abzukürzen, schreibt man einfach i als Index an die Variable x. Das Summenzeichen Σ deutet an, dass die Werte aller i Personen aufsummiert werden. N kennen Sie schon

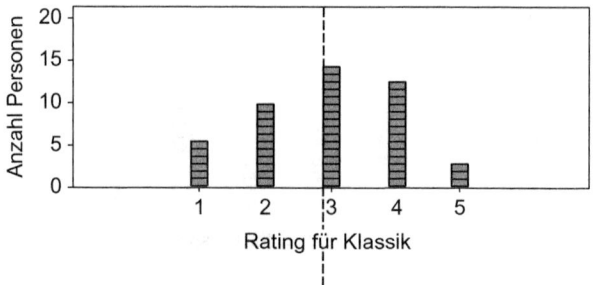

Abb. 3.8 Der Mittelwert als Lagemaß einer Verteilung

als Stichprobengröße. Der Mittelwert wird immer als X mit einem Querstrich dargestellt. Alternativ kann man auch M schreiben.

Benutzen wir wieder die Daten aus Abb. 3.6, um den Mittelwert der Beliebtheit von Klassik zu berechnen: $\overline{X} = \frac{147}{50} = 2{,}94$. Wir sehen, dass dieser Mittelwert sehr dicht an Median und Modalwert liegt, was wieder von der relativ symmetrischen Verteilung herrührt. Der Mittelwert ist derjenige Wert, mit dem in den meisten statistischen Auswertungsverfahren, die wir noch kennenlernen werden, weitergerechnet wird. Daher wird er auch am häufigsten als Lagemaß angegeben. Abb. 3.8 verdeutlicht noch einmal die Lage des Mittelwertes in unserem Beispiel.

Allerdings kann es bei nicht-symmetrischen Verteilungen wiederum angemessener sein, den Median zu berichten. Schauen wir uns ein solches Beispiel an. Nehmen wir an, dass die Personen in unserer Stichprobe nicht so Klassikbegeistert waren und daher eher niedrige Ratings vergeben haben. Der Einfachheit halber sehen wir uns diesmal nur eine Stichprobe von 10 Personen an (siehe Abb. 3.9).

Obwohl Klassik also eher unbeliebt ist, könnten aber dennoch 2 Personen höhere Werte vergeben haben (siehe Abb. 3.10).

Die Werte 4 und 5 wurden nur jeweils von einer Person angekreuzt und spielen damit für die Verteilung eigentlich keine große Rolle. Man spricht hier von *Ausreißern*. Im Prinzip unterscheiden sich die Lagen der beiden Verteilungen aus den Abb. 3.9 und 3.10 nicht voneinander, die zweite Verteilung weist lediglich zwei ungewöhnliche Werte auf. Was hat das für einen Einfluss auf den Median? Der Median ist in beiden Fällen 1, weil er, wenn man die Werte der Größe nach ordnet, immer genau in der Mitte liegt. Er bleibt also von den einzelnen extremen Werten in der zweiten Verteilung (einmal 4 und einmal 5) unberührt. Man sagt auch, der

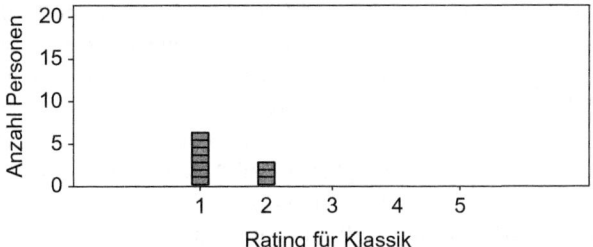

Abb. 3.9 Häufigkeitsverteilung der Ratings für Klassik bei 10 Personen

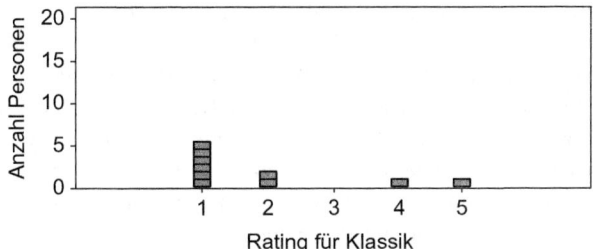

Abb. 3.10 Alternative Häufigkeitsverteilung der Ratings für Klassik bei 10 Personen

Median ist *robust* gegenüber Ausreißern. Anders sieht es beim Mittelwert aus. In den Mittelwert gehen alle Werte – egal wie oft sie vorkommen – gleichwertig in die Berechnung ein. Der Mittelwert in der ersten Verteilung ist 1,3. In der zweiten Verteilung beträgt er jedoch 1,9 und ist damit viel größer. Er ist zwar der mathematisch berechnete mittlere Wert, aber er würde zu der Annahme verleiten, dass die zweite Verteilung generell aus höheren Werten besteht und dass diese sich um den Wert 1,9 konzentrieren. Beides wären aber keine korrekten Aussagen. Das Problem liegt also darin, dass der Mittelwert stark von Ausreißern beeinflusst wird. Weisen Verteilungen also Ausreißer auf oder sind sie sehr unsymmetrisch, so sollte man den Mittelwert mit Vorsicht genießen und lieber (zusätzlich) den Median betrachten.

Der Sinn der Lagemaße
Vielleicht fragen Sie sich nun, warum wir uns so viel Arbeit machen und die Lagemaße unserer Verteilungen bestimmen oder berechnen. Wenn wir die Verteilung vor uns haben, könnten wir doch auch so sehen, wie die Werte sich verteilen

und wo ungefähr die Mitte liegt. Einen Grund, warum wir den Mittelwert brauchen, hatten wir schon angesprochen: er ist für weitere statistische Berechnungen nötig. Aber es gibt noch einen anderen Grund. Wenn wir uns nochmal dem Musikbeispiel widmen: dort haben wir bisher den Mittelwert aus der Verteilung für die Ratings für Klassik berechnet. In unserer Studie wurden aber auch Rock und Rap untersucht. Bei den Häufigkeiten und Anteilen hatten wir manchmal alle drei Musikstile auf einen Blick dargestellt (siehe Abb. 3.3 und 3.5). Das wollen wir natürlich für die Mittelwerte der Ratings genauso machen. Allerdings wäre es offensichtlich ziemlich aufwändig, nun für jeden Musikstil die Häufigkeitsverteilung zu konstruieren. Das ist auch gar nicht nötig. Denn – und das ist nun der eigentliche Sinn des Mittelwertes – der Mittelwert kann „stellvertretend" für die Verteilung stehen. Im Prinzip ist der Mittelwert in den meisten Fällen genau das, was uns interessiert. Wir wollen z. B. wissen, welches *durchschnittliche* Rating eine Stichprobe von Personen für Klassik, Rock und Rap abgegeben hat, ohne uns die ganzen Verteilungen ansehen zu müssen. Das heißt, wir würden lediglich jeweils den Mittelwert der drei Verteilungen ermitteln und nur diese Mittelwerte in einer Tabelle berichten oder in einer Grafik abtragen – so wie in Abb. 3.11.

Wir haben nun die Mittelwerte der Ratings aller drei Musikstile auf einen Blick. Beachten Sie aber, dass sich nun das gemessene Merkmal (Rating für Klassik) nicht mehr auf der X-Achse, sondern auf der Y-Achse befindet! Wir müssen uns die ursprüngliche Abbildung gedreht vorstellen (siehe Abb. 3.12).

Das Gleiche könnten wir noch für die Häufigkeitsverteilungen für Rock und Rap darstellen; aber das Prinzip sollte deutlich geworden sein. Die Grafik, in der nur noch die Mittelwerte abgetragen sind, ist keine Häufigkeitsverteilung mehr – genauer gesagt, stellt sie überhaupt keine Verteilung dar (Sie erinnern sich: bei Verteilungen müssen immer Personen auftauchen, die sind hier aber verschwunden)! Machen Sie sich deutlich, dass Mittelwerte also immer aus Häufigkeitsverteilungen stammen. Übrigens könnte man die Grafik aus Abb. 3.11 auch mit den Medianen machen; das ist allerdings nicht üblich. Stattdessen tauchen Mediane in einer anderen Art von Abbildungen auf, den Boxplots, die wir im nächsten Kapitel behandeln.

Wir haben gesehen, dass sich verschiedene Lagemaße anbieten, je nachdem, welches Skalenniveau die Daten haben. Welche Lagemaße für welche Daten zulässig sind, ist in Tab. 3.2 noch einmal dargestellt.

Abb. 3.11 Mittelwerte der Ratings verschiedener Musikstile

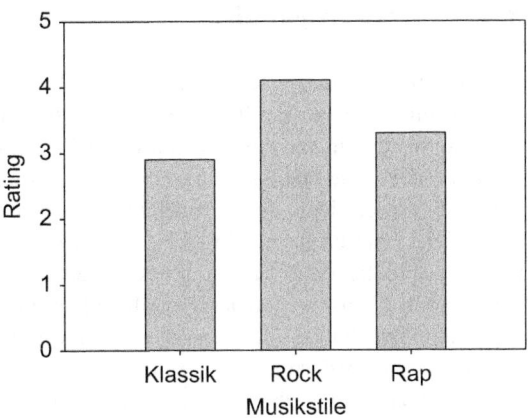

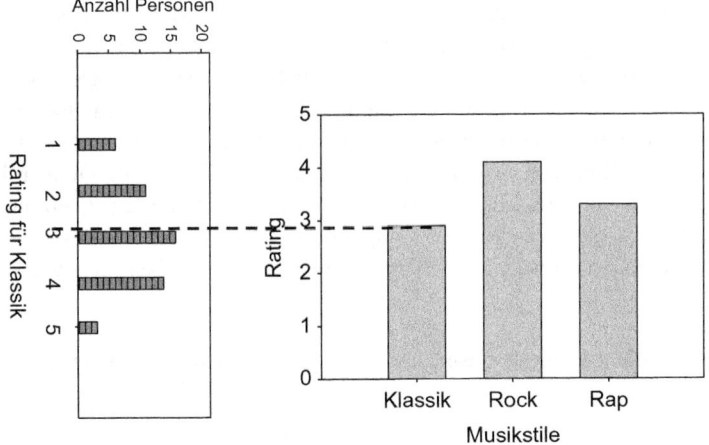

Abb. 3.12 Darstellung der Beziehung zwischen Häufigkeitsverteilung und Mittelwertsgrafik

Tab. 3.2 Zulässige Lagemaße bei verschiedenen Skalenniveaus

Skalenniveau	zulässige Lagemaße
nominal	Modalwert
ordinal	Modalwert, Median, (Mittelwert)
metrisch	Modalwert, Median, Mittelwert

3.4   Streuungsmaße

Wir haben eben festgestellt, dass Lagemaße – insbesondere der Mittelwert – stellvertretend für die Häufigkeitsverteilung stehen können, aus der sie berechnet wurden. Wenn wir uns die Abb. 3.6 und 3.7 noch einmal anschauen, dann sehen wir aber, dass eine Häufigkeitsverteilung eigentlich nicht nur dadurch charakterisiert ist, wo sie liegt. Sondern offenbar können Verteilungen auch ganz unterschiedliche Formen haben. In Abb. 3.12 wird deutlich, dass bei der Berechnung und ausschließlichen Betrachtung des Mittelwertes die Form der Verteilung keine Rolle spielt. Wenn wir von der Verteilung lediglich den Mittelwert berechnen und darstellen, dann haben wir ziemlich viel Information „vernachlässigt" – die Information, die in der Form der Verteilung steckt. Genauer gesagt ist es vor allem die *Breite* der Verteilung, die eine interessante Information darstellt. Sie verrät nämlich etwas darüber, wie sehr die Daten *streuen*. Warum ist diese Information so wichtig? Schauen wir uns dazu als Beispiel Abb. 3.13 an.

Die Abbildung zeigt die Tagestemperaturen für Berlin und Rom an einem sonnigen Frühlingstag. Wie man sehen kann, schwanken die Temperaturwerte für Berlin über den Tag hinweg erheblich stärker als für Rom. Dennoch ist der Mittelwert – also die Tagesdurchschnittstemperatur – in beiden Städten gleich (10 Grad). Das bedeutet nichts anderes, als dass man sich auf den Mittelwert der Temperatur in Rom viel stärker verlassen kann, da die Temperaturen über den Tag hinweg nur wenig von „ihrem" Mittelwert abweichen werden. Ganz anders in Berlin: hier ist die Streuung der Temperaturwerte um ihren Mittelwert so groß, dass einem der Mittelwert im Prinzip gar nicht viel nützt. Denn wie warm es nun

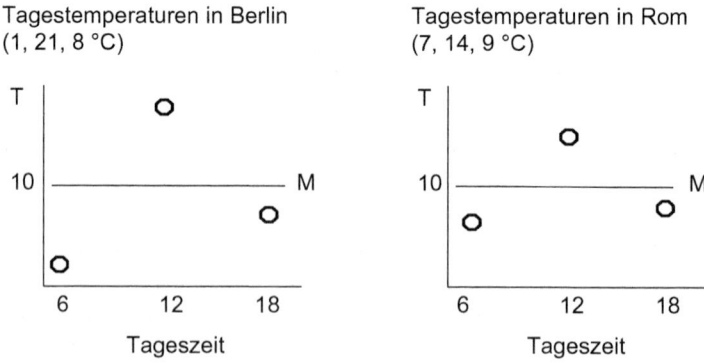

Abb. 3.13 Beispiel für die Streuung von Daten

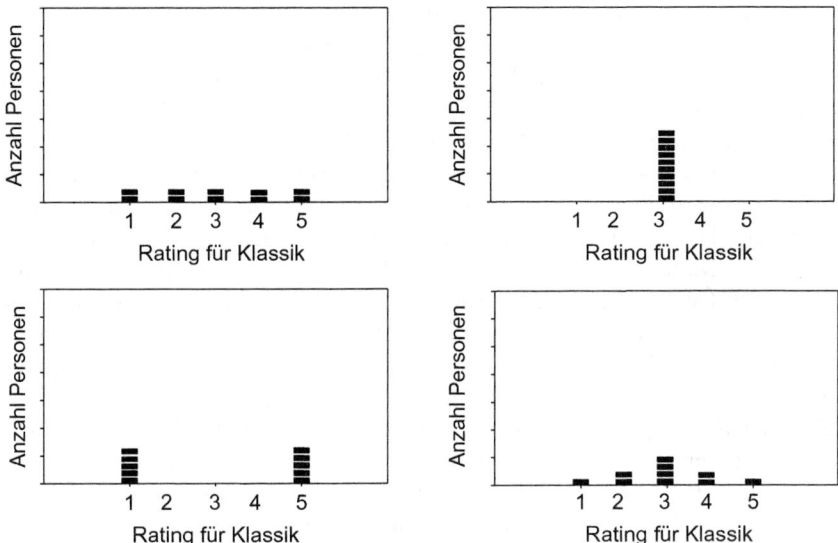

Abb. 3.14 Beispiele für Verteilungen mit gleichem Mittelwert aber unterschiedlichen Streuungen

konkret zu einer bestimmten Tageszeit ist, lässt sich aus diesem Mittelwert kaum abschätzen. Anders ausgedrückt: der Mittelwert liefert keine gute Schätzung für die tatsächlichen Werte. Dieses Problem wird umso größer, je stärker die Daten streuen. Schauen wir uns noch ein Beispiel für verschiedene Streuungen an, die sich bei Häufigkeitsverteilungen ergeben können. In Abb. 3.14 sind Beispiele für Verteilungen dargestellt, deren Werte alle denselben Mittelwert haben, aber gänzlich unterschiedliche Streuungen.

Wenn Sie also die Information erhalten, dass 10 Personen danach gefragt wurden, wie sehr sie Klassik mögen (auf einer Skala von 1 bis 5) und der Mittelwert aller Personen 3 ist, dann sollten Sie dieser Information offenbar nicht besonders viel Gewicht beimessen. Stattdessen sollten Sie sofort danach fragen, mit welcher Streuung die Daten behaftet sind, die zu diesem Mittelwert geführt haben. Wann können Sie einem Mittelwert vertrauen? Die Antwort ist in Abb. 3.14 sichtbar. Natürlich ist der Mittelwert der Daten rechts oben am verlässlichsten. Denn hier hat jede Person 3 angekreuzt – der Mittelwert stimmt also genau mit dem konkreten Ergebnis aller einzelnen Personen überein. Die Streuung der Daten wäre damit 0. Das wäre ein großer Glücksfall. Der häufigste Fall ist jedoch derjenige, dass die Daten etwas um ihren Mittelwert streuen, und zwar meist in beide

Richtungen gleich stark. Das heißt, Werte, die nur etwas größer oder kleiner als der Mittelwert sind, können noch relativ häufig vorkommen. Daten mit größerem Abstand vom Mittelwert sollten immer seltener werden. Das ist der Fall in der Verteilung rechts unten. Allerdings streuen die Daten hier bereits über den gesamten Wertebereich (das heißt, alle möglichen Werte von 1 bis 5 sind vertreten). Die Daten können aber auch verteilt sein wie in der Verteilung links oben. Hier haben immer zwei Personen einen der möglichen Werte angekreuzt. Die Streuung ist damit schon sehr groß und Sie sehen, dass es hier überhaupt keinen Sinn mehr macht, den Mittelwert anzugeben. Es gibt hier keinen Wert mehr, um den sich die Verteilung konzentriert. Und schließlich kann der Extremfall auftreten, dass die Gruppe der befragten Personen sozusagen in zwei Hälften zerfällt (links unten). Die einen sind Klassik-Fans, die anderen mögen Klassik überhaupt nicht. Auch hier wäre der Mittelwert 3, aber er hat keinerlei Aussagekraft. Die Streuung ist in diesem Fall die größtmögliche. Wie man sieht, brauchen wir also zu jedem Mittelwert immer auch eine Information über die Streuung der Daten, sonst wissen wir nicht, wie sehr wir dem Mittelwert trauen können. Wir können nun aus diesen Erkenntnissen die folgende Schlussfolgerung ableiten:

▶ Eine Häufigkeitsverteilung ist immer durch ihre Lage und ihre Streuung charakterisiert. Zu jedem Lagemaß muss immer auch ein Streuungsmaß angegeben werden.

Eine Verteilung kann durch verschiedene Streuungsmaße charakterisiert werden, die wir uns nun anschauen werden.

Spannweite (Range)
Die einfachste Möglichkeit, mit Hilfe eines Kennwertes etwas über die Streuung von Daten in Verteilungen auszusagen, ist die *Spannweite*. Die Spannweite (oder auch Range genannt) ergibt sich einfach aus der Differenz zwischen dem größten und dem kleinsten vorliegenden Wert in den Daten. Schauen wir uns dazu Abb. 3.14 an. In der Verteilung rechts oben gibt es nur den Wert 3. Die Spannweite ist damit 0. In den drei anderen Verteilungen müssten wir jeweils den kleinsten Wert vom größten abziehen. Das ergibt jedes Mal die Differenz 5−1 = 4. Die Spannweite ist also in allen anderen Verteilungen gleich groß. Das ist gleichzeitig ein Hinweis darauf, dass die Spannweite offenbar nicht besonders gut zwischen den verschiedenen Verteilungen differenzieren kann. Besonders anfällig ist sie gegenüber Ausreißern. Stellen wir uns vor, in der Verteilung rechts oben hätte es eine Person gegeben, die 5 angekreuzt hat. Der Range wäre damit nicht mehr

0, sondern $5 - 3 = 2$. Und das nur, weil es einen einzigen Ausreißer gab. Die Spannweite wird daher nur sehr selten verwendet, meist als Streuungsmaß für die Altersangabe von Versuchsteilnehmern, damit man genau weiß, wie jung der Jüngste und wie alt der Älteste war.

Interquartilsabstand
Um das Problem der Ausreißer zu umgehen wurde ein Streuungsmaß entwickelt, das die äußeren Ränder der Verteilung unberücksichtigt lässt. Man schreibt hierbei wieder – wie bei der Bestimmung des Medians – alle Werte der Größe nach auf und teilt diese Reihe in vier gleich große Teile, die sogenannten Quartile. Nun bestimmt man die Differenz aus dem oberen und dem unteren Quartil. Sehen wir uns diesen *Interquartilsabstand* zuerst für die Verteilung rechts unten an. Zunächst schreiben wir die Messwerte der Größe nach auf: 1 2 2 3 3 3 4 4 5. Nun suchen wir das untere Quartil (es wird auch 25 %-Quartil genannt). Dafür nehmen wir die untere Hälfte der Daten (also 1 2 2 3 3) und suchen den Wert, der genau in der Mitte steht. Das ist der Wert 2. Das untere Quartil ist also 2. (Besteht eine solche Hälfte aus einer geraden Anzahl von Werten, wird das Quartil – genau wie beim Median – aus dem Mittel der beiden mittleren Werte berechnet. Und besteht die ursprüngliche Reihe aller Messwerte aus einer ungeraden Anzahl von Werten, so beinhalten sowohl die untere als auch die obere Hälfte *beide* auch den Wert, der genau in der Mitte steht.) Für das obere Quartil müssen wir nun bei 75 % der Daten schauen. Dafür benutzen wir die obere Hälfte der Daten (also 3 3 4 4 5): hier liegt die 4 in der Mitte. Das obere Quartil ist also 4. Nun ziehen wir das untere vom oberen Quartil ab (wie bei der Spannweite) und erhalten einen Interquartilsabstand von $4 - 2 = 2$.

Bei der Verteilung rechts oben ist jeder Wert 3, also auch beide Quartile. Der Interquartilsabstand ist damit 0, was wiederum angibt, dass die Daten keinerlei Streuung aufweisen. In der Verteilung links unten sieht man die Quartile auf einen Blick: das untere ist 1 und das obere 5. Der Interquartilsabstand ist also $5 - 1 = 4$ und damit schon doppelt so groß wie in der Verteilung rechts unten. Die Streuung in der Verteilung links oben sollte irgendwo dazwischen liegen. Prüfen wir das nach: die Werte sind 1 1 2 2 3 3 4 4 5 5. Der Interquartilsabstand beträgt hier $4 - 2 = 2$ und ist damit genauso groß wie in der Verteilung rechts unten. Wir sehen also, dass der Interquartilsabstand schon besser zwischen verschiedenen Verteilungen differenzieren kann und gegenüber Ausreißern robust ist, dass er aber immer noch nicht die exakte Streuung aller Daten wiedergeben kann. Der Interquartilsabstand wird aber – wie der Median – häufig für die explorative Datenanalyse benutzt.

Varianz und Standardabweichung

Bei der Spannweite und dem Interquartilsabstand gehen nur einzelne Werte der Verteilung in die Bestimmung ein. Ein exaktes Streuungsmaß sollte hingegen *alle* Werte in die Berechnung einfließen lassen. Die beiden Streuungsmaße, die diese Forderung erfüllen, sind die *Varianz* und die *Standardabweichung*. Beide Streuungsmaße beantworten am besten die Frage, mit der wir gestartet sind: wir wollten wissen, wie gut oder zuverlässig ein Mittelwert die Verteilung repräsentieren kann, aus der er stammt. Varianz und Standardabweichung beziehen sich nun konkret auf diesen Mittelwert und fragen danach, wie weit alle Werte in der Verteilung im Durchschnitt von ihm abweichen.

▶ Die Varianz s^2 ist die durchschnittliche quadrierte Abweichung aller Werte von ihrem gemeinsamen Mittelwert:

$$s^2 = \frac{\sum \left(x_i - \overline{X}\right)^2}{N}$$

An der Formel ist dieses Vorgehen sehr gut sichtbar: von jedem Wert x_i wird der Mittelwert aller Daten $\overline{X}$ abgezogen. All diese Differenzen werden quadriert und aufsummiert. Das Quadrat ist nötig, damit sich positive und negative Differenzen nicht gegenseitig aufheben (da die Daten ja nach oben und nach unten vom Mittelwert abweichen). Dieses Maß ist ein guter Indikator für die Streuung der Daten. Da die Summe allerdings umso größer wird, je mehr Messwerte es gibt, wird sie am Ende noch durch die Stichprobengröße N (also die Anzahl aller Datenpunkte) geteilt. Das ist vor allem für den Vergleich der Streuungen von zwei Verteilungen sinnvoll, die unterschiedlich viele Werte beinhalten.

Da die Varianz immer den Durchschnitt *quadrierter* Werte liefert, die meist schwer zu interpretieren sind, ist es gebräuchlich die Wurzel daraus zu ziehen. So erhält man die Standardabweichung.

▶ Die Standardabweichung s – oder auch *SD* für *Standard Deviation* – ist die Wurzel aus der Varianz:

$$s = \sqrt{s^2}$$

Die Größe der Standardabweichung kann wieder im Sinne der Rohdaten interpretiert werden, das heißt, sie drückt die Streuung in der Maßeinheit der Daten aus. Schauen wir uns nun Varianz und Standardabweichung für unser Beispiel aus Abb. 3.14 an. Beginnen wir wieder rechts oben. Hier müssen wir nicht erst rechnen, denn wie man sieht, ist die Abweichung jedes Wertes vom gemeinsamen Mittelwert 0, da alle Werte mit dem Mittelwert identisch sind. Folglich sind auch Varianz und Standardabweichung 0. Für die Verteilung rechts unten sieht die Berechnung folgendermaßen aus (Sie erinnern sich: der Mittelwert war 3):

$$s^2 = \frac{\sum (x_i - \overline{X})^2}{N}$$
$$= \frac{(1-3)^2 + (2-3)^2 + (2-3)^2 + (3-3)^2 + (3-3)^2 + (3-3)^2 + (3-3)^2 + (4-3)^2 + (4-3)^2 + (5-3)^2}{10}$$
$$= \frac{12}{10} = 1,2$$

Die Standardabweichung beträgt entsprechend 1,10. Ist das ein großer oder kleiner Wert? Da wir gesagt hatten, dass die Standardabweichung im Sinne der Maßeinheit der Rohdaten interpretiert werden kann, müssen wir uns zur Beantwortung dieser Frage also die Skala ansehen. Die Skala reicht von 1 bis 5. Die Information, dass die Daten auf dieser Skala durchschnittlich um 1,1 Punkte vom Mittelwert abweichen, gibt uns eine Vorstellung davon, wie die Verteilung in etwa aussehen könnte. Wenn Daten auf einer 5-Punkte-Skala um durchschnittlich einen Punkt abweichen, dann kann man von einer mittelgroßen Abweichung sprechen. Der Mittelwert kann die Daten also schon relativ gut repräsentieren. Leider gibt es keine pauschalen Angaben, wann eine Streuung groß oder klein ist, da diese Interpretation immer stark von der Fragestellung abhängt.

Schauen wir uns noch die anderen beiden Verteilungen an. In der Verteilung links unten beträgt die Varianz:

$$s^2 = \frac{\sum \left(x_i - \overline{X}\right)^2}{N} = \frac{40}{10} = 4,0$$

Die Standardabweichung beträgt damit 2,00, was so sein muss, denn alle Werte weichen genau 2 Punkte vom Mittelwert ab. Das ist damit auch die größtmögliche Abweichung, die es geben kann, denn die Werte können in unserem Beispiel nicht mehr als 2 Punkte vom Mittelwert abweichen. Die Varianz in der Verteilung links oben beträgt:

$$s^2 = \frac{\sum \left(x_i - \overline{X}\right)^2}{N} = \frac{20}{10} = 2,0$$

Die entsprechende Standardabweichung beträgt 1,41 und liegt damit zwischen der Standardabweichung der anderen beiden Verteilungen. Varianz und Standardabweichung differenzieren also sehr genau zwischen den verschiedenen Verteilungen.

Der Sinn der Streuungsmaße

Erinnern Sie sich daran, dass wir in der Regel nicht wissen, wie eine Häufigkeitsverteilung genau aussieht, da sie bei der Darstellung von Ergebnissen aus Stichproben normalerweise nicht mit konstruiert wird. Stattdessen wollten wir – stellvertretend für die Verteilung – Kennwerte angeben, die uns deren Konstruktion ersparen. Diese Kennwerte haben wir nun durch die Lage- und Streuungsmaße: Zu jedem Mittelwert geben wir ein Streuungsmaß – in der Regel die Standardabweichung – an, um zu wissen, wie repräsentativ der Mittelwert für die Daten ist. Ohne die Streuung zu kennen, ist die Angabe eines Mittelwertes nutzlos! Je kleiner die Streuung, desto besser. In wissenschaftlichen Publikationen werden die Ergebnisse aus Stichproben immer in der Form $M = \ldots\ (SD = \ldots)$ angegeben. Sie erhalten also immer den Mittelwert und in Klammern die Standardabweichung; und Sie sollten auch ihre eigenen Ergebnisse immer in dieser Form berichten. Ein Beispiel könnte etwa lauten: Auf einer Skala von 1 bis 10 sind Männer durchschnittlich zufriedener mit ihrem Arbeitsplatz ($M = 8,3$; $SD = 1,8$) als Frauen ($M = 7,1$; $SD = 1,5$).

Stichprobenkennwerte und Populationsparameter

An dieser Stelle ist es sinnvoll, auf die verschiedenen Bezeichnungen und Schreibweisen von Kennwerten und Parametern einzugehen, da diese im Folgenden nicht verwechselt werden sollten. Bisher haben wir immer über Daten aus Stichproben gesprochen. Die Angaben über Stichprobendaten – also z. B. Mittelwerte und Standardabweichungen – heißen *Kennwerte,* und ihre Symbole werden in lateinischen Buchstaben geschrieben. Wir werden aber sehen, dass sich all diese Angaben auch für Populationen machen lassen. Da wir die Verhältnisse in der Population meist nicht kennen, handelt es sich dabei in der Regel um Schätzwerte. Die Angaben für die Population heißen nicht Kennwerte, sondern *Parameter.* Die Symbole für Parameter werden in griechischen Buchstaben geschrieben. Diese Schreibweisen sind in Tab. 3.3 zusammengefasst. Wir werden uns mit Populationsparametern ab Kap. 5 beschäftigen.

Tab. 3.3 Notation von Stichprobenkennwerten und Populationsparametern

	Kennwerte in Stichproben	Parameter in Populationen
Mittelwert	$M, \overline{X}$	μ
Varianz	s^2	σ^2
Standardabweichung	s, SD	σ

3.5 Varianz – Schlüsselbegriff der Statistik

Wir haben die beiden Begriffe Varianz und Standardabweichung kennengelernt und können sagen, dass sie sich mit dem Oberbegriff *Streuung* zusammenfassen lassen. Der Begriff Varianz hat in der Statistik aber noch eine etwas weiter gefasste Bedeutung. Er wird ganz allgemein benutzt um die Variation von Daten zu beschreiben – also ohne einen konkreten Zahlenwert anzugeben. Die Varianz ist im Prinzip der wichtigste Begriff in der Statistik. Denn alle Statistik hat – wenn sie über die bloße Beschreibung von Daten hinausgeht – nur ein einziges Ziel: die Aufklärung von Varianz. Da das Prinzip der *Varianzaufklärung* so wichtig ist, wollen wir es etwas genauer unter die Lupe nehmen.

Warum behaupten wir, dass die Varianzaufklärung das wichtigste Ziel der Statistik ist? Sicher erinnern Sie sich noch an das wichtigste Ziel der Psychologie als Wissenschaft. Es ging dabei um das Erklären, Vorhersagen und Verändern von Erleben und Verhalten. Und wir hatten festgestellt, dass diese Anliegen nur gelingen, wenn wir Ursache-Wirkungs-Beziehungen zwischen Variablen aufdecken können. Schließlich hatten wir als wichtigste Methode zum Aufdecken solcher Beziehungen das Experiment kennengelernt, dessen Hauptmerkmal das (künstliche) Variieren von Versuchsbedingungen ist. Diese Variation oder Manipulation einer unabhängigen Variable (UV) sollte einen Effekt auf die abhängige Variable (AV) ausüben, den wir messen können.

In den Beispielen, die wir bisher im aktuellen Kapitel über deskriptive Datenanalyse betrachtet haben, tauchten solche Manipulationen noch nicht auf. Wir haben uns z. B. angeschaut, wie eine Stichprobe von Personen verschiedene Musikstile bewertet. Die entsprechenden Mittelwerte hatten wir in Abb. 3.11 dargestellt. Soweit haben wir allerdings lediglich eine Beschreibung von Daten vorgenommen. Ein solches Anliegen wird uns selten begegnen, denn hier können wir nichts über Ursachen und Wirkungen sagen, weil es gar keine UV gibt. Die Angabe, wie gern verschiedene Musikstile gehört werden, mag vielleicht für einen Radiosender oder einen Plattenladen interessant sein, aber es verbirgt sich keine interessante wissenschaftliche Frage dahinter, die mit diesen Daten beantwortet

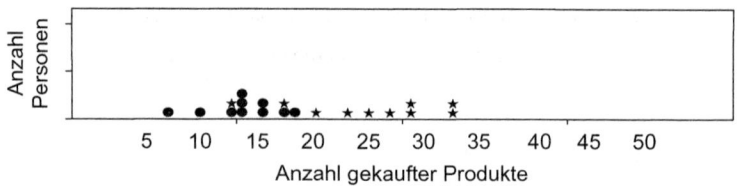

Abb. 3.15 Anzahl gekaufter Produkte in Supermarkt 1 (Kreise) und Supermarkt 2 (Sterne)

werden würde. Solche bloßen Beschreibungen von Daten werden daher in der Psychologie eher die Ausnahme sein. Stattdessen sind in der Psychologie so gut wie immer unabhängige Variablen im Spiel, die einen messbaren Effekt auf die AV ausüben. Was aber macht die Wirkungsweise einer UV aus? Oder anders gefragt: was muss eine UV tun, damit sie einen Effekt auf die AV ausüben kann? Die Antwort liegt nun auf der Hand: sie muss Varianz erzeugen. Denn ein Effekt in der AV ist ja nichts anderes als ein Unterschied in den Messwerten der AV. Und dieser Unterschied äußert sich in den gemessenen Daten als Varianz.

Und nun wird auch der Sinn der Statistik klar: sie dient *nach* der Datenerhebung dazu zu prüfen, wie groß die Varianz in den Daten ist und inwieweit sie auf die UV zurückgeführt werden kann. Man fragt also danach, welchen Anteil der Varianz der AV die UV *aufklären* kann. Je größer die Varianzaufklärung, desto stärker kann man die Unterschiede in der AV durch die UV erklären – man hat also die UV als Ursache identifiziert. Schauen wir uns ein Beispiel an. Wir wollen prüfen, ob Hintergrundmusik in einem Supermarkt einen Einfluss auf die Anzahl gekaufter Produkte hat. Dazu wählen wir zwei vergleichbare Supermärkte aus, lassen in dem einen Musik laufen (Supermarkt 2) und in dem anderen nicht (Supermarkt 1) und registrieren von jeweils 10 Kunden (der Einfachheit halber) die Anzahl gekaufter Produkte. Wir könnten nun für alle 20 Kunden eine Häufigkeitsverteilung konstruieren, die sich gewissermaßen aus zwei Häufigkeitsverteilungen für die beiden Supermärkte zusammensetzt (siehe Abb. 3.15).

Schauen wir uns alle Daten (also die Anzahl gekaufter Produkte für alle 20 Personen) an, wird deutlich, dass diese Daten stark streuen. Diese Varianz hat nun aber zwei Ursachen. Zum einen sehen wir, dass die Werte *pro* Supermarkt streuen, weil nicht jede Person gleich viele Artikel kauft. Das ist auch nicht anders zu erwarten. Diese Streuung ist also ganz normal – sie stellt eine Art natürliches Rauschen dar. Interessant ist aber zum anderen, dass beide Verteilungen offenbar nicht übereinander liegen, sondern ein Stück verschoben sind. Die Verteilung der Sterne liegt weiter rechts als die der Kreise. Würden wir für beide Verteilungen den Mittelwert ausrechnen, würden wir auch sehen, dass dieser für Supermarkt 2 größer

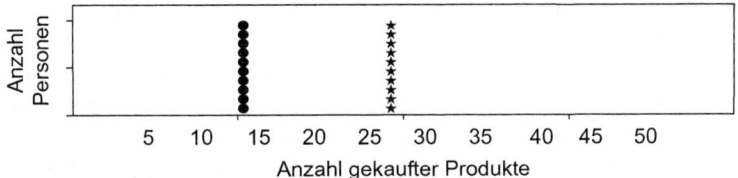

Abb. 3.16 Alternative Anzahl gekaufter Produkte in Supermarkt 1 (Kreise) und Supermarkt 2 (Sterne)

ist (die Verteilung also weiter rechts „liegt"). Die Logik ist nun leicht nachzuvollziehen: Wenn die Hintergrundmusik (also die UV) keinen Effekt auf die Anzahl gekaufter Produkte (die AV) hätte, dann sollten beide Verteilungen übereinander liegen und nicht verschoben sein. Da sie aber nicht übereinander liegen, können wir sagen, dass die UV einen Effekt hatte. Oder anders gesagt: die UV hat Varianz in der AV erzeugt – sie hat die gesamte Verteilung aller Werte breiter gemacht, als sie ohne die Manipulation gewesen wäre. (Wir sind bei diesem Beispiel natürlich von einem gut kontrollierten Experiment ausgegangen, in welchem dafür gesorgt wurde, dass sich die beiden Supermärkte tatsächlich nur im Vorhandensein von Hintergrundmusik unterscheiden.)

Wir haben also die Gesamtvariation der Daten in zwei Teile zerlegt. Der erste Teil ist eine natürliche Varianz in den Daten, ein natürliches Rauschen, das uns im Prinzip nicht weiter interessiert. Wir sprechen hier auch einfach von *Fehlervarianz*, da sie einen Varianzanteil darstellt, der uns im Grunde nur stört. Der zweite Teil ist eine systematisch durch die UV hervorgerufene Varianz, die uns natürlich sehr interessiert. Sie beschreibt den Effekt der UV. Die Varianzaufklärung fragt nun einfach nach dem Verhältnis von interessierender zu nicht-interessierender Varianz. Der Anteil an der Gesamtvarianz, welcher durch die UV aufgeklärt wird, sollte möglichst groß sein. Der Anteil der Fehlervarianz an der Gesamtvarianz sollte klein sein. Im Idealfall – der in der Praxis aber nie eintritt – wäre die Varianzaufklärung 100 %. Das wäre dann der Fall, wenn sich in unserem Beispiel die Mittelwerte der Gruppen unterscheiden, aber jeder der Mittelwerte keinerlei Streuung aufweist. Die Gesamtstreuung würde dann ausschließlich auf die UV (also auf den Unterschied zwischen den beiden Gruppen) zurückgehen (siehe Abb. 3.16).

An dieser Stelle wird noch einmal sehr deutlich, warum zu der Betrachtung von Mittelwerten immer auch die Betrachtung der entsprechenden Streuung gehört. Wenn wir berichten, dass sich die beiden Mittelwerte in unserem Beispiel unterscheiden, dann können wir mit dieser Information so lange nichts anfangen, wie wir nicht wissen, wie stark die einzelnen Messwerte um diese Mittelwerte streuen. In Abb. 3.15 ist die Streuung um beide Mittelwerte so stark, dass der Unterschied der Mittelwerte etwas „verwaschen" ist. Er könnte im Prinzip auch durch Zufall zustande gekommen sein. In Abb. 3.16 ist die jeweilige Streuung dagegen für beide Mittelwerte 0. Dann können wir dem Mittelwertsunterschied sehr viel Vertrauen schenken und relativ sicher sein, dass er nicht durch Zufall zustande kam.

3.6   Das Gesetz der großen Zahl

Wir haben jetzt an mehreren Beispielen gesehen, dass zu jedem Mittelwert die Varianz oder Standardabweichung angegeben werden muss, damit erkennbar ist, wie gut der Mittelwert die Daten der Verteilung repräsentieren kann. Hier stellt sich nun die Frage, wovon es abhängt, ob wir einen „guten" Mittelwert und eine „gute" Streuung finden können.

Um diese Frage zu beantworten, müssen wir uns zunächst noch einmal überlegen, wie unsere Häufigkeitsverteilungen überhaupt zustande kommen. Wir hatten gesagt, dass unsere Stichprobe immer nur einen Ausschnitt aus der Population darstellt. Und die Stichprobe sollte repräsentativ für diese Population sein. Das ist sie dann, wenn sie zufällig gezogen wurde. Mit „repräsentativ" haben wir dabei gemeint, dass verschiedene Merkmalsausprägungen in der Stichprobe mit genau dem gleichen Anteil vorkommen wie in der Population. Wenn es also in der Population beispielsweise verschiedene Ausprägungen von Intelligenz gibt, dann sollten auch in einer Zufallsstichprobe diese Ausprägungen entsprechend verteilt sein. Da wir nun wissen, was eine Häufigkeitsverteilung ist, können wir die Repräsentativität einer Stichprobe auch anders ausdrücken: die Häufigkeitsverteilung sollte die gleiche Form haben wie die Populationsverteilung. Die „gleiche Form" bedeutet ja nichts anderes, als dass die verschiedenen Ausprägungen einer Variable in den gleichen Anteilen vorliegen (also die gleiche Streuung aufweisen) und natürlich auch denselben Mittelwert haben. Wie können wir es nun schaffen, dass die Häufigkeitsverteilung unserer Stichprobe dieselbe Form annimmt wie die Populationsverteilung?

Sehen wir uns dazu ein Beispiel an. In Abb. 3.17 ist ganz oben eine hypothetische Populationsverteilung für die Körpergröße einer Population von Frauen dargestellt.

Wie wir sehen, ist diese Verteilung symmetrisch und weist einen Mittelwert von 165 cm auf. Die Verteilung hat natürlich auch eine Streuung, da die Körpergröße von Frau zu Frau variiert. Wenn wir nun aus dieser Population eine reprä-

Abb. 3.17 Das Gesetz der großen Zahl

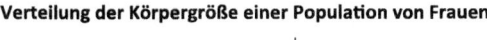

Verteilung der Körpergröße einer Population von Frauen

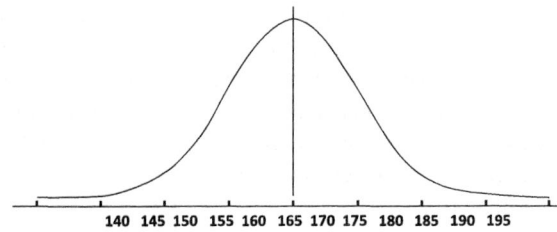

Stichprobe von 10 Frauen aus der Population

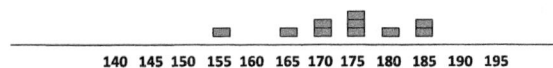

Stichprobe von 100 Frauen aus der Population

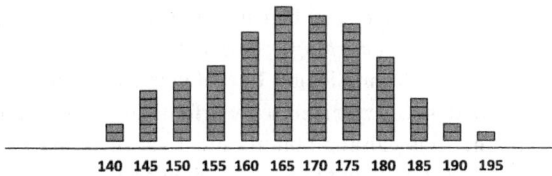

sentative Stichprobe ziehen wollen, dann sollte die Häufigkeitsverteilung dieser Stichprobe dieselbe Form wie die Populationsverteilung annehmen. In der Mitte der Abbildung ist dargestellt, was passiert, wenn wir eine Zufallsstichprobe von 10 Frauen ziehen (also 10 Frauen nach ihrer Größe befragen). Bei einer Stichprobe von nur 10 Personen kann es passieren, dass wir relativ viele untypische Werte in unserer Stichprobe haben. Wir können Werte in der Mitte der Verteilung ziehen oder auch Werte am Rand der Verteilung. Beachten Sie, dass es sich hier um ein zufälliges Muster handelt, das heißt, diese Verteilung kann bei jeder Ziehung anders aussehen. Es ist zwar wahrscheinlicher, Werte aus der Mitte der Populationsverteilung zu ziehen, weil diese häufiger vorhanden sind, aber das heißt noch nicht, dass sich die Häufigkeitsverteilung um den korrekten Mittelwert konzentrieren muss. Wenn wir jetzt den Mittelwert berechnen würden, dann würden wir ihn etwas überschätzen. Hätten wir in unserer Stichprobe 10 andere Frauen erwischt, hätten wir den Mittelwert vielleicht unterschätzt oder genau getroffen. Wir wissen es nicht.

Was könnten wir tun, um dieses Problem abzuschwächen? Die Antwort sehen Sie schon im unteren Teil der Abbildung: wir müssen eine größere Stichprobe ziehen. Das wird dazu führen, dass die Stichprobe die Population besser repräsentiert. Da ja Werte, die nahe am Mittelwert liegen, häufiger vorhanden sind, werden sie auf lange Sicht auch häufiger gezogen. Die Populationsverteilung wird also bei steigender Stichprobengröße immer besser abgebildet. Dieses Prinzip wird *Gesetz der großen Zahl* genannt, formuliert von dem Schweizer Mathematiker Jakob Bernoulli.

▶ Das Gesetz der großen Zahl: Je größer eine Stichprobe ist, desto stärker nähert sich die Häufigkeitsverteilung der erhaltenen Daten der wahren Verteilung in der Population an.

Sie können sich dieses Prinzip auch an einem Würfel veranschaulichen. Alle sechs Zahlen eines Würfels sollten gleich häufig gewürfelt werden. (Die „Populationsverteilung" ist also eine Verteilung, in der die Werte 1–6 alle gleich häufig vorkommen. Wir sprechen hier von einer theoretischen Verteilung oder *Wahrscheinlichkeitsverteilung*: sie ordnet allen Zahlen von 1–6 die gleiche Wahrscheinlichkeit zu.) Wenn Sie nun 12 Mal würfeln, dann wird es sehr wahrscheinlich nicht so sein, dass Sie zwei Einsen würfeln, zwei Zweien usw. Stattdessen kann es sein, dass die Eins viermal kommt, die 2 gar nicht usw. Aus dieser kleinen Stichprobe von 12 Würfen könnten Sie also nicht erwarten, dass die Verteilung der Zahlen auf dem Würfel richtig repräsentiert wird. Wenn Sie nun aber hundertmal oder tausendmal würfeln und die Zahlen aufschreiben, dann werden Sie mit großer Wahrscheinlichkeit in etwa gleich große Anteile von Einsen, Zweien, Dreien usw. erhalten.

Aus dem Gesetz der großen Zahlen ergibt sich ein grundlegendes Prinzip für die Methodenlehre: Wir vertrauen Werten aus großen Stichproben mehr als Werten aus kleinen Stichproben. Die Botschaft für die Forschung lautet also: große Stichproben verwenden! Die Größe von Stichproben ist nach oben immer nur durch ökonomische Gesichtspunkte begrenzt. Mehr Personen für Untersuchungen anzuwerben kostet mehr Geld, die Untersuchung würde länger dauern und mehr Mitarbeiter erfordern. Besonders beim Durchführen von Experimenten ist der zeitliche und finanzielle Aufwand oft so groß, dass man sich mit Stichproben von 30 bis 100 Personen begnügen muss.

Die unsichtbare Populationsverteilung

Am Beispiel in Abb. 3.17 haben wir eben gesehen, wie Stichproben verschiedener Größe aussehen können, die aus einer Populationsverteilung gezogen werden. Um Unklarheiten zu vermeiden, sollte man sich aber deutlich machen, dass diese Populationsverteilung praktisch immer unbekannt ist! Wir haben sie in diesem Beispiel lediglich benutzt, um das Gesetz der großen Zahl zu verdeutlichen. Die Verteilung wurde also vorher eigens simuliert. In der Praxis jedoch ist die Populationsverteilung immer genau das, was wir eigentlich suchen. Sie erinnern sich: wir ziehen Stichproben, die repräsentativ sein sollen für die Population, *weil* wir die Population selbst nicht untersuchen können. Stattdessen benutzen wir die Stichprobe, um etwas über die Population zu erfahren. Das heißt, wir benutzen die Werte, die wir aus der Stichprobe bekommen (z. B. Anteile, Mittelwerte, Streuungen) als *Schätzung* für die entsprechenden Werte in der Population. Und daher ist es so wichtig, dass wir hinreichend große Stichproben verwenden, denn nur dann ist unsere Schätzung exakt genug.

3.7   Die Darstellung von Lage- und Streuungsmaßen in Tabellen und Abbildungen

Wir hatten uns bereits angesehen, dass man Anteile und Häufigkeiten bei nominalen Daten in Häufigkeitsdiagrammen oder Kreisdiagrammen darstellen kann. Und wir haben gesehen, dass auch die Werte von ordinalen oder intervallskalierten Daten zwar in Häufigkeitsdiagrammen darstellbar sind, dass wir aber in der Regel auf die Darstellung dieser Verteilungen verzichten. Stattdessen tragen wir nur den Mittelwert der Verteilung(en) in einer neuen Abbildung ab. Das hatten wir in Abb. 3.11 schon einmal so gemacht. Da wir nun wissen, dass zu jedem Mittelwert auch eine Streuung gehört, können wir neben dem Mittelwert auch in Abbildungen und Tabellen die Streuungen mit angeben. Betrachten wir dafür noch einmal das Beispiel mit den drei Musikstilen. In Abb. 3.11 hatten wir die Mittelwerte der Ratings von 50 Personen für die Musikstile Klassik, Rock und Rap abgetragen. Wir können nun in dieselbe Grafik auch die Standardabweichung jedes Mittelwertes eintragen. Das macht man durch eine zusätzliche Linie am Kopf der Balken (siehe Abb. 3.18).

Diese Linien geben die Größe der Standardabweichung an. Man kann sie direkt an der y-Achse ablesen. Sie beträgt für Klassik beispielsweise 1,1. In einem solchen Diagramm hat man nun beide Informationen – Lage- und Streuungsmaße – auf einen Blick. Man kann nun auch viel leichter einschätzen, wie man die

Abb. 3.18 Beispielhafte
Mittelwerte (und
Standardabweichungen) der
Ratings für die drei
Musikstile

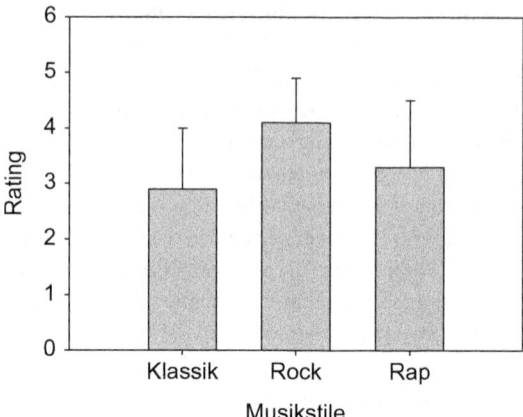

Unterschiede zwischen den Musikstilen beurteilen soll. Sind die Linien sehr kurz, die Standardabweichungen also klein, so ist der Unterschied zwischen Mittelwerten aussagekräftiger, als wenn die Linien lang und damit die Standardabweichungen größer sind. In unserem Beispiel liegen die Standardabweichungen eher in einem mittleren Bereich.

Alternativ können wir die Mittelwerte und Streuungen natürlich auch in einer Tabelle berichten (siehe Tab. 3.4).

3.8 Formen von Verteilungen

Werfen wir noch einen Blick auf die verschiedenen Formen, die eine Häufigkeitsverteilung annehmen kann. Bisher hatten wir die Streuung als dasjenige Maß kennengelernt, das uns darüber Auskunft gibt, wie breit eine Verteilung ist. Eine große Streuung bedeutet, dass die Werte weit um den Mittelwert streuen, während bei Verteilungen mit kleiner Streuung die Werte alle nahe am Mittelwert liegen (siehe Abb. 3.14). Dabei haben wir uns aber immer symmetrische Verteilungen angeschaut. Allerdings kann es vorkommen, dass die Verteilung der Daten nicht symmetrisch ist oder gar nicht symmetrisch sein kann. Schauen wir uns die verschiedenen Möglichkeiten an.

Tab. 3.4 Beispielhafte Mittelwerte (und Standardabweichungen) der Ratings für die drei Musikstile

Musikstil	M	SD
Klassik	2,9	1,1
Rock	4,1	0,8
Rap	3,3	1,2

Symmetrische und schiefe Verteilungen

Eine Verteilung kann zufällig oder systematisch von der Symmetrie abweichen. Zufällig ist die Abweichung dann, wenn wir in einer Stichprobe untypische Werte oder Ausreißer ziehen, die die Verteilung in eine Richtung verzerren. Dieses Problem kann allerdings weitgehend vermieden werden, wenn man hinreichend große Stichproben benutzt, da sich hier extreme positive und extreme negative Abweichungen wieder die Waage halten sollten. Es kann aber auch eine systematische Verzerrung der Verteilung vorliegen, wenn die Streuung der Werte in eine Richtung eingeschränkt ist. Das ist besonders dann der Fall, wenn die Werte, die gemessen werden sollen, sehr nahe an einem Pol der Skala liegen. Typisch hierfür sind Beispiele, bei denen nach einer Anzahl gefragt wird. Fragt man Personen etwa danach, wie oft sie schon verheiratet waren, so wird sich die Verteilung um die Werte 0 und 1 konzentrieren und kann außerdem nur nach rechts weitere Werte aufweisen, nicht jedoch nach links (siehe Abb. 3.19).

Ein solcher Effekt kann auch am oberen Ende von Skalen auftreten. Macht man z. B. einen Leistungstest um zu prüfen, ob ein bestimmtes Training die Leistung verbessert, kann es sein, dass die meisten Personen nach dem Training *alle* Aufgaben des Tests richtig lösen. Dann können die Werte also nur nach unten variieren, aber nicht weiter nach oben. Man spricht dann von einem sogenannten *Deckeneffekt* – die Verteilung stößt „an die Decke" des Wertebereichs.

Solche Verteilungen werden als schief bezeichnet und meist noch mit der Richtung der Verzerrung versehen. Die Verteilung in Abb. 3.19 ist nach rechts verzerrt und heißt daher *rechts-schief* oder auch *links-steil* (da sie auf der linken Seite steiler ansteigt als auf der rechten). Der gegenteilige Fall wäre eine linksschiefe bzw. rechts-steile Verteilung.

Schiefe Verteilungen bringen das Problem mit sich, dass man ihren Mittelwert schlecht interpretieren kann, da dieser von den extremen Werten beeinflusst ist. Der Mittelwert kann dann also nicht mehr die Mitte der Verteilung repräsentieren, sondern ist ebenfalls in eine bestimmte Richtung verzerrt – bei dem Beispiel in Abb. 3.19 nach rechts.

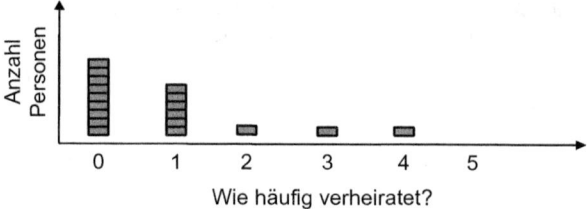

Abb. 3.19   Eine rechts-schiefe Verteilung

Unimodale und bimodale Verteilungen

Eine Verteilung kann außerdem die Besonderheit aufweisen, dass sich ihre Werte nicht nur um einen, sondern gleich um zwei Werte konzentrieren. Das ist dann der Fall, wenn eine Variable zwei Merkmalsausprägungen besitzt, die beide sehr häufig vorkommen. Das kann bei stark polarisierenden Fragestellungen auftreten. Fragt man beispielsweise politisch aktive Personen zu ihrer Einstellung gegenüber Atomkraft, werden sich wahrscheinlich zwei „Lager" bilden, die einen sind stark dafür, die anderen stark dagegen (siehe Abb. 3.20).

    Auch die Verteilung links unten in Abb. 3.14 hat zwei solche Gipfel. Da diese Verteilungen zwei „häufigste" Werte (also zwei Modalwerte) haben, werden sie *bimodale* Verteilungen genannt. Alle anderen Verteilungen, die wir bisher betrachtet haben, sind entsprechend *unimodale* Verteilungen (mit nur einem Gipfel). Eine Verteilung kann natürlich noch mehr Gipfel aufweisen. Solche *multimodalen* Verteilungen sind allerdings äußerst selten. Auch bei bimodalen Verteilungen ist die Berechnung eines Mittelwertes wenig informativ. Er kann die Mitte der Verteilung nicht repräsentieren, weil es gar keine Mitte gibt, um die sich die Werte konzentrieren.

Die Normalverteilung

In den meisten Fällen haben wir es jedoch mit Verteilungen zu tun, die symmetrisch und unimodal sind. Das liegt daran, dass auch die Populationsverteilung – aus der wir unsere Stichproben ziehen – in den meisten Fällen symmetrisch und unimodal ist. Hinter dieser Tatsache verbirgt sich eine zentrale Entdeckung in der Geschichte der Psychologie. Der Belgier Adolph Quetelet wandte im 19. Jahrhundert als erster statistische Methoden auf biologische und soziale Sachverhalte an. Er erfasste z. B. die Größe von 10 000 Personen und stellte fest, dass sich die Verteilung der Größe einer sogenannten *Normalverteilung* nähert. Das ist eine Verteilung, die symmetrisch ist und eine typische Glockenform aufweist (siehe Abb. 3.21). Diese *Gauss'sche Glocke* war in der Mathematik schon lange bekannt.

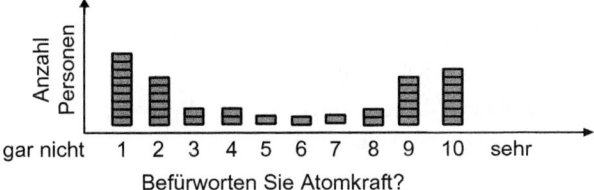

Abb. 3.20 Bimodale Verteilung

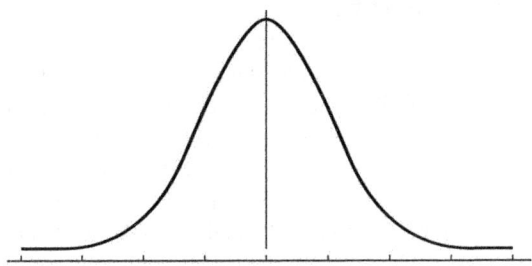

Abb. 3.21 Normalverteilung

Später entdeckte der Brite Francis Galton, dass sich nicht nur biologische und physiologische Merkmale mit Hilfe der Normalverteilung beschreiben ließen, sondern auch mentale Merkmale. Er erfasste die Noten einer Vielzahl von Studierenden und konnte auch diese durch eine Normalverteilung beschreiben.

Die Normalverteilung hat einen sehr großen Vorteil für die Psychologie: wenn wir wissen, dass die meisten Merkmale *normalverteilt* sind, dann müssen wir uns um die Form der Verteilungen keine Gedanken mehr machen – sie haben immer die Form einer Glockenkurve. Alles, was wir dann noch zur Beschreibung der Verteilung brauchen, sind Mittelwert und Streuung. Diese einfache Abbildung psychologischer Merkmale in zwei simple mathematische Größen war so einfach wie effizient, dass der Großteil der Statistik heute auf der Normalverteilung basiert. Die meisten Testverfahren, die wir noch kennenlernen werden, beruhen auf der Annahme normalverteilter Daten. In der Psychologie geht man meist einfach davon aus, dass dasjenige Merkmal, das man misst, in der Population normalverteilt ist. Wie wir aber gesehen haben, kann es auch Ausnahmen geben. (Es empfiehlt sich daher immer, die Daten auf Normalverteilung zu prüfen, bevor man weiterführende Testverfahren rechnet. Das macht man in der Regel mit einem Statistikprogramm wie SPSS.)

Literaturempfehlung
Zu Häufigkeitsverteilungen (auch in SPSS):
Kapitel 2 aus Bühner, M., & Ziegler, M. (2009). *Statistik für Psychologen und Sozialwissenschaftler*. München: Pearson.

3.9   Messungen vergleichbar machen: die z-Standardisierung

Den Mittelwert aus Stichproben bzw. Verteilungen haben wir bisher einfach dazu benutzt, die Lage von Verteilungen zu beschreiben. Man kann Mittelwerte aber auch benutzen, um für einzelne Personen eine Aussage darüber zu treffen, wo sich ihre Werte relativ zu diesem Mittelwert befinden. Liegt der Mittelwert einer Statistikklausur z. B. bei 2,0 und Julia hat eine 1,7, so liegt sie über dem Durchschnitt und hat besser abgeschnitten als die meisten anderen. Auf diese Weise kann man – vor allem bei Tests – für alle denkbaren Messungen angeben, ob eine Person genau dem Durchschnitt entspricht oder über- bzw. unterdurchschnittlich ist. Der Vergleich von individuellen Werten zwischen verschiedenen Personen wird allerdings problematisch, wenn das interessierende Merkmal auf verschiedenen Skalen gemessen wurde. Ein typisches Beispiel ist die Endpunktzahl im Abitur. Hier wird oft argumentiert, dass das Abitur in einigen Bundesländern schwieriger ist als in anderen – die Leistungen also auf unterschiedlichen Skalen gemessen wurden. Beispielsweise könnte Tom sein Abitur in Bayern mit 620 Punkten gemacht haben und Mia ihr Abitur in Sachsen mit 640 Punkten. Wenn man nun weiß, dass die Anforderungen in Sachsen etwas geringer waren, kann man dann immer noch sagen, dass Mia das bessere Abitur abgelegt hat?

Vor diesem Problem stehen wir in der psychologischen Forschung recht häufig. Gerade deswegen, weil Forscher in ihren Studien sehr oft ihre eigenen Fragebögen (und damit ihre eigenen Skalen) konstruieren, um ein bestimmtes Merkmal zu messen. Und für häufig verwendete Konstrukte wie Intelligenz, Lernen oder Persönlichkeit existieren jeweils eine Vielzahl verschiedener Testverfahren und Fragebögen.

Das Problem unterschiedlicher Skalen können wir dadurch lösen, dass wir Ergebnisse aus verschiedenen Studien auf eine einheitliche Skala *transformieren* (umrechnen). Eine solche Transformation ist ein einfacher Rechenschritt, der den jeweiligen Mittelwert und die jeweilige Streuung der Stichprobendaten (diese Maße unterscheiden sich ja zwischen Gruppen, die mit unterschiedlichen Skalen untersucht wurden) berücksichtigt. Der entsprechende Wert auf der einheitlichen Skala wird für jeden einzelnen Messwert (also in der Regel für jede Person) berechnet:

$$z_i = \frac{x_i - \overline{X}}{s_x}$$

Wie man sieht, wird bei dieser sogenannten *z-Transformation* von jedem Wert der Mittelwert aller Werte (Personen) abgezogen und diese Differenz zum Mittelwert anschließend an der Streuung aller Werte standardisiert. Daher bezeichnet man die z-Transformation auch häufiger als *z-Standardisierung*. Jedem Rohwert – egal auf welcher Skala er gemessen wurde – kann so ein entsprechender *z-Wert* zugeordnet werden. Z-Werte bilden eine standardisierte Skala. Das Besondere an z-Werten ist außerdem, dass sie immer einen Mittelwert von 0 und eine Standardabweichung von 1 besitzen – das ergibt sich rechnerisch aus der Transformation. Das führt dazu, dass die Verteilung von z-Werten immer gleich aussieht. Anders ausgedrückt: die Verteilung der Rohwerte wird transformiert in eine *z-Verteilung*. Wenn die Rohwerte normalverteilt waren – und davon gehen wir meist aus – dann bilden die resultierenden z-Werte eine *Standardnormalverteilung*.

Die Standardnormalverteilung

Die Standardnormalverteilung hat nun neben der bekannten Glockenform die beschriebene Eigenschaft, dass ihr Mittelwert 0 und ihre Standardabweichung 1 sind.

Abbildung 3.22 zeigt, dass jedem z-Wert ein bestimmter Flächenanteil der Verteilung zugeordnet werden kann. So befinden sich z. B. im Bereich von jeweils einer Standardabweichung unter und über dem Mittelwert ca. 68 % der Fläche. Wenn wir Rohdaten in z-Werte transformiert haben, können wir daher eine Menge Informationen aus den z-Werten ziehen. Schauen wir uns dazu unser Beispiel von oben an und berechnen die z-Werte für die beiden Abiturienten. Dafür brauchen wir noch die Mittelwerte und Streuungen der Notenpunkte beider Bundesländer, die in Tab. 3.5 aufgeführt sind.

Anhand dieser Werte sehen wir schon, dass die Skalen nicht vergleichbar sind, da sich Mittelwerte und Streuungen unterscheiden – diese müssten sonst in beiden Bundesländern gleich sein, es sei denn, es gibt systematische Unterschiede in der

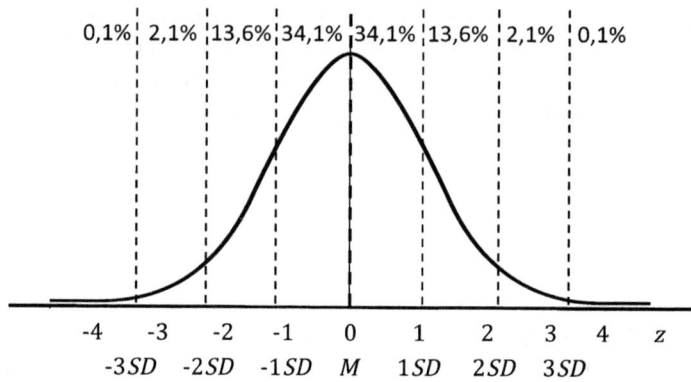

Abb. 3.22 Standardnormalverteilung (auf der X-Achse sind die z-Werte und darunter deren Standardabweichungseinheiten abgetragen)

Tab. 3.5 M und SD für Noten aus verschiedenen Bundesländern	M	SD
Bayern	570	75
Sachsen	575	105

Leistung zwischen Schülern beider Länder – aber das nehmen wir nicht an. Berechnen wir nun die z-Werte für die beiden Abiturienten:

$$z_{Tim} = \frac{620 - 570}{75} = 0,67 \quad z_{Mia} = \frac{640 - 575}{105} = 0,62$$

Anhand der z-Werte sehen wir nun, dass beide Schüler überdurchschnittlich abgeschnitten haben, da sie über dem Durchschnitt von 0 liegen. Außerdem sehen wir, dass Tim einen größeren Vorsprung gegenüber dem bayrischen Mittelwert hat als Mia gegenüber dem sächsischen Mittelwert. Tim hat also die bessere Leistung erzielt. Wir können nun allgemein festhalten:

▶ Die z-Standardisierung macht Messwerte von verschiedenen Skalen bzw. aus verschiedenen Stichproben vergleichbar, indem sie jedem Messwert einen standardisierten z-Wert aus der Standardnormalverteilung zuordnet, der eindeutig interpretierbar ist.

Auf diese Weise könnte man für jede Person einen z-Wert und damit ihre Lage relativ zu derjenigen Stichprobe ermitteln, aus der sie stammt. Und wir können noch eine andere Information aus dem z-Wert ziehen: er gibt uns die Fläche der Verteilung an, die unter ihm liegt – oder besser gesagt, links von ihm. Ein z-Wert von 0,67 würde also ca. bei 75 % der Verteilung liegen. (Das ist in der Abbildung schwer zu erkennen, daher gibt es Tabellen, in denen man die Fläche nachschauen kann. Wir werden das im Zuge der Inferenzstatistik tun.) Diese Fläche bedeutet übersetzt nichts anderes, als dass Tim besser abgeschnitten hat als 75 % seines Jahrgangs.

Explorative Datenanalyse: Muster und Zusammenhänge erkennen

4

Die deskriptive Datenanalyse (Kap. 3) hat den Zweck, die in einer Stichprobe gefundenen Daten mit Hilfe von Kennwerten zu beschreiben und grafisch oder tabellarisch darzustellen. Bei dieser Darstellung von Daten geht es um einzelne Variablen und ihre Ausprägungen. In der explorativen Datenanalyse gehen wir nun einen Schritt weiter und versuchen, mit Hilfe von geeigneten Darstellungen und Berechnungen die Daten nach Mustern oder Zusammenhängen zu untersuchen. Daher auch der Begriff „explorativ" – wir forschen (explorieren) in den Daten nach interessanten Informationen, die man bei der einfachen Betrachtung in der deskriptiven Analyse nicht auf den ersten Blick sehen kann.

Wir werden zum Auffinden von Mustern und Zusammenhängen sowohl bestimmte Arten von Grafiken verwenden als auch grundlegende Arten von Berechnungen: Korrelation und Regression. Wir beginnen mit der grafischen Analyse: Boxplot, Stamm-und-Blatt-Diagramm und Streudiagramm.

4.1 Grafische Datenanalyse

Boxplot

In Kap. 3 haben wir gesehen, dass die Angabe von Mittelwerten und Streuungen manchmal problematisch sein kann, wenn die Häufigkeitsverteilungen schief sind und/oder Ausreißer aufweisen. Zur Vermeidung einer Verzerrung des Mittelwertes durch Ausreißer hatten wir uns den Median als alternatives Lagemaß angeschaut. Ebenso konnten wir als alternatives Streuungsmaß den Interquartilsabstand benutzen, der auch unanfällig gegenüber Ausreißern ist. Beide Maße – Median und Interquartilsabstand – können daher gemeinsam genutzt werden, um eine Verteilung von Daten dahingehend zu prüfen, ob es solche Ausreißer gibt und wie die

© Springer Fachmedien Wiesbaden 2016
T. Schäfer, *Methodenlehre und Statistik*,
DOI 10.1007/978-3-658-11936-2_4

Tab. 4.1 Monatliche Neuaufnahmen von Patienten mit psychischen Störungen in 20 Kliniken

Klinik	
ländlich	städtisch
A: 12	K: 11
B: 12	L: 20
C: 14	M: 21
D: 15	N: 22
E: 15	O: 22
F: 16	P: 23
G: 18	Q: 23
H: 19	R: 24
I: 20	S: 25
J: 21	T: 25

Verteilung ohne diese Ausreißer aussehen würde. Die grafische Darstellung, in der Median und Interquartilsabstand abgetragen sind, heißt *Boxplot*.

Ein Beispiel soll die Konstruktion und die Bedeutung eines Boxplots zeigen. Nehmen wir an, wir befragen zehn ländliche und zehn städtische Kliniken nach den Neuaufnahmen von Patienten mit psychischen Störungen pro Monat und erhalten die Ergebnisse (bereits der Größe nach geordnet), die in Tab. 4.1 dargestellt sind.

Wir können nun zwei Boxplots für die beiden Verteilungen (ländliche und städtische Kliniken) konstruieren (siehe Abb. 4.1).

Im Boxplot muss man sich die Häufigkeitsverteilungen wieder um 90 Grad gedreht vorstellen, das heißt, das gemessene Merkmal (die Patientenzahl) steht auf der Y-Achse. In einem Boxplot stecken die folgenden Informationen: Zunächst sehen wir eine Box (der graue Kasten). Diese Box ist nichts anderes als der Interquartilsabstand der Daten. Das untere Ende der Box markiert also das untere Quartil, das obere Ende das obere Quartil. Die Länge der Box gibt uns also Auskunft über die Streuung der Daten, und da es sich hierbei um den Interquartilsabstand handelt, ist diese Streuung nicht von extremen Werten oder Ausreißern beeinflusst. Stattdessen stellt die Box im Grunde einfach die mittleren 50 Prozent der Daten (der Verteilung) dar, da die oberen und unteren 25 Prozent unberücksichtigt bleiben. Wenn wir nun die beiden Boxen vergleichen, stellen wir fest, dass die linke Box länger ist als die rechte, also diese Verteilung eine höhere Streuung aufweist.

Die zweite Information, die wir erhalten, steckt in dem Strich, der die Box teilt. Das ist der Median. Die Lage des Medians innerhalb der Box gibt uns außerdem Auskunft über die Form der Verteilung. Wenn wir es mit einer symmetrischen

Abb. 4.1 Boxplots für die
Anzahl von Neuaufnahmen
von Patienten mit
psychischen Störungen in
10 städtischen und
10 ländlichen Kliniken

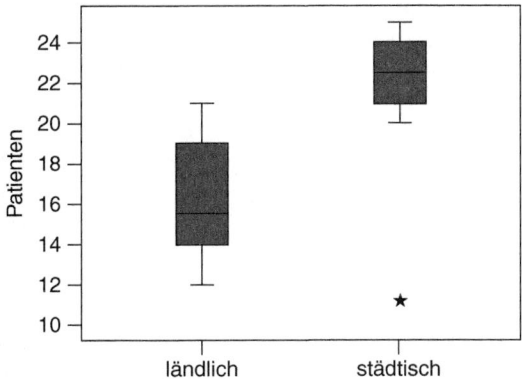

Verteilung zu tun haben, dann sollte der Median ungefähr in der Mitte der Box liegen, so wie in der rechten Verteilung. Ist der Median jedoch verschoben, deutet das auf eine schiefe Verteilung hin. In der linken Box ist der Median nach unten verschoben, also zu den kleineren Werten. Das heißt, dass sich die Daten links vom mittleren Wert (den der Median ja repräsentiert) enger an diesen „herandrücken" als die Daten rechts vom mittleren Wert. Mit anderen Worten: wir haben es hier mit einer rechts-schiefen bzw. links-steilen Verteilung zu tun. Um das zu verdeutlichen, sind in Abb. 4.2 die beiden Verteilungen mit den Werten aus Tab. 4.1 jeweils rechts neben den Boxplots dargestellt.

In der Abbildung ist nochmal zu sehen, dass in der linken Verteilung die Werte unterhalb vom Median (15,5) enger aneinander liegen und oberhalb vom Median weitläufiger sind. In der rechten Verteilung konzentrieren sich die Werte relativ gleichmäßig um den Median (22,5), wenn man den ganz unteren Wert außer Acht lässt.

Und damit sind wir bei der nächsten wichtigen Information, die uns ein Boxplot liefert. Einzelne Werte, die sich weit entfernt von der Box befinden, sind Ausreißer. In der linken Verteilung gibt es keine Ausreißer. Aber in der rechten Verteilung haben Sie eventuell schon bei der Betrachtung der Rohwerte gemerkt, dass der Wert 11 relativ untypisch für diese Verteilung ist, er ist viel kleiner als alle anderen. Im Boxplot sind Ausreißer durch einen Stern markiert und manchmal mit der Fallnummer versehen. Ausreißer sind alle die Werte, die außerhalb der kleinen Querstriche liegen, die wir oben und unten am Boxplot noch finden. Das sind die sogenannten *Whiskers* (Barthaare).

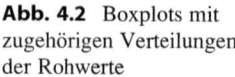

Abb. 4.2 Boxplots mit zugehörigen Verteilungen der Rohwerte

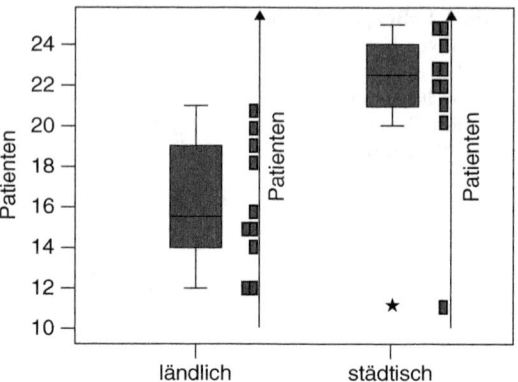

Wie bestimmt man diese Whiskers? Zunächst werden dafür zwei Werte bestimmt, die Zäune genannt werden. Die Zäune entstehen, wenn man den Interquartilsabstand mit 1,5 multipliziert (das ist eine Konvention, die keine tiefere Begründung hat) und diesen Wert nach oben und unten an die Box anträgt. Probieren wir das für die linke Verteilung aus. Wie groß ist der Interquartilsabstand? Dafür müssen wir die beiden Quartile bestimmen. Das untere Quartil beträgt 14, das obere 19 (was also genau den Grenzen der Box entspricht). Der Interquartilsabstand beträgt damit $19 - 14 = 5$. Diese Differenz soll nun mit 1,5 multipliziert werden: $5 \times 1,5 = 7,5$. Dieser Wert wird nun auf das obere Quartil aufaddiert und vom unteren Quartil abgezogen, um die Zäune zu erhalten: oberer Zaun: $19 + 7,5 = 26,5$ und unterer Zaun: $14 - 7,5 = 6,5$. Warum benutzt man nun nicht einfach diese Zäune und trägt sie im Boxplot ab? Die Antwort ist ganz einfach: der Vorteil des Boxplot soll es sein, nur Rohwerte darzustellen und die Daten nicht in irgendeiner Weise zu verändern. Bisher haben wir nur Werte abgetragen, die auch in den Rohwerten vorkommen: die beiden Quartile sind „echte" Werte aus den Daten und der Median im Grunde auch (obwohl er streng genommen der Mittelwert aus den mittleren *beiden* Rohwerten ist). Die Zäune sind nun allerdings durch eine Berechnung entstanden und haben keine Entsprechung in den echten Werten. Daher trägt man nicht sie, sondern die Whiskers im Boxplot ab. Die Whiskers sind einfach diejenigen echten Werte, die am nächsten an den berechneten Zäunen liegen, und zwar immer in Richtung der Box gesehen. Unser oberer Zaun war 26,5. Diesen Wert gibt es in den Rohdaten nicht. Daher suchen wir denjenigen Wert, der am nächsten dran liegt. Das ist der Wert 21. Wir benutzen dafür immer nur Werte, die in Richtung der Box liegen. Hätte es in unseren Rohdaten den Wert 27 gegeben, hätte er zwar näher an 26,5 gelegen, aber auf

Abb. 4.3 Boxplots und
Standardabweichungen im
Vergleich

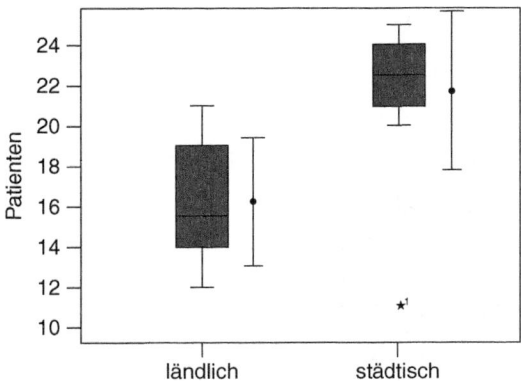

der falschen Seite. Der untere Whisker befindet sich entsprechend beim Wert 12.
Beide Whiskers können Sie in Abb. 4.1 nachprüfen.

Jeder Wert, der nun außerhalb der Whiskers liegt, ist ein Ausreißer. In der
linken Verteilung gibt es keinen, in der rechten Verteilung liegt der Wert 11 außerhalb des unteren Whiskers. Das Entdecken von Ausreißern ist wichtig, weil diese
die Berechnung von Mittelwerten und Streuungen – wie wir sie für spätere
statistische Verfahren brauchen – stark verzerren können. Wir können das illust-
rieren, wenn wir uns zusätzlich zu den Boxplots die Standardabweichungen für
beide Verteilungen anschauen (siehe Abb. 4.3).

Auf der rechten Seite sind jeweils die Mittelwerte der Verteilungen und die
Standardabweichungen dargestellt. Wie man sehen kann, liefert die Standardabweichung für die städtischen Kliniken einen viel zu großen Wert, weil sie den
einen Ausreißer berücksichtigt. Damit wird die Streuung sogar vermeintlich größer
als die Streuung bei den ländlichen Kliniken – was laut Boxplot genau umgekehrt
ist. Wenn man genau hinsieht, dann erkennt man außerdem, dass der Mittelwert für
die städtischen Kliniken – im Vergleich zum Median – leicht nach unten gerutscht
ist. Diese Probleme würden sich noch stark verschärfen, wenn es mehr als einen
Ausreißer gäbe.

Boxplots sind also eine gute Möglichkeit, die Rohdaten unverzerrt darzustellen
und Ausreißer zu identifizieren. Die Entdeckung von Ausreißern und schiefen
Verteilungen geht damit schon etwas über eine bloß deskriptive Datenanalyse
hinaus. Zur Darstellung von Lage- und Streuungsmaßen sollten daher Boxplots
bevorzugt werden! Außerdem wird nach dem Konstruieren von Boxplots meist so
verfahren, dass man die Ausreißer aus den Daten entfernt. Sie stellen meist sehr
untypische Werte dar, die auf verschiedene Ursachen zurückgehen können, die

A   B

Frequency Stem & Leaf   Frequency Stem & Leaf

1,00	0	5
1,00	1	2

Eine Person mit dem Wert 2,3

,00	1	
4,00	2	2233
3,00	2	568
4,00	3	1134
6,00	3	555668
1,00	4	2
1,00	4	6
3,00	5	122
1,00	5	6

1,00	0	5
1,00	1*	2
,00	1.	
4,00	2*	2233
3,00	2.	568
4,00	3*	1134
6,00	3.	555668
1,00	4*	2
1,00	4.	6
3,00	5*	122
1,00	5.	6

Abb. 4.4 Stamm-und-Blatt-Diagramm

man aber in der Studie meist nicht berücksichtigen will oder kann. Man entfernt sie aus den Daten, um die Verzerrungen von Mittelwerten und Streuungen zu vermeiden, die in weitergehenden Analysen sonst stören würden.

Stamm-und-Blatt-Diagramm (Stem & Leaf Plot)
In Boxplots – genau wie in Abbildungen von Mittelwerten und Streuungen – sind die Rohdaten nur noch in einer Art Überblick oder Zusammenfassung dargestellt. Es gibt aber auch die Möglichkeit, Verteilungen mit all ihren Rohwerten darzustellen. Nehmen wir an, wir haben 25 Personen danach gefragt, wie viele Stunden sie durchschnittlich täglich fernsehen. Die entsprechenden Werte können wir in einem sogenannten *Stamm-und-Blatt-Diagramm* darstellen (siehe Abb. 4.4).

Das Diagramm beginnt mit dem Stamm (stem), der die Einheit angibt, auf der sich die Daten gewissermaßen „erstrecken". Wenn die Personen z. B. Werte zwischen 0,5 und 5,6 Stunden angegeben haben, werden die Zahlen, die vor dem Komma stehen – also die Zahlen 0 bis 5 – an den Stamm geschrieben. Dahinter ist jede einzelne Person als ein Blatt (leaf) vertreten, und zwar mit ihrem Wert hinter dem Komma. Auf der linken Seite ist jeweils die Anzahl der Personen wiedergegeben, die sich auf diesem Teil des Stammes befinden. Man liest das Diagramm (A) dann folgendermaßen: Wenn wir ganz oben anfangen, dann sehen wir, dass eine Person einen Wert von 0,5 angegeben hat. Die zweite Zeile zeigt, dass eine Person den Wert 1,2 angegeben hat. Die dritte Zeile zeigt, dass niemand einen Wert ab 1,5 angegeben hat. Wie man sieht, ist jede Stelle vor dem Komma geteilt.

In einer Zeile werden alle Werte abgetragen, die höchstens eine 4 hinter dem Komma stehen haben, in der nächsten Zeile alle, die mindestens eine 5 hinter dem Komma haben. Diese Art von Einteilung ist allerdings beliebig. Man kann auch alle Werte in eine Zeile schreiben, oder aber eine noch feinere Unterteilung machen. Das richtet sich danach, wie differenziert die Daten sind und wie viele Personen abgetragen werden müssen. Bei diesen Unterteilungen werden auch manchmal Symbole an den Stamm geschrieben, die die „Weite" des Stammes anzeigen (siehe Abbildung B). So symbolisiert ein Stern (*) den Wertebereich des Stammes, dessen Blätter von 0 bis 4 reichen und ein Punkt (.) den Wertebereich, dessen Blätter von 5 bis 9 reichen. Auch das Setzen solcher Symbole bleibt dem Gestalter selbst überlassen.

Die vierte und fünfte Zeile zeigen weiterhin, dass 7 Personen eine 2 vor dem Komma stehen hatten. Darunter waren zwei Personen, die den Wert 2,2 hatten, zwei Personen, die einen Wert von 2,3 hatten, usw. (nochmal: jedes Blatt entspricht der Dezimalstelle einer Person). Auf diese Weise taucht jede Person in der Abbildung mit ihrem konkreten Wert auf. Stamm-und-Blatt-Diagramme sind sicher eine etwas gewöhnungsbedürftige Art von Darstellung, doch da sie alle Rohwerte beinhalten, gibt es hier keinerlei Informationsverlust. Sie entsprechen im Prinzip der Darstellung der ursprünglichen Häufigkeitsverteilungen (wenn man sich diese wieder um 90 Grad gedreht vorstellt), mit dem Unterschied, dass hier die Dezimalstellen der Werte abgetragen sind. Sie können damit auch sehr gut zum Erkennen von schiefen oder untypischen Verteilungen benutzt werden.

Streudiagramme (Scatterplots)

Wir haben die Lage- und Streuungsmaße sowie Boxplot und Stamm-und-Blatt-Diagramm zur Beschreibung von Verteilungen verwendet und uns dabei immer auf einzelne Variablen konzentriert, deren Werte wir in den Verteilungen betrachtet haben. In einem nächsten Schritt wollen wir nun erstmals nach *Zusammenhängen* zwischen Variablen suchen, und zwar mit Hilfe von grafischen Darstellungen. Zusammenhänge zwischen Variablen sind eine der häufigsten Fragestellungen in der Psychologie. Wir könnten uns beispielsweise fragen, wie der Schulerfolg eines Schülers mit seiner Intelligenz zusammenhängt. Dafür messen wir diese beiden Variablen mittels Fragebögen bei 10 Schülern (siehe Tab. 4.2).

Wie können wir nun den Zusammenhang beider Variablen darstellen? Ganz einfach: anstatt die Werte der Personen für jede Variable einzeln darzustellen, tragen wir beide in dasselbe Diagramm ein – und zwar um 90 Grad gegeneinander versetzt. Die Werte für den IQ tragen wir auf der X-Achse ab und die Verteilung

Tab. 4.2 Werte für IQ und Schulerfolg von 10 Schülern

Schüler	IQ	Schulerfolg (Skala 1–10)
1	110	6
2	100	6
3	115	8
4	120	9
5	95	5
6	101	5
7	108	6
8	122	9
9	109	7
10	114	8

der Werte des Schulerfolges auf der Y-Achse (das ginge auch umgekehrt und bleibt Ihnen überlassen) – siehe Abb. 4.5.

In diesem *Streudiagramm* ist jede Person durch einen Punkt vertreten und zwar an der Stelle, wo sich ihre Werte auf beiden Variablen kreuzen. Der Punkt ganz links in der Abbildung ist beispielsweise die Person 5 aus der Tabelle, sie hat einen IQ von 95 und einen Schulerfolg von 5 (siehe die gestrichelten Linien in der Abbildung). Alle Punkte zusammen – egal welches Muster sie aufweisen – bilden die *Punktewolke*. In diesem Streudiagramm kann man nun den Zusammenhang der beiden Variablen sehen. In unserem Beispiel wird deutlich: je größer der IQ, desto größer der Schulerfolg, weil steigende Werte auf der einen Variable mit steigenden Werten auf der anderen Variable einhergehen. Ob dieser Zusammenhang stark oder schwach ist, kann man auch durch einen Kennwert ausdrücken, wie wir gleich sehen werden.

4.2 Rechnerische Analyse von Zusammenhängen: die Korrelation

Streudiagramme bieten uns eine grafische Unterstützung beim Auffinden von Zusammenhängen zwischen Variablen. Bevor man irgendwelche Berechnungen mit den Daten anstellt, sollte man sich immer zuerst eine grafische Darstellung ansehen, und zwar sowohl von Lage- und Streuungsmaßen als auch von Streudiagrammen (wenn es um den Zusammenhang von Variablen geht). Meist erkennt man in diesen Darstellungen Besonderheiten in den Daten – wie Ausreißer oder schiefe Verteilungen – oder bereits Muster und Zusammenhänge. Außerdem

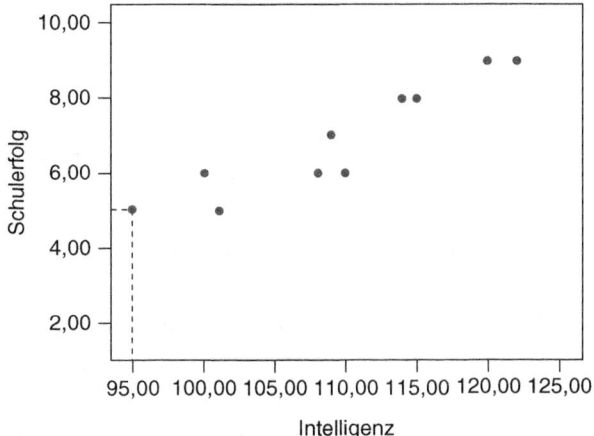

Abb. 4.5 Streudiagramm

bekommt man auf diese Weise einen besseren Eindruck von „seinen Daten" und kann sie auf sich wirken lassen, anstatt einfach drauflos zu rechnen.

Wenn ein Streudiagramm einen Zusammenhang zwischen Variablen vermuten lässt, kann man sich fragen, wie *stark* dieser Zusammenhang ist. Das können wir einerseits sehen und andererseits berechnen und mit Hilfe eines Kennwertes angeben: der *Korrelation*. Wie Sie sich erinnern, sind alle Fragestellungen in der Psychologie entweder Zusammenhangs- oder Unterschieds-Fragestellungen. Und Sie erinnern sich auch, dass beide Arten von Fragestellungen ineinander über-führbar sind. Folglich können wir jede Art von Fragestellung entweder als Unter-schied oder als Zusammenhang auffassen. Dabei ist das Denken in Zusammen-hängen die grundlegendere Art über psychologische Variablen nachzudenken und zu forschen.

Die Entdeckung der Korrelation geht übrigens auch auf Francis Galton zurück, über den wir im letzten Kapitel gesprochen hatten. Er beschäftigte sich mit der Körpergröße von Vätern und ihren Söhnen und stellte fest, dass große Väter tendenziell auch große Söhne bekommen und kleine Väter eher kleine Söhne. Beide Variablen stehen also in einer Ko-Relation. Diese Entdeckung mag nicht besonders spektakulär klingen, aber sie war ein weiteres Beispiel dafür, dass sich menschliche Merkmale in mathematischen Größen beschreiben ließen – eine für den Anfang des 19. Jahrhunderts keineswegs selbstverständliche Erkenntnis. Wir schauen uns nun an, wie man Zusammenhänge (rechnerisch) mit Hilfe der Korre-lation beschreiben kann.

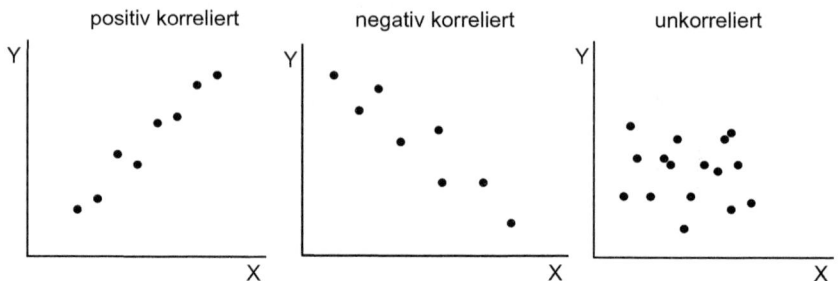

Abb. 4.6 Positiv korrelierte, negativ korrelierte und unkorrelierte Daten

▶ Die Korrelation repräsentiert das Ausmaß des linearen Zusammenhangs zweier Variablen. Man spricht auch von einem bivariaten Zusammenhang bzw. von einer bivariaten Korrelation.

Der Ausdruck *bi-variat* kommt daher, dass wir bei der Korrelation immer *zwei Variablen* auf ihren Zusammenhang hin untersuchen. Wir können also nicht gleichzeitig eine Korrelation von drei oder mehr Variablen untersuchen, sondern müssen Zusammenhänge solcher Art immer aus einzelnen bivariaten Korrelationen zusammensetzen. Dazu später mehr.

Zunächst bleibt noch der Begriff *linear* zu klären. Damit ist gemeint, dass der Zusammenhang der beiden Variablen – in einem Streudiagramm betrachtet – in etwa einer geraden *Linie* folgen sollte. Schauen wir uns Beispiele an, wie ein solcher Zusammenhang aussehen kann (siehe Abb. 4.6).

Im ersten Fall sind die Daten *positiv korreliert*: steigende Werte auf der X-Achse gehen mit steigenden Werten auf der Y-Achse einher. Außerdem folgen die Datenpunkte in etwa einer Linie und bilden daher einen linearen Zusammenhang. Ein Beispiel für eine solche Korrelation könnte der Zusammenhang zwischen der Anzahl guter Freunde und der Lebenszufriedenheit sein. Im zweiten Fall gehen steigende Werte auf der X-Achse mit sinkenden Werten auf der Y-Achse einher. Der Zusammenhang ist damit *negativ*, aber auch linear. Eine solche Korrelation könnte man etwa für den Zusammenhang zwischen dem Alter von Personen und ihrem Schlafbedürfnis finden. Wenn alle Datenpunkte exakt auf einer Linie liegen, würde sie einen perfekten linearen Zusammenhang aufweisen. Solche perfekten Zusammenhänge kommen in der Psychologie praktisch nie vor. Man muss ein technisches Beispiel heranziehen um einen solchen Zusammenhang

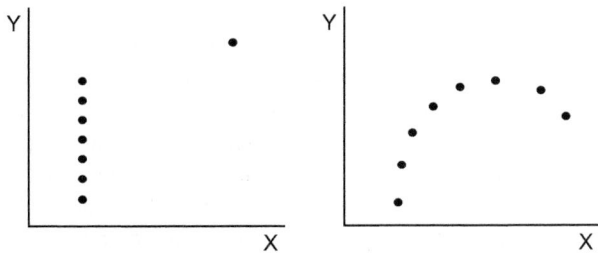

Abb. 4.7 Nicht-lineare Zusammenhänge

zu finden: Wenn wir danach fragen, um wie viele Zentimeter sich eine Person nach oben bewegt, in Abhängigkeit davon, wie viele Stufen sie auf einer Leiter nach oben steigt, dann steht die Anzahl der Stufen in einem perfekten linearen Zusammenhang mit dem Höhenunterschied, den sie überwindet. Das muss so sein, wenn jede der Stufen die gleiche Höhe hat. Wir können hier auch von einem *deterministischen* Zusammenhang sprechen, weil der Höhenunterschied durch die Anzahl der Stufen determiniert ist. Wir hatten schon diskutiert, dass es in der Psychologie in der Regel keine deterministischen Zusammenhänge gibt. Stattdessen werden die Datenpunkte immer etwas von der perfekten Linie abweichen.

Ganz rechts in Abb. 4.6 sind unkorrelierte Daten dargestellt. Hier ist keinerlei Zusammenhang erkennbar: Kleine Werte auf der X-Achse können sowohl mit kleinen als auch mit großen Werten auf der Y-Achse einhergehen und umgekehrt. Hier haben die beiden Variablen offenbar nichts miteinander zu tun. Die Punktewolke sieht in diesem Fall einem Kreis ähnlich. Wenn es keinen Zusammenhang gibt, erübrigt sich natürlich die Frage nach der Linearität. Schauen wir uns nun Beispiele an, in denen die Daten nicht in einem linearen Verhältnis stehen (siehe Abb. 4.7).

Im linken Streudiagramm sehen wir eine Reihe von Punkten, die genau übereinander liegen. Hier geht also ein und derselbe Wert auf der X-Achse mit völlig verschiedenen Werten auf der Y-Achse einher. Diese Punkte für sich genommen zeigen also überhaupt keinen Zusammenhang zwischen den beiden Variablen. Nun kommt allerdings der eine Punkt rechts oben hinzu. Wenn man nun die Punktewolke insgesamt betrachtet, so führt dieser eine Punkt dazu, dass es scheinbar einen positiven Zusammenhang gibt, da dieser Punkt einen größeren Wert auf X mit einem größeren Wert auf Y verbindet. Dieser Zusammenhang ist aber alles andere als linear. Es wäre in diesem Fall sogar besser, den einzelnen Punkt als Ausreißer zu betrachten und aus den Daten zu entfernen.

Etwas schwieriger ist das rechte Streudiagramm. Hier haben die Daten einen starken Zusammenhang, der aber einer Kurve folgt und keiner geraden Linie. Solche sogenannten *kurvi-linearen* Zusammenhänge sind gar nicht so selten. Ein einfaches Beispiel ist der Zusammenhang zwischen der Anzahl getrunkener Tassen Kaffee pro Tag (X-Achse) und dem subjektiven Wohlbefinden (Y-Achse). Bis zu einer gewissen Menge ist der Zusammenhang positiv, flacht dann aber ab und kehrt sich bei steigender Koffeinmenge ins Gegenteil. Wir haben es hier also nicht mit einem linearen Zusammenhang von Variablen zu tun und können daher auch keine herkömmliche Korrelation für diesen Zusammenhang angeben.

Beide Beispiele in Abb. 4.7 zeigen, warum die visuelle Inspektion der Daten so wichtig ist, bevor man Berechnungen anstellt. Die Inspektion würde in beiden Fällen ergeben, dass sie Berechnung einer linearen Korrelation wenig Sinn macht.

Wir kehren zurück zu den linearen Zusammenhängen, die wir nun rechnerisch beschreiben wollen. Um zu einem Kennwert für die Korrelation zu kommen, gehen wir zunächst – des Verständnisses wegen – einen kleinen Umweg über die *Kovarianz*.

Kovarianz

Wir erinnern uns noch einmal daran, dass das Interessante an jeder Variable ist, dass sie in ihrer Ausprägung variiert. Diese Variationen psychologischer Variablen machen den Menschen und unser Fach lebendig und sie stellen dasjenige Phänomen dar, an dem Methodenlehre und Datenanalyse ansetzen. Diese Variationen wollen wir beschreiben und erklären. Bei der Korrelation geht es nun darum, dass zwei Variablen in ihren Ausprägungen nicht unabhängig voneinander variieren, sondern in einer Art Gleichtakt: sie ko-variieren. In dieser Kovarianz von Variablen liegen die interessanten und aufschlussreichen Prinzipien, Funktionen und Mechanismen unserer Psyche versteckt. Genau so, wie wir die Variation von einzelnen Variablen mit Hilfe von Streuungsmaßen mathematisch beschrieben haben, können wir natürlich auch die Ko-Variation bzw. Kovarianz zweier Variablen mathematisch beschreiben. Die Berechnungen dazu leiten sich direkt aus der Berechnung der Varianz ab. Die Formel für die Kovarianz (cov) lautet:

$$cov = \frac{\sum \left(x_i - \overline{X}\right)\left(y_i - \overline{Y}\right)}{N}$$

Wie man an der Formel sehen kann, berechnen wir wieder für jeden Wert *i* seine Abweichung vom gemeinsamen Mittelwert. (Diese Differenz wird allerdings nicht quadriert wie bei der Varianz.) Sie wird nun aber nicht nur für eine Variable berechnet, sondern für alle beide (x und y), und beide Differenzen werden jeweils

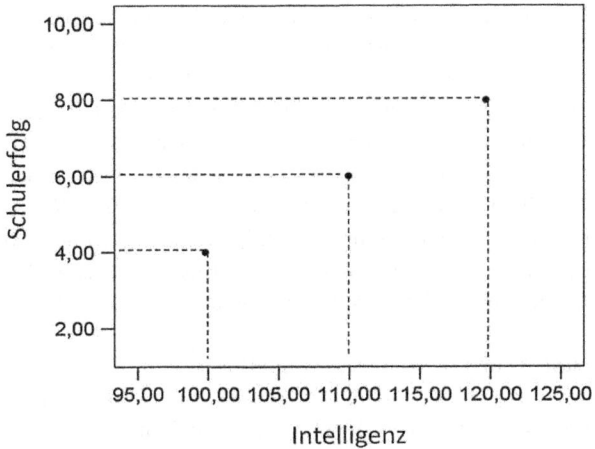

Abb. 4.8 Streudiagramm (mit Hilfslinien) für drei Datenpunkte

multipliziert. In dieser Multiplikation steckt die Grundidee der Kovarianz: Das Produkt ist dann groß, wenn ein Datenpunkt auf der einen Variable in die gleiche Richtung von seinem Mittelwert abweicht wie auf der anderen Variable. Das Produkt wird dann positiv. Die Produkte werden für jeden Datenpunkt aufsummiert. Und schließlich muss diese Summe wieder durch die Anzahl aller Datenpunkte geteilt werden (also durch die Stichprobengröße N), sonst würde die Kovarianz bei zunehmender Anzahl von Messwerten einfach immer größer. Schauen wir uns ein Beispiel an. Wir nehmen wieder an, wir hätten Intelligenz und Schulerfolg gemessen, diesmal aber nur bei drei Schülern, der Einfachheit halber. Es gibt also drei Datenpunkte in unserer Punktewolke (siehe Abb. 4.8).

Für die Berechnung der Kovarianz benötigen wir zuerst die Mittelwerte beider Variablen. Die sieht man schon auf den ersten Blick. Der Mittelwert von Intelligenz beträgt für die drei Personen $\overline{X} = 110$, und der Mittelwert für den Schulerfolg beträgt $\overline{Y} = 6$. Wir können nun die Kovarianz berechnen:

$$cov = \frac{(100 - 110)(4 - 6) + (110 - 110)(6 - 6) + (120 - 110)(8 - 6)}{3}$$
$$= \frac{40}{3} = 13,3$$

Wie zu erwarten, liefert die Kovarianz einen positiven Wert, da wir es mit einem positiven Zusammenhang zu tun haben. Nun stellt sich allerdings die Frage, ob

13,3 ein großer oder kleiner Zusammenhang ist. Warum die Interpretation dieses Ergebnisses ohnehin schwierig ist, sehen wir, wenn wir uns die Formel nochmals anschauen. In die Formel fließen die Werte unserer beiden Variablen auf der Skala ein, auf der wir sie gemessen haben. Hätten wir den Schulerfolg aber mit einer anderen Skala erfasst, die z. B. von 1 bis 100 gereicht hätte, wären viel größere Werte in die Formel eingeflossen und die Kovarianz erheblich größer ausgefallen, obwohl sie denselben Zusammenhang beschrieben hätte. Die Kovarianz ist also von den Skalierungen der gemessenen Variablen abhängig. Dieses Problem wollen wir natürlich vermeiden und nehmen daher an der Kovarianz eine kleine Korrektur vor, die aus der Kovarianz die Korrelation macht.

Korrelation und Pearson-Korrelationskoeffizient
Um die Kovarianz von Variablen von ihren Skalen unabhängig zu machen, benutzen wir ein Verfahren, das wir schon kennengelernt haben: die Standardisierung. Sie erinnern sich: bei der Standardisierung werden die einzelnen Werte einer Variable um ihren Mittelwert vermindert und dann durch ihre Streuung geteilt. Die Werte befinden sich dann auf einer z-Skala, die unabhängig von der ursprünglichen Skalierung ist. Die Verminderung der einzelnen Werte um ihren Mittelwert haben wir in der Formel für die Kovarianz schon vollzogen. Das heißt, wir müssen die Kovarianz nur noch durch die Streuung der beiden Variablen teilen, um die Korrelation (r) zu erhalten:

$$r_{xy} = \frac{cov}{s_x s_y}$$

Da wir es mit zwei Variablen zu tun haben, steht im Nenner das Produkt aus beiden Streuungen: die Standardabweichung für die Variable X: s_x, und die Standardabweichung für die Variable Y: s_y. Der Wert, den wir hier berechnen, heißt *Korrelationskoeffizient r*. Er trägt im Index manchmal die Symbole der beiden Variablen, die korreliert werden, also x und y.

Der Korrelationskoeffizient geht zurück auf Karl Pearson, einen Schüler von Francis Galton. Wie wir wissen, hatte Galton die Korrelation von Variablen erstmals beschrieben. Im Zusammenhang mit der Korrelation – große Väter bekommen auch große Söhne und umgekehrt – hatte Galton auch entdeckt, dass dieser Zusammenhang in eine bestimmte Richtung verschoben ist. Obwohl größere Väter größere Söhne bekommen, sind die Söhne doch tendenziell etwas kleiner als ihre Väter. Kleinere Väter bekommen entsprechend zwar auch kleinere Söhne, aber auch die sind in der Regel nicht ganz so klein wie die Väter. Die Größe der Söhne strebt also hin zum *Mittelwert aller* Söhne. Galton nannte dieses Phänomen

Regression (Zurückstreben) zur Mitte. Mit Hilfe der Regression ließ sich die Körpergröße der Söhne relativ gut vorhersagen. Pearson entwickelte nun die oben gezeigte Formel für die Korrelation und gab ihr – in Gedenken an die von Galton entdeckte *R*egression – das Symbol *r*. (Übrigens: Pearson war Brite, war aber nach einem langen Aufenthalt in Deutschland so verliebt in dieses Land, dass er kurzerhand seinen Vornamen Carl „eindeutschte" zu Karl.)

Der Pearson-Korrelationskoeffizient (oft auch als Produkt-Moment-Korrelation bezeichnet) kann nur Werte zwischen -1 und 1 annehmen, sein Wertebereich ist also genau definiert. Eine Korrelation von -1 beschreibt einen perfekten negativen Zusammenhang, 0 beschreibt zwei unkorrelierte Variablen und 1 beschreibt einen perfekten positiven Zusammenhang.

Kommen wir zurück zu unserem Beispiel. Der Korrelationskoeffizient für die Daten aus Abb. 4.8 wäre natürlich 1, da unsere drei Datenpunkte genau auf einer Gerade liegen – sie bilden einen perfekten linearen Zusammenhang. Was passiert nun, wenn die Punkte der Punktewolke nicht auf einer Gerade liegen? Schauen wir uns dazu noch einmal genauer an, was sich hinter der Korrelation rechnerisch verbirgt. Abbildung 4.9 zeigt 5 Datenpunkte, die auf einer Gerade liegen. Die Mittelwerte der beiden Variablen X (Intelligenz) und Y (Schulerfolg) sind als Linien eingezeichnet und der Abstand jedes Punktes von jedem der beiden Mittelwerte als gestrichelte Linien.

Wie man sehen kann, liegen alle Punkte nur dann auf einer Gerade, wenn ein bestimmter Abstand eines Punktes vom Mittelwert der einen Variable mit einem bestimmten Abstand vom Mittelwert der anderen Variable einhergeht. Das ist das Prinzip des Ko-Variierens der beiden Variablen. Inhaltlich bedeutet dieses Ko-Variieren aber nichts anderes, als dass die Varianzen der beiden Variablen voneinander abhängig sind. Anders ausgedrückt: wenn Werte auf der einen Variable von ihrem Mittelwert abweichen (also Varianz aufweisen), dann sollte das mit einer entsprechenden Varianz der Werte auf der anderen Variable einhergehen. Für unser Beispiel heißt das: Wenn jemand intelligenter ist als der Durchschnitt, dann sollte er auch mehr Schulerfolg haben als der Durchschnitt – und zwar *je mehr, desto mehr.* Nehmen wir nun an, unsere Punktewolke würde keine Gerade mehr bilden (siehe Abb. 4.10).

Wie wir sehen, ist der vierte Punkt weiter nach oben gerutscht. Was heißt das für die Varianzen der Daten? Auf die X-Variable (Intelligenz) hat das keinen Einfluss, da sich der Punkt auf der X-Achse immer noch an derselben Stelle befindet. Auf der Y-Achse (Schulerfolg) ist der Punkt allerdings mehr vom Mittelwert weggerückt und hat damit die Varianz von Y vergrößert. Da diese Vergrößerung aber nicht mit einer entsprechenden Vergrößerung der Varianz in X einhergeht, ist sie durch die Korrelation der beiden Variablen „nicht erklärbar".

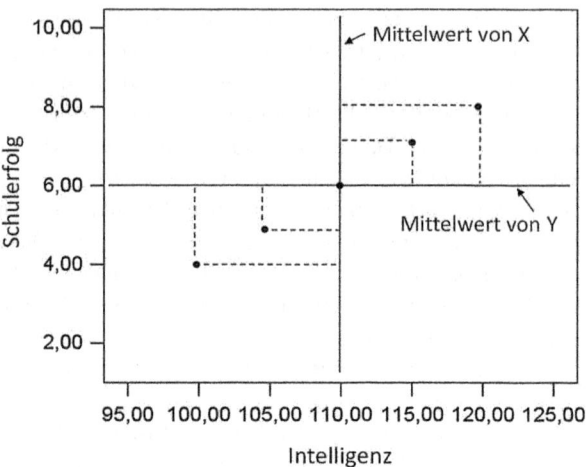

Abb. 4.9 Datenpunkte und ihre Mittelwerte von zwei Variablen

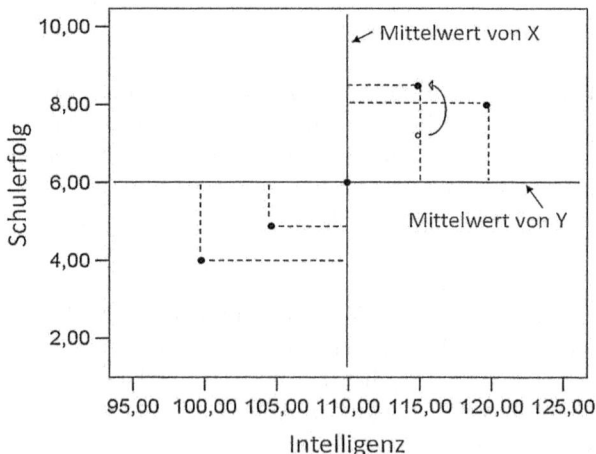

Abb. 4.10 Datenpunkte, die nicht mehr auf einer Gerade liegen

Die Korrelation weist sozusagen jedem Datenpunkt, der sich auf X befindet, einen entsprechenden Wert auf Y zu – und zwar genau so, dass alle Werte auf einer Gerade liegen würden. Weicht ein Datenpunkt von dieser Gerade ab (siehe den gebogenen Pfeil in Abb. 4.10), so ist diese Abweichung nicht durch die Korrelation

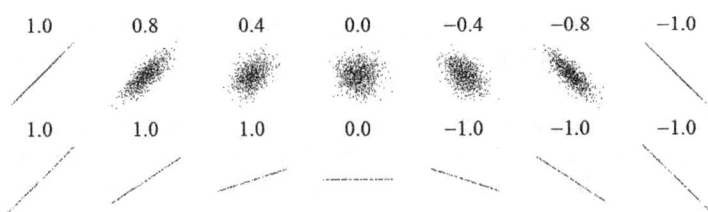

Abb. 4.11 Beispiele für Punktewolken, die mehr oder weniger stark von einer Gerade abweichen und deren Korrelationskoeffizienten

zu erklären. Rechnerisch hat das zur Folge, dass die Gesamtstreuung $s_x s_y$ größer geworden ist (weil die Streuung s_y angewachsen ist), diese Vergrößerung der Gesamtstreuung aber nicht durch eine entsprechend größere Kovarianz erklärt werden kann. Die Kovarianz (über dem Bruchstrich) bleibt damit kleiner als die Gesamtstreuung (unter dem Bruchstrich) und der Korrelationskoeffizient sinkt unter 1. Damit wird allgemein deutlich: je mehr die Werte der Punktewolke von einer Gerade abweichen, desto kleiner wird der Korrelationskoeffizient. In Abb. 4.11 sind verschiedene Beispiele dargestellt, in denen die Punkte mehr oder weniger von einer Gerade abweichen, was einen entsprechend großen oder kleinen Korrelationskoeffizienten zur Folge hat.

Anhand der Abbildung sieht man auch noch einmal, dass sich die Punktewolke entsprechend so stark von einer Gerade entfernen kann, dass ein Kreis entsteht und die Korrelation damit auf 0 sinkt. Außerdem zeigt die Abbildung, dass der Anstieg der Gerade, auf der die Datenpunkte liegen, für die Größe der Korrelation nicht von Bedeutung ist! Der Anstieg ist ausschließlich von der Skalierung der Variablen abhängig. Er darf nur nicht 0 sein, also eine waagerechte Linie bilden, da die Werte auf Y dann keinerlei Varianz mehr aufweisen und folglich auch keine Korrelation möglich ist.

Wie kann es nun dazu kommen, dass die Werte von einer Geraden abweichen? Der einfachste Fall ist natürlich der, dass es keine Korrelation zwischen den beiden Variablen gibt. Dann sollten die Werte in etwa einen Kreis bilden. Falls die Variablen aber korrelieren und dennoch nicht auf einer Geraden liegen, müssen wir uns fragen, wie Varianzen an sich zustande kommen. Anders gefragt: was kann dazu führen, dass der Punkt in Abb. 4.10 einen zu großen Wert auf Y aufweist? Zwei Möglichkeiten kommen dafür in Frage. Die eine hatten wir schon einmal angesprochen: wenn wir Daten erheben, dann gelingen uns die Messungen nie hundertprozentig fehlerfrei. Messinstrumente wie Fragebögen und Tests sind fehleranfällig. Außerdem haben wir es immer mit Menschen zu tun, die in ihrem

Empfinden und Verhalten nicht immer konsistent sind und vielleicht heute ein wenig andere Angaben machen als morgen oder einfach ein Kreuz an eine falsche Stelle setzen. Kurz gesagt: wir machen Fehler bei der Messung von Variablen. Solche Messfehler führen natürlich zu einer Varianz in unseren Daten, die wir nicht ganz ausschalten können und die natürlich nicht rechnerisch „erklärbar" ist. Die Messfehler führen dazu, dass wir in der Regel nie Korrelationen von 1 vorfinden.

Die andere Möglichkeit, wie sich die Varianz einer Variable vergrößern kann, ist, dass sie nicht nur mit *einer* Variable korreliert, sondern mit mehreren. Wenn eine Variable von vielen anderen Variablen abhängig ist, dann ändern sich ihre Werte also immer, wenn sich in irgendeiner dieser anderen Variablen etwas ändert. Für unser Beispiel heißt das, dass der Schulerfolg eventuell nicht nur von der Intelligenz abhängt, sondern von noch einer anderen Variable, die wir vielleicht gar nicht kennen. Diese andere Variable kann dazu führen, dass der Datenpunkt – einfach ausgedrückt – nicht da liegt, wo er liegen sollte, wenn es nur die Intelligenz als alleinige Erklärung gäbe. In der Psychologie ist es praktisch immer der Fall, dass Variablen mit einer Vielzahl von anderen Variablen einen Zusammenhang aufweisen. Erleben und Verhalten sind so komplex und in ein Zusammenspiel vielfältiger Mechanismen und Regelkreise eingebunden, dass einfache Zusammenhänge zwischen nur zwei Variablen relativ selten sind. Das ist der Grund dafür, warum wir nicht nur keine perfekten Zusammenhänge finden, sondern dass wir in aller Regel Zusammenhänge vorfinden, die mit einer Korrelation von deutlich kleineren Werten als 1 (bzw. -1) einhergehen. Typischerweise werden unsere Daten also Punktewolken zeigen, in denen man eine Korrelation nicht immer auf den ersten Blick sehen kann und die dann entsprechend mit kleinen bis mittleren Korrelationskoeffizienten einhergehen.

Das bringt uns zu der Frage, was eine große und was eine kleine Korrelation ist. Diese Frage ist pauschal schwer zu beantworten, da sie sehr stark vom jeweiligen inhaltlichen Gebiet abhängt. Normalerweise müsste man sich für diejenige Fragestellung, die man gerade untersucht, die Forschungsliteratur anschauen und prüfen, wie groß die dort gefundenen Korrelationen im Durchschnitt sind. Dann kann man die Korrelation, die man in seiner eigenen Studie gefunden hat, damit vergleichen. Da das aber oft ein schwieriger Weg ist und Menschen immer gern mit Faustregeln arbeiten, gibt es die natürlich auch. Sie wurden von Cohen (1988) formuliert und basieren auf durchschnittlichen Korrelationen, die sich in der Forschung finden ließen. Sie sind in Tab. 4.3 wiedergegeben.

Wie gesagt, gibt diese Konvention nur eine Faustregel wieder. Je nach Fragestellung kann auch eine Korrelation von .1 sehr interessant und aussagekräftig sein, während in einem anderen Fall erst eine Korrelation von .8 als interessant gilt. Im

Tab. 4.3 Konvention für die Interpretation von Korrelationen (nach Cohen 1988)

r	Interpretation
ab .1 oder −.1	„kleiner" Effekt
ab .3 oder −.3	„mittlerer" Effekt
ab .5 oder −.5	„großer" Effekt

Übrigen sieht man hier, dass beim Korrelationskoeffizienten in der Regel die 0 vor dem Komma weggelassen wird. Man liest den Wert dann z. B. „Punkt 1" oder „minus Punkt 5".

Voraussetzungen für die Berechnung von Korrelationen

Wie Sie vielleicht schon bemerkt haben, wurden in allen Beispielen, die wir zur Berechnung der Korrelation verwendet haben, intervallskalierte Daten verwendet. Das ist eine wichtige Voraussetzung zur Berechnung der Pearson-Korrelation: beide Variablen müssen Intervallskalenniveau aufweisen. Liegen die Daten auf Nominal- oder Ordinalskalenniveau vor, muss man andere Korrelationskoeffizienten benutzen (Phi-Koeffizient, Rangkorrelationen). Neben intervallskalierten Daten gibt es eine weitere Voraussetzung für die Berechnung von Korrelationen, die wir schon besprochen haben. Die Daten müssen in einem linearen Zusammenhang stehen. Ob das der Fall ist, kann man leicht mit Hilfe eines Streudiagramms prüfen. Das Streudiagramm ist auch dazu da, Ausreißer in den Daten zu entdecken und diese gegebenenfalls aus den Daten zu entfernen. Das Streudiagramm sollte man sich daher immer vor der Berechnung einer Korrelation anschauen. Denn natürlich kann man auch für nicht-lineare Daten eine Korrelation berechnen. Nur ist diese dann nicht sinnvoll interpretierbar, weil die Formel für die Korrelation immer „blind" einen linearen Zusammenhang unterstellt.

Korrelation und Kausalität

Wir haben mit Hilfe der Korrelation die Enge oder Stärke des Zusammenhangs zweier Variablen beschrieben. Wenn es einen solchen Zusammenhang gibt, verleitet der natürlich zu der Annahme, dass sich beide Variablen kausal bedingen, die eine Variable also die andere hervorruft. Diese Interpretation gilt allerdings nur statistisch, nicht inhaltlich.

▶ Korrelationen lassen keine Schlüsse darüber zu, ob es einen Kausalzusammenhang zwischen Variablen gibt.

Warum das so ist, haben wir schon beim Anliegen von Experimenten diskutiert. Wenn zwei Variablen X und Y einen Zusammenhang aufweisen, kann es mindestens drei kausale Erklärungen geben: X ruft Y hervor, Y ruft X hervor oder der Zusammenhang zwischen X und Y wird durch eine dritte Variable Z verursacht. Im letzten Fall sprechen wir von sogenannten *Scheinkorrelationen*. So kann man z. B. beobachten, dass in Jahren, in denen es relativ viele Klapperstörche gab, auch die Anzahl von Babys zunimmt. Beide Variablen würden also hoch miteinander korrelieren (und sich statistisch bedingen). Allerdings haben sie inhaltlich nichts miteinander zu tun. Stattdessen liegt eine Drittvariable hinter diesem Zusammenhang: die Anzahl der Regentage. Wenn es mehr regnet, gibt es tendenziell mehr Klapperstörche, und warum es mehr Babys gibt, wenn es ständig regnet, können Sie sich sicher denken. Störche und Babys stehen also nur scheinbar in einer kausalen Beziehung.

Es ließen sich unzählige weitere Beispiele finden, und sie alle zeigen, dass man mit Korrelationen nur die Stärke des statistischen Zusammenhangs beschreiben kann, aber nichts über die Kausalität erfährt. Ob Kausalität vorliegt, muss letztendlich theoretisch entschieden werden. Der Sinn von Experimenten war es ja, Situationen herzustellen, in denen ein gefundener Effekt (also ein Zusammenhang oder ein Unterschied) kausal auf die Manipulation der UV zurückgeführt werden kann. Aus experimentell gewonnenen Daten berechnete Korrelationen lassen also Kausalschlüsse zu. Daraus erklärt sich die große Wichtigkeit von Experimenten für die Forschung.

4.3   Vorhersagen machen: die Regression

Von der Korrelation zur Regression

Wie wir schon anhand der Geschichte gesehen haben – denken Sie an Galton und Pearson – sind Korrelation und Regression so eng miteinander verknüpft, dass sie sich statistisch gesehen sehr schwer trennen lassen. Dennoch werden sie inhaltlich für etwas andere Fragestellungen benutzt. Wir wollen uns der Regression nun genauer zuwenden, werden aber sehen, dass sie untrennbar mit der Korrelation verbunden ist. Mit Hilfe der Korrelation ist es uns möglich, Zusammenhänge zwischen zwei Variablen aufzudecken und quantitativ zu beschreiben. Und die Idee der Regression ist dabei schon angeklungen: Wenn wir wissen, dass zwei Variablen korrelieren, dann können wir die Werte einer Variable benutzen, um die Werte auf der anderen vorherzusagen. Diese Idee der Vorhersage ist der Grundgedanke der *Regression*.

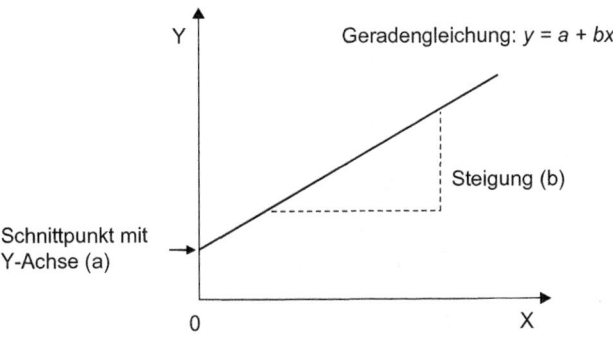

Abb. 4.12 Geradengleichung

▶ Die Regression ist eine Vorhersageanalyse. Sie macht sich die Korrelation von Variablen zunutze, um die Werte der einen Variable aus den Werten der anderen Variable vorherzusagen (zu schätzen). Die vorhersagende Variable wird dabei als *Prädiktor*, die vorhergesagte Variable als *Kriterium* bezeichnet.

Die Regressionsgerade
Wenn wir die Werte von Y durch die Werte von X vorhersagen wollen, dann brauchen wir eine Gerade, die jedem Punkt auf X einen Punkt auf Y zuordnet. Eine solche Regressionsgerade ist wie jede andere Gerade auch durch zwei Größen bestimmt, nämlich ihren Schnittpunkt mit der Y-Achse und ihren Anstieg (siehe Abb. 4.12).

Bei der Korrelation hatten wir schon oft von einer solchen Geraden gesprochen. Es ist diejenige Gerade, um die sich die Punkte der Punktewolke konzentrieren. Aber wie kommen wir zu dieser Gerade? Sie sollte so in die Punktewolke gelegt werden, dass sie diese bestmöglich repräsentiert. Das tut sie dann, wenn *alle Punkte im Durchschnitt* möglichst wenig von der Gerade abweichen. Rechnerisch heißt das, dass wir für jeden Datenpunkt den Abstand zur Gerade bestimmen, diesen quadrieren (damit sich positive und negative Abstände nicht ausgleichen) und all diese Abstände aufsummieren müssen (siehe Abb. 4.13).

Wir haben hier einen beliebigen Punkt beispielhaft herausgepickt. Auf der linken Seite haben wir eine Gerade beliebig in die Punktewolke gelegt. Der Punkt hat einen bestimmten Abstand von der Gerade – dieser Abstand zur Gerade wird immer vertikal gemessen und anschließend quadriert. Es entsteht das *Abweichungsquadrat*. Ein solches Quadrat wird nun für jeden einzelnen Punkt berechnet. Alle Quadrate werden aufsummiert zur sogenannten *Quadratsumme*. Auf der

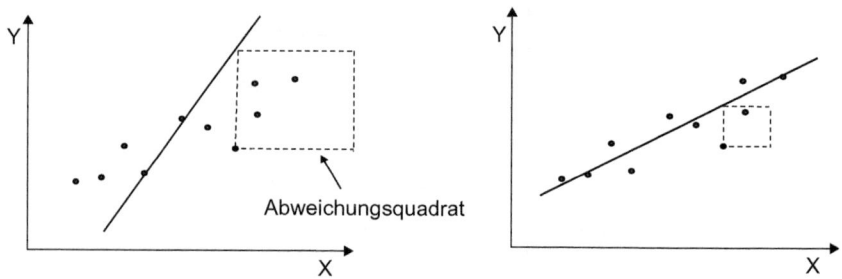

Abb. 4.13 Bestimmung der Regressionsgerade

rechten Seite liegt die Gerade anders in der Punktewolke, und wie wir sehen, wird die Quadratsumme kleiner. Das heißt, von dieser Gerade weichen die Daten im Durchschnitt weniger ab. Sie kann also die Punktewolke besser repräsentieren. Wir suchen schließlich nach derjenigen Gerade, für die die Quadratsumme am kleinsten ist.

Die Gerade, die die kleinste Quadratsumme erzeugt, wird durch zwei Werte gekennzeichnet: Schnittpunkt mit der Y-Achse (a) und Anstieg (b). Durch diese beiden Werte ist es nun möglich, für jeden Wert auf X den entsprechenden Wert auf Y zu berechnen. Diese Berechnung führt zu einem *Vorhersagewert* bzw. *Schätzwert* für Y. Diese Schätzung gelingt nun mehr oder weniger gut – je nachdem, wie dicht die Daten tatsächlich an der Gerade liegen. Sehen wir uns das wieder genauer an.

Vorhersage und Vorhersagefehler

Kommen wir noch einmal zu unserem Beispiel zurück, bei dem wir den Zusammenhang von Intelligenz und Schulerfolg untersucht haben. Da die beiden Variablen korrelieren, können wir den Schulerfolg durch die Intelligenz vorhersagen. Nehmen wir an, wir hätten anhand von fünf Personen die Gerade in Abb. 4.14 ermittelt.

Die Gerade weist jedem Wert auf X einen Wert auf Y zu. Das gelingt aber nur dann exakt, wenn jeder Punkt genau auf der Gerade liegt. In der Abbildung ist ein Punkt herausgegriffen, der um einen gewissen Betrag von der Linie abweicht. Dieser „echte" Datenpunkt hat einen Wert auf X von 115 und einen Wert auf Y von 5. Die Regressionsgerade hingegen ordnet dem Wert 115 einen anderen Wert auf Y zu, nämlich 7. Der Punkt weicht also um 2 Y-Einheiten von der Gerade ab. Diese Abweichung können wir als *Vorhersagefehler* bezeichnen, da sie die Differenz zwischen vorhergesagtem und echtem Y-Wert beschreibt. Mit anderen Worten:

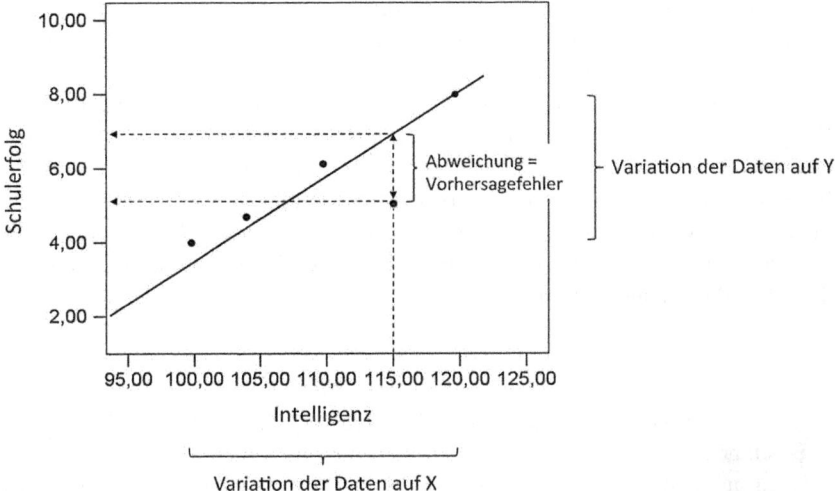

Abb. 4.14 Vorhersage und Vorhersagefehler bei der Regressionsgerade

diese Abweichung ist durch die Regression von Y auf X *nicht erklärbar*. Der Vorhersagefehler wird daher als *Residuum* oder *Residualwert* bezeichnet. Residuum (lateinisch *übrig bleiben*) deshalb, weil es sich hier um einen verbleibenden Fehler handelt, der nach der Schätzung von Y durch X durch die Regression übrig bleibt.

Vielleicht stellen Sie sich jetzt die Frage, warum das überhaupt wichtig ist. Schließlich haben wir doch die fünf Datenpunkte vor uns und können die echten Y-Werte einfach ablesen. Das stimmt – allerdings nur für diese fünf Punkte. Der eigentliche Sinn der Regressionsrechnung besteht aber darin, Schätzungen für alle möglichen X-Werte (also für unbekannte Personen) zu machen. Das geschieht durch die Geradengleichung. Wollen wir beispielsweise dem Intelligenzwert 95 einen Wert auf der Variable Schulerfolg zuordnen, so müssen wir diesen Wert genau auf der Gerade ablesen. Die Gerade ist die beste Schätzung für die Vorhersage von Y-Werten. Das ist sie deshalb, weil sie – anhand der echten Daten, die wir in einer Studie gesammelt haben – so konstruiert ist, dass sie alle Punkte im Durchschnitt bestmöglich repräsentiert.

Der entscheidende Punkt ist nun der, dass wir bei einer solchen Vorhersage einen gewissen Fehler machen. Es kann zwar sein, dass bei einem X-Wert von 95 der entsprechende echte Y-Wert genau auf der Geraden liegt. Aber das wissen wir nicht. Die wenigen Daten, die wir tatsächlich haben, liegen jedenfalls im Durchschnitt alle etwas von der Gerade entfernt. Es ist daher davon auszugehen, dass auch alle Werte, die wir vorhersagen wollen, mit einem solchen Vorhersagefehler behaftet sein werden. Einen solchen *Schätzfehler* müssen wir also annehmen, wenn wir mit Hilfe der Regression einen beliebigen Wert vorhersagen wollen. Damit muss er auch in der Regressionsgleichung auftauchen, die daher die folgende allgemeine Form hat:

$$\hat{y} = a + bx$$

Wie es zu dem Fehler kommt, haben wir schon besprochen: er kann durch einen Messfehler zustande kommen oder durch andere Variablen, die ebenfalls einen Einfluss auf Y ausüben. Je größer der Fehler, desto mehr streuen die Datenpunkte um die Regressionsgerade.

Das Problem am Fehler *e* ist, dass wir bei einem konkreten vorhergesagten Wert nicht wissen, wie groß er ist. Wir können zwar den durchschnittlichen Schätzfehler berechnen (er entspricht der Quadratsumme geteilt durch N), aber das ist sozusagen ein genereller (durchschnittlicher) Fehler, den man beim Schätzen macht. Er kann außerdem nach oben oder unten von der Regressionsgerade abweichen. Kurzum: für einen konkret zu schätzenden Y-Wert kennen wir den Fehler nicht.

Die beiden Anwendungsfelder der Regression
Was hat das Ganze nun praktisch zu bedeuten? Wir müssen uns fragen, was wir mit Hilfe der Regression erreichen wollen. Das sind zwei Dinge. Der erste Fall ist der, den wir die ganze Zeit betrachtet haben: wir nutzen die Regression, um konkrete Werte einer Variable vorherzusagen. Das heißt, wir haben anhand einer Stichprobe ein paar Daten gesammelt und mit Hilfe dieser Daten eine Regressionsgleichung bestimmt. Diese können wir nun benutzen, um die Werte einer Variable vorherzusagen (z. B. Schulerfolg), wenn wir die Werte einer anderen Variable kennen (z. B. Intelligenz). Das können wir für alle möglichen Personen mit allen möglichen Werten auf X tun. In diese Vorhersage bzw. Schätzung können wir umso mehr vertrauen, je dichter die Datenpunkte, die uns zur Regressionsgleichung geführt hatten, an einer Gerade lagen.

Sie sehen daran, dass wir mit diesem Vorgehen eigentlich schon einen wesentlichen Schritt weiter gegangen sind – wir stellen nämlich Schätzungen an für Personen, die wir in unserer Stichprobe gar nicht untersucht haben. Mit anderen Worten: wir schätzen Werte für eine Population auf der Grundlage von Stichprobenergebnissen. Und wir wollen wissen, wie sehr wir dieser Schätzung vertrauen können. Das ist bereits die klassische Fragestellung der Inferenzstatistik, auf die die Regression hier vorgreift.

Nun ist es aber in der Forschung relativ selten der Fall, dass wir für konkrete Personen Vorhersagen machen wollen, die wir in unserer Studie gar nicht untersucht haben. Das wäre eher eine praktische Anwendung. Stattdessen sind Forscher an Mechanismen und kausalen Zusammenhängen interessiert, und zwar theoretisch. Um an unserem Beispiel zu bleiben: wir würden uns lediglich dafür interessieren, wie Intelligenz und Schulerfolg theoretisch zusammenhängen und sich das eine aus dem anderen vorhersagen lässt. Mit anderen Worten: wir benötigen die Regressionsgleichung gar nicht, weil wir keine konkreten Werte vorhersagen wollen. Wir sind lediglich an der Enge des Zusammenhangs und an der Güte der Vorhersage interessiert.

Die Enge des Zusammenhangs zweier Variablen haben wir durch den Korrelationskoeffizienten r bereits beschrieben. Nun brauchen wir noch ein Maß dafür, wie gut die Vorhersage von Y durch X gelingen kann. Dieses Maß soll angeben, wie viel Varianz in Y durch X aufgeklärt werden kann. Dieses Maß für die Varianzaufklärung stellt das wichtigste Ergebnis der Regressionsrechnung für den Forscher dar. Es ist relativ einfach zu bestimmen, wie wir jetzt sehen werden.

Der Determinationskoeffizient r^2

Die Vorhersage von Y durch X gelingt natürlich umso besser, je größer die Korrelation zwischen X und Y ist. Die Information der Varianzaufklärung steckt also schon im Koeffizienten r drin. Er muss lediglich quadriert werden. Das Ergebnis ist der Determinationskoeffizient r^2, der angibt, wie genau Y durch X bedingt (determiniert) wird. Inhaltlich sagt der Determinationskoeffizient aus, wie viel Prozent der Varianz von Y durch X erklärt wird. Dazu muss er nur mit 100 multipliziert werden. Nehmen wir an, wir hätten durch die Datenpunkte in Abb. 4.14 einen Korrelationskoeffizienten von $r = .8$ gefunden. Das wäre ein relativ starker Zusammenhang. Der Determinationskoeffizient beträgt dann $r^2 = .64$. Das entspricht einer Varianzaufklärung von 64 %. Das heißt also, dass ungefähr zwei Drittel der Varianz von Schulerfolg durch die Intelligenz aufgeklärt werden. Die restliche Variation im Merkmal Schulerfolg (also 36 %) geht auf Messfehler und auf andere Einflussvariablen zurück, die in unserer Studie nicht untersucht wurden. Eine Varianzaufklärung von 64 % ist schon sehr gut. Man kann nun sagen, dass X ein sehr guter *Prädiktor* für Y ist. Wie wir wissen, kann r höchstens 1 bzw. -1 sein und damit r^2 ebenfalls höchstens 1, was einer Varianzaufklärung von 100 % entspricht. Das ist wieder genau dann der Fall, wenn alle Punkte auf einer Gerade liegen.

▶ Der Determinationskoeffizient r^2 gibt das Ausmaß der Varianzaufklärung einer Variable Y durch eine Variable X an. Er kann maximal 1 betragen, was einer Varianzaufklärung von 100 % entspricht.

Wie erwähnt, sind wir in der Forschung in der Regel am Determinationskoeffizienten r^2 interessiert, da er uns das Ausmaß der Varianzaufklärung angibt – und bekanntlich sind wir immer an der Erklärung von Varianz interessiert.

Der Determinationskoeffizient steht natürlich in direkter Beziehung zum oben diskutierten Schätzfehler bzw. zu den Residuen. Ein großer Determinationskoeffizient weist auf einen kleinen Schätzfehler hin und damit auf kleine Residuen. Ist $r^2 = 1$, dann ist der Schätzfehler 0 und es gibt keine Residuen.

Wenn man Korrelationen mit Hilfe von Statistiksoftware darstellt, kann man sich im Streudiagramm immer die Regressionsgerade und den zugehörigen Determinationskoeffizienten anzeigen lassen.

Literaturempfehlung
Cohen, J. (1988). *Statistical power analysis for the behavioral sciences* (2. Aufl). Hillsdale: Lawrence Erlbaum Associates.

Inferenzstatistik: Erkenntnisse aus Daten verallgemeinern

5

5.1 Die Idee der Inferenzstatistik

Das Anliegen einer jeden wissenschaftlichen Aussage ist, dass sie möglichst allgemeingültig sein soll. Das heißt, wissenschaftliche Erkenntnisse über Sachverhalte, Zusammenhänge und Gesetzmäßigkeiten bekommen erst dadurch ein großes Gewicht, dass sie einen großen Geltungsbereich haben und damit für eine große Anzahl von Menschen oder für eine große Anzahl von Sachverhalten zutreffen. Wie man aufgrund der gesammelten Daten von wenigen Personen Schlüsse (*Inferenzen*) über sehr große Gruppen von Menschen machen kann, werden wir uns im Zuge der Inferenzstatistik anschauen.

Wie wir wissen, können wir aus Einzelfällen keine gültigen Schlüsse für die Mehrheit ziehen. Wenn wir wissen, dass Johann Wolfgang von Goethe täglich bis zu zwei Flaschen Wein getrunken hat und dennoch relativ alt geworden ist, können wir daraus nicht die Schlussfolgerung ableiten, dass ein solcher Weinkonsum für alle Menschen gänzlich unbedenklich sei. Warum können wir solche Schlussfolgerungen nicht ziehen? Der Grund liegt auf der Hand: die Anzahl unserer „Untersuchungsteilnehmer" ist zu klein. Von einem Einzelfall eine Aussage über die Allgemeinheit abzuleiten, gelingt deswegen nicht, weil ein Einzelfall immer eine Ausnahme darstellen kann – eine Ausnahme, die durch Zufall ganz bestimmte Merkmale aufweist. Hätten wir durch eine Recherche herausgefunden, dass die Mehrzahl der großen deutschen Dichter der Vergangenheit täglich zwei Flaschen Wein getrunken hat, dann könnten wir es schon eher wagen, eine Aussage über die Unbedenklichkeit von Weinkonsum zu machen. Allerdings könnten wir auch dann nicht wirklich sicher sein, ob diese Aussage nicht eventuell nur für Schriftsteller gilt, nicht aber für den Rest der Bevölkerung.

Wir sehen also, Verallgemeinerungen zu treffen, stellt ein nicht zu unterschätzendes Problem dar. Und wem könnte dieses Problem mehr zu schaffen machen als

© Springer Fachmedien Wiesbaden 2016
T. Schäfer, *Methodenlehre und Statistik*,
DOI 10.1007/978-3-658-11936-2_5

Forschern und Wissenschaftlern? Im Speziellen sind es in der Tat Sozialwissenschaftler wie die Psychologen, für die sich dieses Problem im Besonderen stellt. Denn sie versuchen praktisch immer, Aussagen über die Allgemeinheit zu treffen. Solche Aussagen über die Allgemeinheit sind dann problemlos möglich, wenn man *alle* Personen, die die Allgemeinheit bilden, tatsächlich untersuchen kann. Wenn wir zum Beispiel den Anteil von Ehepaaren mit einem Kind in Deutschland herausfinden wollten, könnten wir beim statistischen Bundesamt nachfragen und die genaue Antwort erhalten. Damit erübrigt sich eine „Schlussfolgerung" über diesen Anteil in der Bevölkerung. Stattdessen haben wir den echten Wert bereits bestimmt. Ganz anders sieht es bei psychologischen Fragestellungen aus – besonders dann, wenn es um bestimmte Effekte geht. Wirkt ein neu entwickeltes Training A besser als ein altes Training B? Werden attraktivere Menschen als erfolgreicher eingeschätzt? Gibt es einen Zusammenhang zwischen Computerspielen und Gewalt bei Jugendlichen? Die Liste ließe sich unendlich fortsetzen. Was all diese Fragen gemeinsam haben, ist, dass sie in wissenschaftlichen Studien nur an einer *Stichprobe* untersucht werden können. Ausgehend vom Ergebnis in dieser Stichprobe versucht man anschließend, diese Ergebnisse auf die Grundgesamtheit zu verallgemeinern.

Grundgesamtheit (Population)

Mit *Grundgesamtheit* oder *Population* ist immer die Gruppe von Menschen gemeint, für die eine Aussage zutreffen soll. In der Regel besteht die Grundgesamtheit in der Gruppe aller Menschen. Denn psychologische Erkenntnisse sollten möglichst allgemeingültig sein. Besonders wenn es um allgemeinpsychologische Gesetzmäßigkeiten (wie bei Wahrnehmungs- oder Gedächtnisprozessen) geht, sollte man davon ausgehen können, dass diese bei allen Menschen in gleicher Weise funktionieren. Manchmal ist die Grundgesamtheit aber kleiner und betrifft eine spezifische Gruppe. Bei der Frage, ob es einen Zusammenhang zwischen Computerspielen und Gewalt bei Jugendlichen gibt, ist die betreffende Population nur die der Jugendlichen. Aussagen über die Wirksamkeit von Antidepressiva gelten hingegen nur für die Population der Depressiven, usw. Egal wie groß die Population ist, für die eine verallgemeinernde Aussage getroffen werden soll – es stellt sich immer die Frage, wie es machbar ist, solche Schlüsse ausgehend von einer Stichprobe auf eine Population zu ziehen.

Inferenzen und Inferenzstatistik

Solche Schlüsse werden auch Inferenzen genannt (*infero*, lateinisch *schließen*), woraus sich die Bezeichnung *Inferenzstatistik* (manchmal auch *Schließende Statistik*) erklärt. Im Erkenntnisprozess stellt die Inferenzstatistik einen entscheidenden

Schritt dar (siehe Abb. 3.1). Wenn die in einer Stichprobe erhobenen Daten deskriptiv aufbereitet und dargestellt wurden bzw. explorativ nach Mustern oder Zusammenhängen untersucht wurden, ist die Datenanalyse damit im Prinzip beendet. Ob es Unterschiede oder Zusammenhänge zwischen Variablen gibt, ist damit beantwortet und kann entsprechend mit Hilfe von Tabellen, Abbildungen oder statistischen Kennwerten dargestellt werden. Der nächste Schritt besteht nun aber in der Beantwortung der Frage, ob sich diese gefundenen Ergebnisse auf die jeweils interessierende Population verallgemeinern lassen. Das zu prüfen, ist die Aufgabe der Inferenzstatistik.

▶ Ziel der Inferenzstatistik sind Schlüsse von einer Stichprobe auf eine Population sowie Aussagen über die Güte dieser Schlüsse.

Als Sie sich mit der Idee des Messens in der Psychologie auseinandergesetzt haben, sind Sie schon auf den Zusammenhang von Stichprobe und Population gestoßen. Dabei haben Sie gesehen, dass Verallgemeinerungen von Stichprobenergebnissen auf die Population nur dann überhaupt möglich sind, wenn die Stichprobe *repräsentativ* für die Population ist. Die Stichprobe muss die Verhältnisse in der Population (zum Beispiel eine bestimmte Geschlechterverteilung, Altersverteilung, Intelligenzverteilung) möglichst gut widerspiegeln. Wie Sie auch bereits wissen sollten, kann man die Repräsentativität von Stichproben versuchen dadurch sicherzustellen, dass man Zufallsstichproben aus der Population zieht. Der Zufall sollte dafür sorgen, dass die eben genannten Verhältnisse in der Population genauso auch in der Stichprobe auftauchen. Und das wiederum gelingt umso besser, je größer die gewählte Stichprobe ist. Große Stichproben repräsentieren die Population besser als kleine Stichproben. Das Prinzip der Zufallsziehung ist in Abb. 5.1 dargestellt. In der Abbildung ist auch zu sehen, dass die wahren Verhältnisse in der Population immer unbekannt sind. Sie sollen ja durch die Ergebnisse aus der Stichprobe mit Hilfe der Inferenzen geschätzt werden. Man kann sich daher das Ziehen von Stichproben aus der Population wie das Ziehen von Kugeln aus einer Urne vorstellen, deren Inhalt man nicht kennt. Jede Kugel steht für einen Wert, zum Beispiel den IQ von Person X. Die Verhältnisse in der Population sind genauso unbekannt wie der Inhalt der Urne. Und natürlich kann man besser auf den wahren Inhalt schließen, je mehr Kugeln man zieht – bzw. je größer die Stichprobe ist.

Die Qualität der Stichprobe – zufällig gezogen, möglichst groß – ist die grundlegende Voraussetzung für Inferenzen auf die Population. Dennoch bleibt eine Stichprobe immer nur ein Ausschnitt aus der Population und kann deshalb

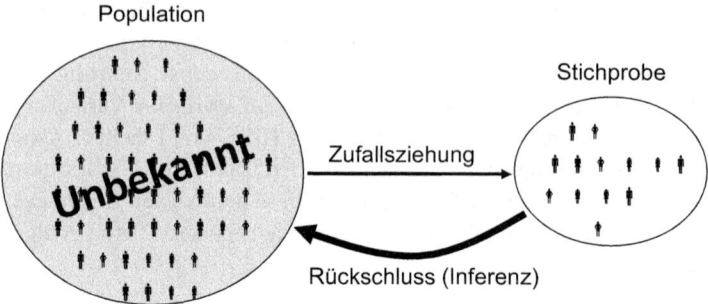

Abb. 5.1 Inferenzen von der Stichprobe auf die Population

fehlerbehaftet sein. Mit anderen Worten: es besteht immer eine gewisse Wahrscheinlichkeit, dass wir eine Stichprobe gezogen haben, die die Population nur unzureichend widerspiegelt und dass damit auch die in der Stichprobe gefundenen Ergebnisse nicht 1:1 auf die Population übertragen werden können. Die gesamte Inferenzstatistik dreht sich also um eine entscheidende Frage: Sind die Ergebnisse in meiner Stichprobe eine zufällige Besonderheit oder kann ich sie auf die Population verallgemeinern?

Wie kann man diese Frage beantworten? Dafür hat man zwei Möglichkeiten. Die erste besteht darin, dass man zu einer bestimmten Forschungsfrage nicht nur eine Studie macht, sondern gleich mehrere. Man würde also viele Stichproben ziehen und immer wieder die gleiche Frage untersuchen. Die Idee dahinter ist simpel: Wenn rein durch Zufall in einer Stichprobe ein Effekt auftritt (zum Beispiel ein Mittelwertsunterschied), der in der Population gar nicht da ist, dann sollte er in einer zweiten Stichprobe nicht mehr auftauchen oder kleiner sein oder gar in die andere Richtung zeigen. Bei mehreren Stichproben sollten sich also zufällig beobachtete Effekte wieder ausmitteln. Falls sich jedoch über diese vielen Stichproben hinweg immer wieder derselbe Effekt zeigt, kann man davon ausgehen, dass dieser tatsächlich auch in der Population vorliegt. Das Problem dabei ist natürlich, dass kaum ein Forscher die gleiche Studie mehrmals wiederholt. Das ist zeitlich, finanziell und auch aus Gründen der Publizierbarkeit nicht möglich. Was jedoch vorkommen kann, ist, dass verschiedene Forscher unabhängig voneinander zu ein und derselben oder zu sehr ähnlichen Fragestellungen Studien durchgeführt haben. Die Ergebnisse dieser Studien kann man sammeln und daraus einen durchschnittlichen Effekt bestimmen. Ein solches Vorgehen wird tatsächlich manchmal angewendet und wird als *Metaanalyse* bezeichnet (also als Analyse aus vielen Analysen). Metaanalysen liefern eine gute Schätzung für die wahren Verhältnisse in der Population. Und die Güte der Schätzung steigt natürlich mit der Anzahl von Studien, die in eine solche Metaanalyse aufgenommen werden.

Metaanalysen sind allerdings die Ausnahme, wenn es um die Schätzung von Populationswerten aus Stichprobenergebnissen geht. Der weitaus häufigere Fall ist der, dass man tatsächlich nur eine einzige Studie gemacht hat und die Verlässlichkeit, mit der man das Stichprobenergebnis auf die Population verallgemeinern kann, zusätzlich bestimmt und als Ergebnis berichtet. Die Verlässlichkeit wird dabei in Form bestimmter Wahrscheinlichkeiten ausgedrückt, weshalb wir uns jetzt zunächst mit einigen grundlegenden Überlegungen zu Wahrscheinlichkeiten beschäftigen. Danach sehen wir uns die verschiedenen Möglichkeiten an, mit denen man konkrete Aussagen über diese Wahrscheinlichkeiten machen kann.

Literaturempfehlung
Stichproben, Populationen und Inferenzstatistik:

- Bortz, J., & Döring, N. (2006). *Forschungsmethoden und Evaluation für Human- und Sozialwissenschaftler*. Heidelberg: Springer. (Kap. 7)
- Bühner, M., & Ziegler, M. (2009). *Statistik für Psychologen und Sozialwissenschaftler*. München: Pearson. (Kap. 4)
- Sedlmeier, P., & Renkewitz, F. (2013). *Forschungsmethoden und Statistik*. München: Pearson. (Kap. 10)

Metaanalyse:

- Bortz, J., & Döring, N. (2006). *Forschungsmethoden und Evaluation für Human- und Sozialwissenschaftler*. Heidelberg: Springer. (Kap. 10)
- Sedlmeier, P., & Renkewitz, F. (2013). *Forschungsmethoden und Statistik*. München: Pearson. (Kap. 25)

5.2 Wahrscheinlichkeiten und Verteilungen

Um zu verstehen, welche Rolle die Wahrscheinlichkeit bei der Verallgemeinerung von Stichprobenergebnissen spielt, schauen wir uns zunächst an, was theoretisch passieren würde, wenn wir es mit dem vorhin beschriebenen Idealfall zu tun hätten

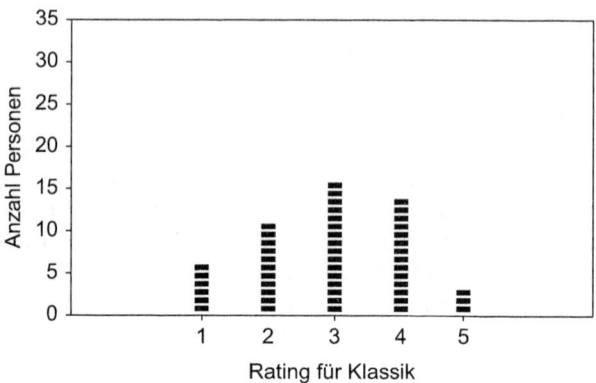

Abb. 5.2 Häufigkeitsverteilung für die Vorliebe für Klassik

– nämlich wenn wir nicht nur eine, sondern mehrere Stichproben ziehen und jedes Mal den Effekt bestimmen würden. Wie Sie bereits wissen, liefern einzelne Stichproben sogenannte Häufigkeitsverteilungen. In Abb. 5.2 sehen wir eine Häufigkeitsverteilung als Ergebnis einer Studie, in der 50 Personen auf einer Skala von 1 bis 5 angeben sollten, wie sehr sie Klassik mögen.

Der Mittelwert beträgt 2,9. Was würde nun passieren, wenn wir die Studie wiederholen und eine neue Stichprobe von 50 Befragten ziehen würden? Wie wir eben argumentiert haben, würde der Zufall beim Ziehen dafür sorgen, dass wir wahrscheinlich etwas andere Werte von den Personen erhalten und damit auch einen anderen Mittelwert. Eine entsprechende Verteilung könnte dann so aussehen wie in Abb. 5.3.

Der Mittelwert wäre jetzt 3,0, weicht also etwas vom ersten Mittelwert ab. Auf diese Weise könnten wir sehr viele Stichproben ziehen und jedes Mal das Ergebnis ermitteln. Diese Ergebnisse (also die Mittelwerte) können wir wieder in einer Verteilung abtragen. Was wir dabei erhalten, ist eine sogenannte *Stichprobenverteilung.*

Von der Häufigkeitsverteilung zur Stichprobenverteilung
In einer Stichprobenverteilung sind nicht mehr die Werte einzelner Personen abgetragen, sondern die Kennwerte (z. B. Mittelwerte) aus einzelnen Stichproben! Dieses Prinzip ist in Abb. 5.4 grafisch dargestellt.

In der Abbildung ist dargestellt, dass sich in Stichprobenverteilungen einzelne Kennwerte (die einzelnen Kreise) verteilen. Allerdings hatten wir gesagt, dass wir hierbei annehmen, dass wir „unendlich viele" Studien in eine solche Verteilung

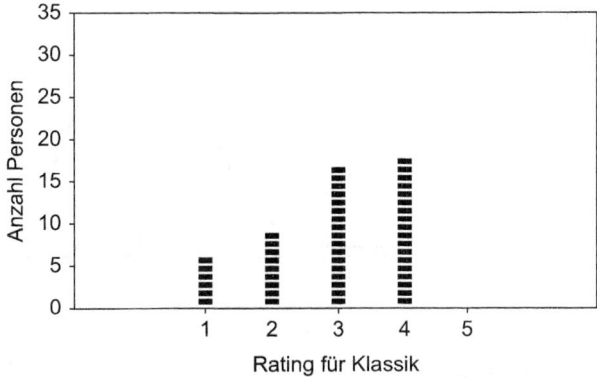

Abb. 5.3 Alternative Häufigkeitsverteilung für die Vorliebe für Klassik

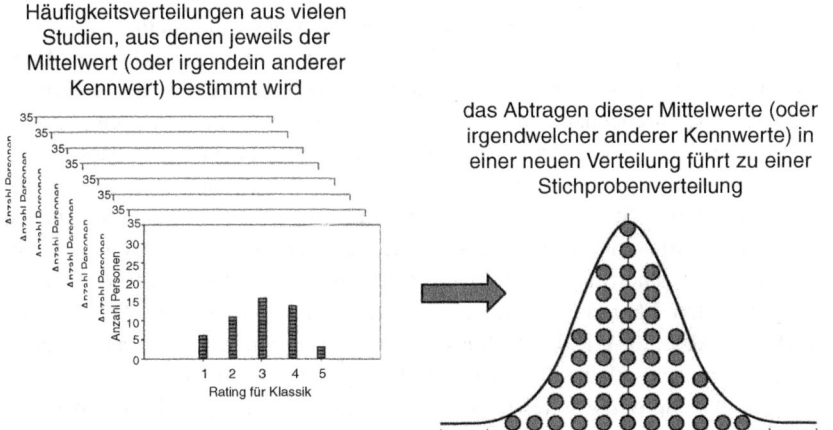

Abb. 5.4 Entstehung einer Stichprobenverteilung aus Kennwerten vieler Studien

einfließen lassen wollen. Daher können wir die Kreise weglassen und einfach die Kurve (das Integral) darstellen, die sich auf lange Sicht ergeben würde (siehe Abb. 5.5).

Im Vergleich zu einer Häufigkeitsverteilung weist eine Stichprobenverteilung einige Unterschiede auf. Diese sollten Sie gut im Gedächtnis behalten, denn Stichprobenverteilungen sind die wichtigste Grundlage der Inferenzstatistik. Der auffälligste Unterschied ist der, dass die Werte in der Verteilung nicht mehr nur in

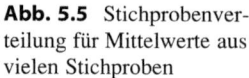 **Abb. 5.5** Stichprobenver-
teilung für Mittelwerte aus
vielen Stichproben

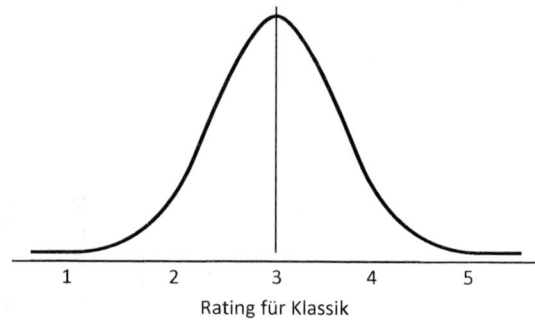

Rating für Klassik

die 5 Kategorien der 5 möglichen Werte fallen. Das liegt daran, dass wir es jetzt mit Mittelwerten zu tun haben. Während eine einzelne Person nur einen konkreten Wert haben kann (also 1, 2, 3, 4 oder 5), können Mittelwerte aus Studien beliebige Werte annehmen (wie zum Beispiel den Wert 2,9 von oben). Und da man Mittelwerte beliebig genau berechnen kann, also auf beliebig viele Stellen hinter dem Komma, werden in Stichprobenverteilungen auch nicht alle möglichen Mittelwerte als einzelne Balken dargestellt. Stattdessen sieht man in diesen Verteilungen meist nur eine durchgehende Kurve, die alle Werte enthält (das Integral).

Der zweite Unterschied zur Häufigkeitsverteilung besteht darin, dass auf der Y-Achse nun nicht mehr die Anzahl der Personen steht, sondern die (meist relative) Anzahl der Studien, die einen bestimmten Mittelwert geliefert haben. (Manchmal wird – wie in Abb. 5.5 – auf die Darstellung der Y-Achse verzichtet.) Wie wir sehen, sind Studien mit einem Mittelwert von etwa 2,9 vergleichsweise häufig vertreten. Ebenso wie Studien, die einen Mittelwert von 3,0 geliefert haben, wie die aus Abb. 5.3. Wie die Stichprobenverteilung zeigt, hat es aber auch Studien gegeben, die sehr kleine und sehr große Mittelwerte erbracht haben. Solche Studien sind allerdings seltener zu finden. Das führt uns gleich zum nächsten Unterschied. Wenn wir aus Häufigkeitsverteilungen den Mittelwert berechnen, so liegt dieser – wie der Name schon andeutet – irgendwo in der Mitte der Daten und nicht etwa am Rand. Während es also in der Häufigkeitsverteilung natürlich Personen gegeben hat, die die Werte 1 oder 5 angekreuzt haben, wird der Mittelwert in aller Regel nicht in der Nähe von 1 oder 5 liegen. Für unsere Stichprobenverteilung bedeutet das nun, dass Werte am Rand des Wertebereiches sehr selten vorkommen sollten und Werte in der Mitte viel häufiger. Genau das spiegelt unsere Verteilung auch wider. Sie enthält nur sehr wenige Studien mit einem Mittelwert in der Nähe von 1,0 oder 5,0.

Was ist nun das Entscheidende an solchen Stichprobenverteilungen? Sie geben uns darüber Auskunft, was passieren würde, wenn wir tatsächlich sehr sehr viele Stichproben ziehen würden. Auf der X-Achse sind stets die möglichen Kennwerte abgetragen, die wir in diesen Stichproben finden könnten. Die Y-Achse zeigt die relative Häufigkeit (also die Wahrscheinlichkeit), mit der diese einzelnen möglichen Ergebnisse auf lange Sicht zu erwarten wären. Nehmen wir noch einmal die Stichprobenverteilung für die Vorliebe für Klassik. Wenn wir in unserer Stichprobe einen Mittelwert von 3,0 gefunden haben, dann würden wir eine Stichprobenverteilung konstruieren, die als Mittelwert 3,0 zeigt. Diese Verteilung unterstellt sozusagen, dass der wahre Mittelwert in der Population tatsächlich 3,0 ist. Außerdem sagt sie aus, dass wir – wenn wir immer wieder Studien machen und diesen Mittelwert erheben würden – auch Werte finden würden, die mehr oder weniger stark von 3,0 abweichen. Die Wahrscheinlichkeit, einen bestimmten Wert zu „ziehen", würde natürlich mit seinem Abstand vom vermeintlich wahren Wert in der Population (also 3,0) immer mehr sinken. Am wahrscheinlichsten wäre es natürlich, den wahren Wert zu ziehen.

Die Form der Verteilung in Abb. 5.5 führt uns zu einer weiteren Besonderheit von Stichprobenverteilungen: sie folgen einer Normalverteilung (also der typischen Glockenform). Diese wird besonders dann deutlich, wenn sehr viele einzelne Stichproben in die Verteilung aufgenommen werden. Da wir ja davon ausgegangen sind, dass sich die Ergebnisse aus einzelnen Stichproben rein zufällig voneinander unterscheiden, sollten sie sich – wenn wir sie in einer Stichprobenverteilung abtragen – auch symmetrisch um einen Mittelwert verteilen. Dieses Prinzip wird durch den sogenannten *Zentralen Grenzwertsatz* beschrieben.

▶ Zentraler Grenzwertsatz: Die Verteilung der Kennwerte einer großen Anzahl von Stichprobenergebnissen nähert sich immer einer Normalverteilung.

Für die Form der Stichprobenverteilung bleibt aber noch eine andere Frage zu klären: Wie hängt sie von der Stichprobengröße der einzelnen Stichproben ab, die in sie einfließen? An dieser Frage können Sie sehr gut Ihr statistisches Verständnis überprüfen. Überlegen Sie sich, was passieren würde, wenn die Stichproben, die Sie in die Verteilung aufnehmen, alle sehr groß sind. Würde die Verteilung dann unverändert aussehen, würde sie schmaler oder breiter werden? Hier kommt die Antwort: die Verteilung wird schmaler. Das liegt daran, dass größere Stichproben genauere Schätzungen liefern und damit näher am wahren Wert liegen (Sie erinnern sich an das Gesetz der großen Zahlen). Ergebnisse aus solchen Studien streuen also viel weniger um den wahren Wert, was nichts anderes bedeutet, als dass die Stichprobenverteilung schmaler wird. Sie können sich das sehr einfach an einem Extrembeispiel verdeutlichen: Stellen Sie sich vor, Sie würden in vielen Stichproben jedes Mal die gesamte Population untersuchen und immer den Mittelwert eines Merkmals bestimmen. Wie sähe dann die Stichprobenverteilung aus? Ganz einfach: es gibt keine Verteilung in diesem Fall. Denn wenn Sie jedes Mal die gesamte Population untersuchen, werden Sie jedes Mal denselben Mittelwert finden (denn in der Population gibt es nur einen wahren Mittelwert!). Ihre Stichprobenverteilung würde quasi nur noch aus einem Strich über dem wahren Mittelwert bestehen, der also eine Varianz von 0 aufweist. (Und es wäre natürlich sinnlos, eine Studie, bei der man die gesamte Population untersucht hat, zu wiederholen, denn das Ergebnis muss immer dasselbe sein, von Messfehlern einmal abgesehen.)

▶ Mit steigender Stichprobengröße der einzelnen Studien sinkt die Streuung der resultierenden Stichprobenverteilung.

Fassen wir noch einmal zusammen, welchen Nutzen uns die Stichprobenverteilungen bringen. Wenn wir tatsächlich mehrere Studien zu einer Fragestellung gemacht und das Ergebnis jedes Mal in eine solche Verteilung abgetragen haben, dann repräsentiert der Mittelwert dieser Verteilung eine sehr viel bessere Schätzung für den wahren Wert in der Population als der Wert aus einer einzigen Studie. Zum anderen brauchen wir die Stichprobenverteilungen, um eine Angabe darüber machen zu können, wie gut wir Stichprobenergebnisse auf die Population verallgemeinern können. Wie das genau geht, werden wir uns in den nächsten beiden Kapiteln ansehen. Überlegen wir aber noch kurz, für welche Arten von Werten wir überhaupt inferenzstatistische Aussagen machen wollen. Wir haben bisher immer von Stichprobenergebnissen gesprochen. Was kann das alles sein? Das können alle Kennwerte sein, denen Sie schon begegnet sind: also Anteile bzw. Häufigkeiten, Lagemaße (wie Mittelwerte, von denen wir eben immer gesprochen haben), Streuungsmaße, Kennwerte die einen Unterschied zwischen verschiedenen Gruppen beschreiben (also Mittelwertunterschiede) und Kennwerte, die einen Zusammenhang zwischen Variablen beschreiben (wie die Korrelation). Im nächsten Kapitel sehen wir uns zunächst an, wie man inferenzstatistische Aussagen für Lagemaße und Anteile machen kann. Streuungsmaße werden wir in der Inferenzstatistik außen vor lassen. Man kann zwar auch für Streuungsmaße inferenzstatistische Angaben machen – das wird in der Praxis allerdings so gut wie nie getan.

Literaturempfehlung
- Bühner, M., & Ziegler, M. (2009). *Statistik für Psychologen und Sozialwissenschaftler*. München: Pearson. (Kap. 3)
- Sedlmeier, P., & Köhlers, D. (2001). *Wahrscheinlichkeiten im Alltag: Statistik ohne Formeln*. Braunschweig: Westermann.

Inferenzstatistische Aussagen für Lagemaße und Anteile

6

In Abb. 5.3 hatten wir für unsere Studie zur Vorliebe für Klassik einen Mittelwert von 2,9 abgetragen. Die entsprechende inferenzstatistische Frage lautet nun: Wie zuverlässig können wir diesen gefundenen Mittelwert auf die Population verallgemeinern und sagen, dass die durchschnittliche Vorliebe *aller Deutschen* für Klassik 2,9 beträgt? Mit anderen Worten: Wie sehr können wir unserem Mittelwert trauen? Zur Beantwortung dieser Frage gibt es zwei alternative Möglichkeiten. Einerseits können wir versuchen, den Fehler zu schätzen, den wir bei einer solchen Verallgemeinerung „durchschnittlich" machen werden. Das ist der sogenannte *Standardfehler*. Die andere Möglichkeit besteht darin, nicht einfach unseren gefundenen Mittelwert als Schätzung anzugeben, sondern einen Bereich um den Mittelwert herum, der den wahren Mittelwert in der Population wahrscheinlich enthält. Man spricht bei diesem Bereich von einem *Konfidenzintervall*. Wir werden uns nun beide Möglichkeiten ansehen. Bitte beachten Sie, dass wir uns hier nur Mittelwerte ansehen. Natürlich kann man die gleichen inferenzstatistischen Angaben auch für andere Lagemaße (zum Beispiel Mediane) machen. In der Praxis der Inferenzstatistik trifft man bei Lagemaßen jedoch in der Mehrzahl der Fälle auf Mittelwerte, weshalb sie hier im Vordergrund stehen.

6.1 Der Standardfehler für Mittelwerte

Die Idee hinter dem Standardfehler ist relativ einfach, und sie ist Ihnen schon aus der deskriptiven Statistik bekannt. Wie Sie wissen, ist es nicht sinnvoll, einen Mittelwert ohne seine Streuung anzugeben. Denn Mittelwerte mit kleinen Streuungen sind viel aussagekräftiger als solche mit großen Streuungen. (Sie erinnern sich: kleine Streuungen bedeuten, dass die Häufigkeitsverteilung sehr schmal ist,

© Springer Fachmedien Wiesbaden 2016
T. Schäfer, *Methodenlehre und Statistik*,
DOI 10.1007/978-3-658-11936-2_6

sich also eng um ihren Mittelwert verteilt und der Mittelwert damit sehr repräsentativ ist für die Daten dieser Verteilung.)

Dieses Prinzip kann man sich bei Aussagen über die Güte einer Schätzung von Stichprobenergebnissen auf die Population zunutze machen. Im einfachsten Fall kann man die Standardabweichung der Daten schon als Gütemaß benutzen. Und das ist auch der häufigste Fall: in Publikationen werden in der Regel Mittelwerte (M) und ihre Standardabweichungen (SD) als Lage- und Streuungsmaße berichtet. Und wir wissen, dass wir Mittelwerten mit kleinen Standardabweichungen relativ gut trauen können. Doch obwohl dieses Vorgehen so häufig ist, liefert es noch keine Aussage über die Population, denn die Standardabweichung ist etwas, was nur für unsere eine Stichprobe gilt. Die Standardabweichung verrät uns nur, wie gut der Mittelwert die Daten der Häufigkeitsverteilung repräsentieren kann, aber sie sagt nichts über die Genauigkeit aus, mit der wir den gefundenen Mittelwert auf die Population verallgemeinern können. Daher wäre es nicht korrekt, die Standardabweichung einer Stichprobe direkt als Gütemaß für die Populations-Schätung des Mittelwertes zu verwenden. Viel sinnvoller und informativer wäre es zu wissen, wie der Mittelwert selbst variieren würde, wenn wir nicht eine, sondern sehr viele Stichproben gezogen hätten. Sie sehen – jetzt kommt die Idee der Stichprobenverteilungen ins Spiel, über die wir vorhin so ausführlich gesprochen haben. Was wir suchen, ist also nicht mehr die Standardabweichung der Daten in unserer Stichprobe, sondern die Standardabweichung der Stichprobenverteilung für unseren Mittelwert. Diese Art von Standardabweichung hat einen eigenen Namen – sie heißt *Standardfehler s_e*.

Betrachten wir noch einmal die Verteilung aus Abb. 5.5. Hier verteilen sich alle möglichen Mittelwerte, die wir in Stichproben hätten finden können. Die Standardabweichung dieser Verteilung repräsentiert den Standardfehler. Er beziffert die Ungenauigkeit, wenn wir ein Stichprobenergebnis auf die Population verallgemeinern. Nehmen wir an, die Verteilung in Abb. 5.5 hätte eine Standardabweichung von 0,6. Der *Standardfehler des Mittelwertes* wäre also 0,6. Das würde bedeuten, dass Mittelwerte, die wir aus der Population mit Hilfe einer Stichprobe ziehen, „im Durchschnitt" um 0,6 Einheiten vom wahren Mittelwert abweichen (es handelt sich hier nicht exakt um einen Durchschnitt im mathematischen Sinn). Beim Schätzen des wahren Wertes würden wir demnach einen „durchschnittlichen Fehler" von 0,6 Einheiten machen. (Für dieses Beispiel würde das bedeuten, dass wir auf der Skala von 1 bis 5 im Schnitt nur um 0,6 Einheiten daneben liegen würden. Das ist ein relativ gutes Ergebnis und bedeutet, dass die Güte unserer Schätzung akzeptabel ist. Wir könnten unseren Mittelwert also guten Gewissens auf die Population verallgemeinern.)

Abb. 6.1 Darstellung des Standardfehlers anhand der Stichprobenverteilung für die Variable „Vorliebe für Klassik"

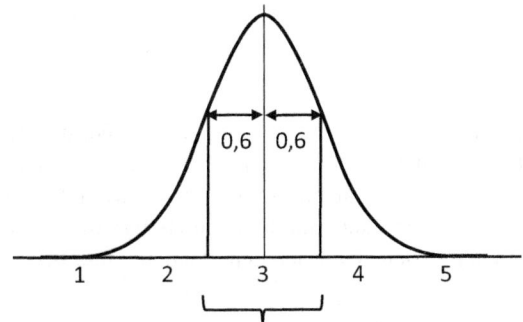

zwischen 2,4 und 3,6 liegen ca. 68% der Fläche der Verteilung, das entspricht einem Bereich von einem s_e unter und einem s_e über dem Mittelwert von 3,0

Die Bedeutung des Standardfehlers s_e ist in Abb. 6.1 noch einmal dargestellt. Wir haben um unseren gefundenen Mittelwert von 3,0 eine Stichprobenverteilung konstruiert (mit Hilfe einer Computersimulation), die eine Standardabweichung von 0,6 besitzt. Wie wir wissen, umfasst die Standardabweichung – wenn man sie zu beiden Seiten des Mittelwertes aufspannen würde – ungefähr 68 % der Fläche der Verteilung. Wenn wir diese Verteilung in eine Standardnormalverteilung transformieren würden, dann würde der Wert 3,6 also einem z-Wert von 1 entsprechen und der Wert 2,4 einem z-Wert von -1. Die Standardabweichung dieser Stichprobenverteilung entspricht dem Standardfehler des Mittelwertes. Mit dieser Ungenauigkeit ist die Schätzung des wahren Mittelwertes in der Population durch den Mittelwert der Stichprobe behaftet.

Nun werden Sie sich aber vielleicht schon gefragt haben, was uns die bisher angestellten Überlegungen bringen sollen. Denn schließlich haben wir ja nur eine und nicht mehrere Studien gemacht und damit auch nur eine Stichprobe zur Verfügung. Das ist richtig, allerdings kann man den Standardfehler aus der Standardabweichung des gefundenen Mittelwertes errechnen. Dafür benötigen wir allerdings nicht die Standardabweichung s, die wir schon aus der deskriptiven Statistik kennen – denn die gilt nur für eine konkrete Stichprobe – sondern wir müssen die Standardabweichung *für die Population schätzen*. Sie wird entsprechend als $\hat{\sigma}$ (Sigma, mit einem Dach für die Schätzung) bezeichnet. Diese weicht allerdings nur minimal von s ab; genauer gesagt muss für ihre Berechnung nur der Nenner der bekannten Formel um 1 vermindert werden:

$$\hat{\sigma} = \sqrt{\frac{\sum (x_i - \bar{x})^2}{(n-1)}} = s\sqrt{\frac{n}{n-1}}$$

Es lässt sich zeigen, dass mit dieser Formel die Standardabweichung in der Population exakter geschätzt werden kann als mit der Formel für s. Daher taucht in der Inferenzstatistik – die sich ja stets auf Populationen bezieht – immer die geschätzte Streuung für die Population $\hat{\sigma}$ auf. Aus dieser geschätzten Populationsstreuung können wir nun den Standardfehler berechnen:

$$\hat{\sigma}_{\bar{x}} = \frac{\hat{\sigma}}{\sqrt{n}}$$

Wie Sie sehen, wird hier der Standardfehler mit dem Symbol $\hat{\sigma}_{\bar{x}}$ gekennzeichnet. Das Sigma mit dem Dach bedeutet auch hier wieder, dass wir es mit einem geschätzten Wert für die Population zu tun haben. Und der Index zeigt an, dass sich die Streuung auf den Mittelwert $\bar{x}$ bezieht. Man spricht daher auch oft vom *Standardfehler des Mittelwertes*. Oft wird er auch in lateinischen Buchstaben dargestellt als s_e oder SE oder S.E. (für *standard error*), manchmal auch als SEM (für *standard error of mean*).

▶ Der Standardfehler des Mittelwertes quantifiziert den Unterschied zwischen dem aus einer einzelnen Stichprobe geschätzten Mittelwert $\bar{x}$ und dem tatsächlichen, wahren Mittelwert μ. Er entspricht der Standardabweichung der entsprechenden Stichprobenverteilung.

Die Formel spiegelt außerdem wider, dass der Standardfehler immer kleiner ist als die Standardabweichung aus einer Stichprobe. Warum das so sein sollte, haben wir bei der Stichprobenverteilung schon diskutiert: ihre Streuung kann gar nicht so groß werden wie die Streuung einer einzelnen Häufigkeitsverteilung.

Wie wir gesagt hatten, wird bei Mittelwerten in Publikationen oft einfach die Standardabweichung SD angegeben und nicht der Standardfehler. Das gilt allerdings umgekehrt für Abbildungen mit sogenannten Fehlerbalken. Wie Sie wissen, kann man in Diagrammen die Streuung von Mittelwerten mit Hilfe von Fehlerbalken darstellen. Dafür kann man zwar auch die Standardabweichung benutzen; allerdings ist es bei solchen *Fehlerplots* üblicher, den Standardfehler zu verwenden. Neuerdings werden als Alternative zum Standardfehler auch häufig Konfidenzintervalle als Fehlerbalken angegeben. Diese werden wir uns im nächsten Abschnitt ansehen. Sie können sich aber schon einmal merken, dass

Konfidenzintervalle immer die beste Alternative sind, wenn es darum geht, die Streuung von Kennwerten in Fehlerplots abzubilden.

Fassen wir noch einmal zusammen. Um einen in einer Stichprobe gefundenen Mittelwert auf eine Population verallgemeinern zu können, müssen wir eine Schätzung für den Mittelwert in der Population angeben sowie ein Gütemaß für diese Schätzung. Die Schätzung des Populationsmittelwertes (oft als $\hat{\mu}$ bezeichnet) erfolgt einfach durch unseren in der Stichprobe gefundenen Mittelwert. Diesen müssen wir auch als den Wert ansehen, den wir in der Population erwarten würden. Daher wird der Mittelwert auch manchmal als *Erwartungswert* bezeichnet. Und die Güte dieser Schätzung können wir durch den Standardfehler angeben. Dieser sollte möglichst klein sein. (Ob ein Standardfehler groß oder klein ist, hängt immer von der Skalierung der jeweiligen Variable und der Fragestellung ab. Es gibt hier keine Faustregeln oder Konventionen, um das zu beurteilen. Sinnvoll ist es immer, sich die Höhe des Standardfehlers prozentual zur Skala vorzustellen, um einen ungefähren Eindruck zu bekommen. Bei unserer Klassik-Skala, die von 1 bis 5 reichte, beansprucht ein Standardfehler von 0,6 15 %.)

Literaturempfehlung
Sedlmeier, P., & Renkewitz, F. (2013). *Forschungsmethoden und Statistik*. München: Pearson. (Kap. 6)

Wenden wir uns nun der zweiten Möglichkeit zu, die Güte der Verallgemeinerung eines Mittelwertes auf die Population anzugeben: dem Konfidenzintervall.

6.2 Konfidenzintervalle für Mittelwerte

Beim Standardfehler haben wir gesehen, dass Schätzungen von Populationsmittelwerten immer mit einem gewissen Fehler behaftet sind, den wir berechnen können. Da der Standardfehler auf der Stichprobenverteilung beruht – die ein wiederholtes „Ziehen" aus der Population widerspiegelt – kann man ihn als inferenzstatistisches Maß betrachten. In der Praxis wird der Standardfehler allerdings nur selten als alleiniges inferenzstatistisches Maß verwendet. Der Grund dafür ist, dass er uns noch nicht sehr viel über die Population verrät. Wir wissen durch den Standardfehler, wie zuverlässig unsere Populations-Schätzung für den Mittelwert ist – aber dabei geht es immer noch um den Mittelwert aus der *Stichprobe*. Über die Lage des Mittelwertes in der *Population* können wir noch keine gute Aussage treffen.

Wenn wir Genaueres über die Lage des Mittelwertes in der Population sagen möchten, dann können wir zum Beispiel einen Bereich von möglichen Mittelwerten angeben, in dem der wahre Mittelwert in der Population wahrscheinlich liegt. Genau das ist die Idee von *Konfidenzintervallen* oder *Vertrauensintervallen*.

▶ Ein Konfidenzintervall ist ein Wertebereich, bei dem wir darauf vertrauen können (*konfident* sein können), dass er den wahren Wert in der Population mit einer gewissen Wahrscheinlichkeit (der Vertrauenswahrscheinlichkeit) beinhaltet.

Konfidenzintervalle sind auf den ersten Blick nicht so leicht zu verstehen. Wenn man sich aber ansieht, wie sie konstruiert werden, wird ersichtlich, dass sie einer sehr einfallsreichen Logik folgen und sehr interessante Aussagen zulassen. Konfidenzintervalle bauen ebenfalls auf der Idee der Stichprobenverteilungen auf – genau wie der Standardfehler. Sehen wir uns an, welche grundlegende Idee hinter der Konstruktion von Konfidenzintervallen steckt.

Konstruktion eines Konfidenzintervalls
(1) Man legt zunächst die gewünschte Güte des Intervalls fest. Damit ist die Vertrauenswahrscheinlichkeit gemeint. Wie groß soll die Wahrscheinlichkeit sein, dass unser Intervall den wahren Wert in der Population tatsächlich enthält? Natürlich wollen wir hier eine sehr große Wahrscheinlichkeit. Aber Vorsicht! Je größer wir diese Wahrscheinlichkeit wählen, desto breiter wird später auch unser Intervall werden; es wird also einen breiteren Wertebereich abdecken. Wenn der Wertebereich allerdings zu groß ist, ist das wenig informativ für uns. Wir werden gleich noch sehen, warum. Gebräuchliche Wahrscheinlichkeiten liegen bei 90, 95 oder 99 Prozent. (2) Im nächsten Schritt erheben wir unsere Stichprobe und bestimmen den Mittelwert. Dieser Mittelwert aus unserer Stichprobe ist die beste Schätzung dafür, wie auch der Mittelwert in der Population ausfallen wird. Daher benutzen wir ihn als *Erwartungswert*, um den herum das Intervall „aufgespannt" werden soll. (3) Überlegen wir uns nun, wo der wahre Mittelwert überhaupt liegen kann. Das sollten Sie nun bereits beantworten können. Diese Information steckt natürlich in der Stichprobenverteilung. Sie gibt an, welche Mittelwerte man bei wiederholten Ziehungen aus der Population erwarten kann und wie wahrscheinlich diese sind. Wir müssen nun also eine Stichprobenverteilung um unseren Erwartungswert herum konstruieren. (Diese Konstruktion machen wir nur aus Gründen der Verständlichkeit. Wir werden gleich sehen, dass wir auf einem rechnerischen Weg etwas einfacher vorgehen können.) Die Streuung für die Stichprobenverteilung (d. h., den Standardfehler) können wir aus der Streuung unserer Stichprobe berech-

nen. (4) Anschließend müssen wir diejenige Fläche der Verteilung um den Mittelwert herum markieren, die wir oben als Vertrauenswahrscheinlichkeit festgelegt haben. Bei Stichprobenverteilungen entspricht die Fläche unter der Verteilung der Wahrscheinlichkeit, mit der man Werte aus einem bestimmten Wertebereich „ziehen" kann. Wenn wir von einer Vertrauenswahrscheinlichkeit von 90 % ausgehen, müssen wir also die mittleren 90 % der Verteilung markieren. (5) Im letzten Schritt schauen wir, welche Werte auf der X-Achse (also unserer Skala, auf der wir gemessen haben) von diesem Intervall „abgeschnitten" werden. Das sind die Werte unseres Konfidenzintervalls. Jedes Intervall hat eine *untere* und eine *obere Grenze*. Der Bereich zwischen diesen beiden Werten oder Grenzen beinhaltet den wahren Wert in der Population nun also mit einer Wahrscheinlichkeit von 90 %.

Dieses Vorgehen wird leichter verständlich (versprochen!), wenn wir uns ein Beispiel ansehen. Nehmen wir an, wir hätten an einer Stichprobe von 100 Personen mit Hilfe eines Tests die emotionale Intelligenz erhoben und einen Mittelwert von 105 gefunden. Wir wollen nun das 90 %-Konfidenzintervall angeben. Abbildung 6.2 zeigt die entsprechende Stichprobenverteilung und das Konfidenzintervall.

Die Abbildung zeigt schematisch, wie um den gefundenen Mittelwert von 105, der uns als Erwartungswert für die Population dient, eine Stichprobenverteilung konstruiert wurde. (Man kann eine solche *theoretische* Stichprobenverteilung am Computer simulieren, wenn man Mittelwert und Streuung der Stichprobe erhoben hat.) Das Konfidenzintervall ist durch den schwarzen Balken dargestellt. Er sollte – symmetrisch um den Erwartungswert herum – 90 % der

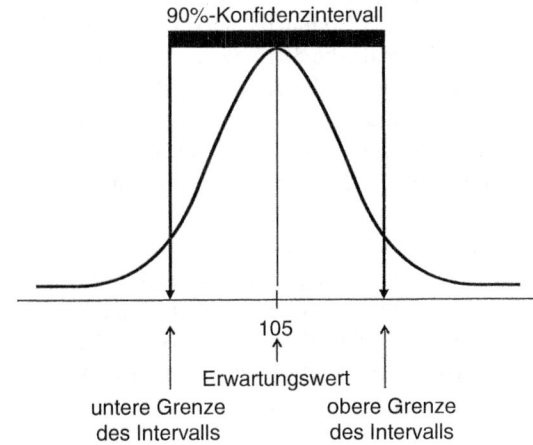

Abb. 6.2 90 %-Konfidenzintervall um einen Mittelwert von 105

Fläche dieser Verteilung „abschneiden" oder „heraus schneiden". Die entsprechenden Werte, die auf der X-Achse abgeschnitten werden, sind die untere und obere Grenze des Konfidenzintervalls.

Die Interpretation von Konfidenzintervallen

Nehmen wir an, die untere Grenze liegt bei einem Wert von 98, die obere bei einem Wert von 112. Die Grenzen von Konfidenzintervallen werden meist in eckigen Klammern wiedergegeben – in unserem Fall also so: [98; 112]. Wie lautet nun die exakte Interpretation dieses Intervalls? Diese kann man sich wieder aus der Idee der Stichprobenverteilung herleiten: Die mittleren 90 % der Verteilung enthalten Werte, die bei wiederholten Ziehungen von Stichproben aus der Population in 90 von 100 Fällen gezogen würden, wenn der wahre Mittelwert in der Population tatsächlich 105 beträgt. In den restlichen 10 von 100 Fällen würden wir Werte außerhalb des Intervalls ziehen. Damit können wir unser Ergebnis so interpretieren: Die Wahrscheinlichkeit, dass das Intervall [98; 112] den wahren Mittelwert der emotionalen Intelligenz in der Population beinhaltet, beträgt 90 %. Der Vorteil von Konfidenzintervallen liegt damit auf der Hand: wir können Wahrscheinlichkeiten für die Güte einer Schätzung angeben, unter denen wir uns auch etwas vorstellen können. Das ist gegenüber dem abstrakteren Standardfehler ein großer Vorteil.

Wenn Sie sich mit Wahrscheinlichkeiten etwas schwer tun, können Sie Konfidenzintervalle auch im Sinne von Häufigkeiten interpretieren. Ein 95 %-Konfidenzintervall etwa besagt ja nichts anderes, als dass bei einer hundertmaligen Wiederholung derselben Studie das Konfidenzintervall in 95 dieser Studien tatsächlich den wahren Mittelwert der Population beinhalten würde, während nur bei fünf Studien das Konfidenzintervall „daneben liegen" würde. Bezogen auf unser Beispiel würde das heißen: Wenn wir die emotionale Intelligenz von 100 Personen nicht nur in einer Studie, sondern in 10 identischen Studien ermitteln und jedes Mal ein 90 %-Konfidenzintervall konstruieren würden, dann würden 9 dieser Intervalle den wahren Mittelwert der emotionalen Intelligenz in der Population beinhalten und eines nicht. Natürlich wissen wir nicht, ob wir sozusagen „Pech hatten" und in der einen Studie, die wir ja nur gemacht haben, genau dieses eine Intervall ermittelt haben, das daneben liegt. Aber wir wissen, dass das sehr unwahrscheinlich ist und haben eine Vorstellung davon, wie sehr wir unserer Mittelwerts-Schätzung trauen können. Die Interpretation von Konfidenzintervallen ist also immer eine Kombination aus Zuverlässigkeit der Schätzung (diese Information steckt in der Höhe der Vertrauenswahrscheinlichkeit) und Genauigkeit der Schätzung (diese Information steckt in der Länge des Intervalls).

Konfidenzintervalle mit Hilfe der *t*-Verteilung

Vielleicht haben Sie schon gedacht, dass es relativ mühselig wäre, wenn man die oben beschriebene Prozedur zur Bestimmung des Konfidenzintervalls jedes Mal durchlaufen müsste. Als Alternative kann man die Grenzen des Intervalls auch ausrechnen, ohne erst die Stichprobenverteilung konstruieren zu müssen. Man geht dabei eine Art „Umweg", indem man eine Verteilung benutzt, die bereits bekannt ist. Einer solchen Verteilung sind Sie schon begegnet: der Standardnormalverteilung, die immer einen Mittelwert von 0 und eine Streuung von 1 hat. Im Prinzip kann man die Standardnormalverteilung auch für die Berechnung von Konfidenzintervallen benutzen, da sich die Verteilung von Merkmalen in großen Stichproben (und damit auch die Verteilung von Mittelwerten vieler Stichproben), wie Sie schon wissen, der Normalverteilung annähert. Allerdings ist das nur bei großen Stichproben (ab ca. 30 Personen) der Fall. Bei kleineren Stichproben hat sich gezeigt, dass sie für die Verteilung von Mittelwerten nicht so gut geeignet ist. Stattdessen benutzt man eine andere standardisierte Verteilung: die sogenannte *t*-Verteilung. Während in der Standardnormalverteilung *z*-Werte abgetragen sind, sind es in der *t*-Verteilung *t*-Werte. Auch diese Verteilung hat einen Mittelwert von 0 und eine Streuung von 1. Allerdings ist die Form der *t*-Verteilung – anders als die Form der Standardnormalverteilung – von der Stichprobengröße abhängig. Bei großen Stichproben geht die *t*-Verteilung in die Standardnormalverteilung über – dann ist es egal, welche der beiden Verteilungen man benutzt. Bei kleineren Stichproben ist der Gipfel der *t*-Verteilung etwas niedriger als der der *z*-Verteilung.

Die *t*-Verteilung wird nun folgendermaßen für die Berechnung von Konfidenzintervallen benutzt. Im oben dargestellten Fall haben wir nach den Grenzen des Intervalls anhand der Stichprobenverteilung gesucht. Das heißt, bei einem 90 %-Konfidenzintervall haben wir von der Mitte aus geschaut, welche Werte auf der X-Achse vom Intervall abgeschnitten werden. Diese Schnittpunkte suchen wir jetzt nicht in der Stichprobenverteilung unserer Rohdaten, sondern entsprechend in der *t*-Verteilung (die Werte der t-Verteilung finden Sie online). Wir benötigen die *t*-Werte, die von einem 90 %-Intervall abgeschnitten werden. Um diese in der *t*-Verteilung zu bestimmen, benötigt man außerdem die Stichprobengröße (da die Form der *t*-Verteilung ja davon abhängig ist). Diese wird in standardisierten Verteilungen – und auch für viele Arten von Berechnungen – als sogenannte *Freiheitsgrade* oder *df* (degrees of freedom) ausgedrückt. Freiheitsgrade beschreiben die Anzahl von Werten, die in einem statistischen Ausdruck frei variieren können. Ein Beispiel: Wenn man weiß, dass die Summe der Klausurnoten von 4 Studierenden 12 ist und man sich nun fragt, wer welche Note hat, so brauchen wir nur 3 der Studierenden befragen. Die Note des vierten Studierenden steht dann fest, weil wir die Summe schon kennen. Diese letzte Note kann daher nicht mehr frei variieren, sondern es gibt hier nur drei Werte, die „frei" sind. Die Freiheitsgrade für dieses Beispiel wären damit: $df = 4 - 1 = 3$. Entsprechend bestimmen sich auch die Freiheitsgrade für Mittelwerte immer nach der folgenden Formel:

$$df = n - 1$$

Warum man beim Umgang mit Verteilungen die Freiheitsgrade benutzt und nicht die Stichprobengröße, ist eher ein mathematisches Problem, weshalb wir hier nicht näher darauf eingehen wollen.

Wir erhalten schließlich einen t-Wert ($t_{df,Konf.}$) der für eine bestimmte Höhe der Konfidenz und eine bestimmte Zahl von Freiheitsgraden gilt. (Dieser t-Wert gilt gleichzeitig für die obere und für die untere Grenze des Intervalls, da die t-Verteilung ja symmetrisch und ihr Mittelwert 0 ist. Beide Werte unterscheiden sich lediglich durch ihr Vorzeichen.) Um diesen t-Wert mit der ursprünglichen Verteilung der Rohwerte in Zusammenhang zu bringen (die wir uns dafür nun gar nicht direkt ansehen müssen), wird er einfach mit dem Standardfehler $\hat{\sigma}_{\bar{x}}$ multipliziert. Dieses Produkt beschreibt dann den Abstand, den die Grenzen des Intervalls *in Rohwerten ausgedrückt* von ihrem Mittelwert haben müssen. Daher müssen wir dieses Produkt einmal von unserem Mittelwert $\bar{x}$ abziehen und einmal hinzuaddieren:

$$untere\ Grenze: \bar{x} - \hat{\sigma}_{\bar{x}} \cdot t_{df,Konf.}$$

$$obere\ Grenze: \bar{x} + \hat{\sigma}_{\bar{x}} \cdot t_{df,Konf.}$$

Sehen wir uns dazu ein Beispiel an. Wir haben in einer Studie gefunden, dass der Mittelwert der Restaurantbesuche pro Jahr bei 20 zufällig ausgesuchten Deutschen 47 beträgt, mit einer Standardabweichung von 8,6. Für die Berechnung des 95 %-Konfidenzintervalls benötigen wir zunächst den Standardfehler des Mittelwertes, den wir aus der Standardabweichung schätzen können. Die Populationsstreuung beträgt:

$$\hat{\sigma} = s\sqrt{\frac{n}{n-1}} = 8,6\sqrt{\frac{20}{19}} = 8,82$$

Der Standardfehler des Mittelwertes beträgt dann:

$$\hat{\sigma}_{\bar{x}} = \frac{\hat{\sigma}}{\sqrt{n}} = \frac{8,82}{\sqrt{20}} = 1,97$$

Nun benutzen wir die Tabelle der t-Verteilung, um den kritischen t-Wert für eine Vertrauenswahrscheinlichkeit von 95 % zu finden. Dabei müssen wir bei $df = 20$ $-1 = 19$ Freiheitsgraden nachschauen. Bei einer Vertrauenswahrscheinlichkeit von 95 % müssen wir die *mittleren* 95 % der t-Verteilung abschneiden, sodass auf jeder Seite der Verteilung 2,5 % übrig bleiben. Der Flächenanteil, bei dem wir nachschauen müssen, ist also 0,975. Die Tabelle liefert dafür einen t-Wert von 2,093. Damit können wir die beiden Grenzen des Intervalls ausrechnen:

$$untere\ Grenze: \bar{x} - \hat{\sigma}_{\bar{x}} \cdot t_{df,Konf.} = 47 - 1,97 \cdot 2,093 = 42,9$$

$$obere\ Grenze: \bar{x} + \hat{\sigma}_{\bar{x}} \cdot t_{df,Konf.} = 47 + 1,97 \cdot 2,093 = 51,1$$

Wir können demnach zu 95 % darauf vertrauen, dass der wahre Mittelwert von Restaurantbesuchen der Deutschen von unserem Intervall, das von 42,9 bis 51,1 reicht, überdeckt wird.

Hätten wir die gleichen Werte an einer größeren Stichprobe von 50 Personen gefunden, könnten wir statt der t-Verteilung nun die z-Verteilung benutzen. Zunächst berechnen wir wieder die Populationsstreuung:

$$\hat{\sigma} = s\sqrt{\frac{n}{n-1}} = 8,6\sqrt{\frac{50}{49}} = 8,69$$

Der Standardfehler des Mittelwertes beträgt dann:

$$\hat{\sigma}_{\bar{x}} = \frac{\hat{\sigma}}{\sqrt{n}} = \frac{8,69}{\sqrt{50}} = 1,23$$

Den z-Wert suchen wir in der z-Tabelle bei einem Flächenanteil von 0,975. Die Freiheitsgrade spielen in der z-Verteilung keine Rolle. Wir erhalten einen z–Wert von 1,96 zur Berechnung des Konfidenzintervalls:

$$untere\ Grenze: \bar{x} - \hat{\sigma}_{\bar{x}} \cdot z_{Konf.} = 47 - 1,23 \cdot 1,96 = 44,6$$

$$obere\ Grenze : \bar{x} + \hat{\sigma}_{\bar{x}} \cdot z_{Konf.} = 47 + 1,23 \cdot 1,96 = 49,4$$

Wir sehen also, dass unter Verwendung einer größeren Stichprobe die Grenzen des Intervalls näher zusammenrücken und damit eine viel informativere Aussage liefern. Das Intervall erstreckt sich nun nur noch auf einen Wertebereich, dessen Grenzen ca. 5 Punkte auseinander liegen.

Die Höhe der Konfidenz

Wie schon erwähnt, können wir die Vertrauenswahrscheinlichkeit im Prinzip beliebig erhöhen, um noch verlässlichere Schätzungen zu machen. Was würde passieren, wenn wir im eben betrachteten Beispiel nicht 95, sondern 99 % Vertrauenswahrscheinlichkeit festgelegt hätten? Wenn wir mehr Vertrauen darin haben wollen, dass unser Intervall den wahren Wert tatsächlich überdeckt, sollte das offenbar mit einem größeren möglichen Wertebereich einhergehen. Die z-Tabelle liefert für einen Flächenanteil von 0,995 einen Wert von 2,575 (das ist der Mittelwert der z-Werte der beiden Flächen 0,9949 und 0,9951):

$$untere\ Grenze : \bar{x} - \hat{\sigma}_{\bar{x}} \cdot z_{Konf.} = 47 - 1,23 \cdot 2,575 = 43,8$$

$$obere\ Grenze : \bar{x} + \hat{\sigma}_{\bar{x}} \cdot z_{Konf.} = 47 + 1,23 \cdot 2,575 = 50,2$$

Da das Intervall nun 99 % der Verteilung abschneiden muss, liegen die beiden Grenzen natürlich weiter auseinander. Wir können jetzt zu 99 % darauf vertrauen, dass dieses Intervall den wahren Wert in der Population überdeckt. Damit haben wir zwar die Vertrauenswahrscheinlichkeit erhöht, allerdings ist das resultierende Intervall nun etwas weniger informativ, weil es mehr mögliche Werte einschließt. Die Präzision unserer Mittelwertschätzung ist also geringer geworden. Überlegen Sie, was passieren würde, wenn Sie die Wahrscheinlichkeit auf 100 % erhöhen! Die Antwort ist trivial: Sie könnten dann zu 100 % sicher sein, dass der wahre Wert irgendwo zwischen dem kleinstmöglichen und dem größtmöglichen Wert liegt. Ganz einfach deshalb, weil das Intervall nun den gesamten Wertebereich abdeckt. Das wussten Sie aber vorher schon, und daher können Sie mit dieser Information nichts anfangen. Die Festlegung der Vertrauenswahrscheinlichkeit ist also immer ein Kompromiss: sie sollte zwar hoch sein, aber die Grenzen des Intervalls sollten für Sie immer noch eine relevante Information liefern. Daher liegen gebräuchliche Wahrscheinlichkeiten bei 90, 95 oder seltener bei 99 Prozent.

Man kann diesen Kompromiss allerdings noch etwas abmildern, indem man größere Stichproben verwendet. Wie Sie sich erinnern, würde eine größere Stich-

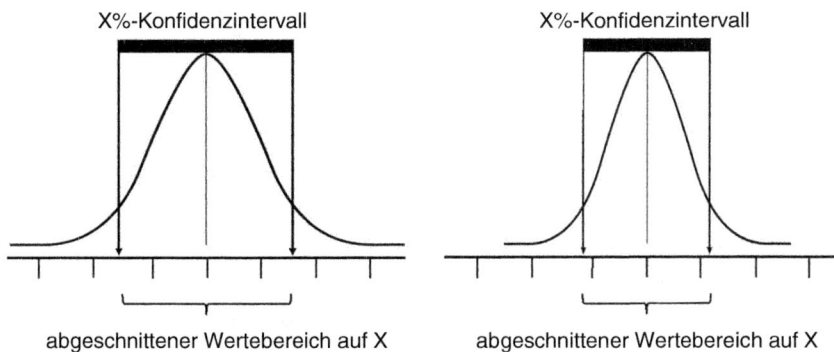

X%-Konfidenzintervall   X%-Konfidenzintervall

abgeschnittener Wertebereich auf X   abgeschnittener Wertebereich auf X

Abb. 6.3 Dasselbe X %-Konfidenzintervall bei kleiner (links) und großer Stichprobengröße (rechts)

probe dazu führen, dass die resultierende Stichprobenverteilung, deren Standardfehler wir für das Konfidenzintervall benötigen, schmaler wird. Das heißt aber, dass die mittleren 90 % (oder beliebige X%) nun einen viel kleineren Wertebereich umfassen und damit – bei gleicher Wahrscheinlichkeit – die Grenzen enger zusammenrücken (siehe Abb. 6.3).

Wie man sehen kann, verteilen sich die „wahrscheinlichen" Mittelwerte in der Stichprobenverteilung nun auf einen viel kleineren Wertebereich. Folglich schneidet auch das Konfidenzintervall einen viel kleineren Wertebereich ab. Es ist also wesentlich informativer als das Intervall, das aus der kleineren Stichprobe resultierte. Damit gilt also auch hier: je größer die untersuchte Stichprobe, desto besser.

Die Darstellung von Konfidenzintervallen für Mittelwerte

Da Konfidenzintervalle so informativ sind und sich heute mit jeder Statistiksoftware sehr leicht ermitteln lassen, hat ihre Verwendung in den letzten Jahren stark zugenommen. Vor allem in Abbildungen sollten Sie wann immer möglich Konfidenzintervalle als Fehlerbalken verwenden, um die Streuung von Daten darzustellen. Standardfehler und Konfidenzintervalle haben gegenüber der Standardabweichung den Vorteil, dass sie bereits inferenzstatistische Aussagen liefern. In Abb. 6.4 sind Standardabweichung, Standardfehler und Konfidenzintervall als Möglichkeiten für die Darstellung von Streuungen einander gegenübergestellt. Man spricht bei solchen Abbildungen von Diagrammen mit *Fehlerbalken*. Wie wir oben gesehen haben, beträgt der z-Wert für ein 95 %-Konfidenzintervall immer

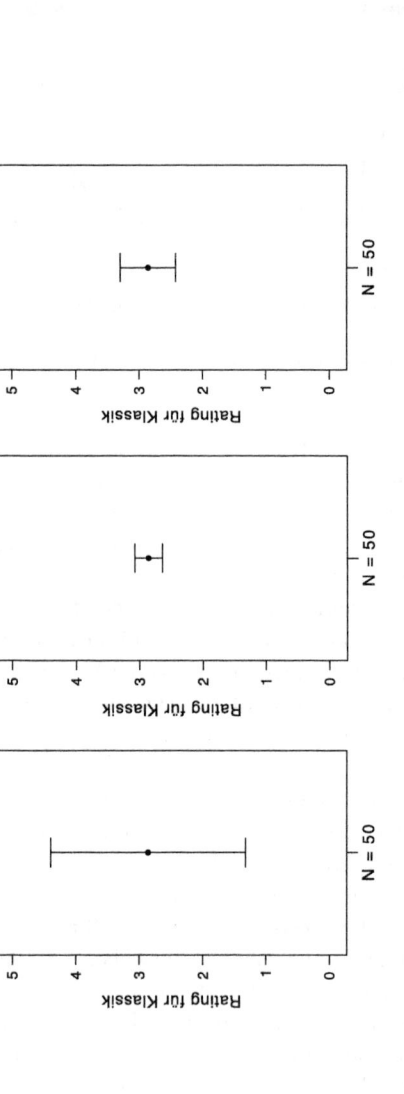

Abb. 6.4 Standardabweichung (links), Standardfehler (Mitte) und 95 %-Konfidenzintervall (rechts) als alternative Möglichkeiten der Darstellung von Streuungen (befragt wurden 50 Personen nach ihrer Vorliebe für Klassik, $M = 2{,}86$; $SD = 1{,}54$; $SE = 0{,}22$; 95 %-KI [2,4; 3,28])

1,96. Diesen Wert hatten wir mit dem Standardfehler multipliziert, um auf die Länge des Intervalls zu kommen (vorausgesetzt wir haben es mit großen Stichproben zu tun). Sie können sich daher als Faustregel merken, dass ein 95 %-Konfidenzintervall immer etwa doppelt so groß ist wie der zugehörige Standardfehler – wie in Abb. 6.4 zu sehen.

Wenn Sie sehr aufmerksam mitgedacht haben, ist Ihnen vielleicht aufgefallen, dass bei großen Stichproben – also unter Verwendung der z-Verteilung – der Standardfehler natürlich nichts anderes ist als ein 68 %-Konfidenzintervall. Denn ein Standardfehler von 1 – links und rechts vom Mittelwert – umfasst etwa die mittleren 68 % der Fläche der Stichprobenverteilung. In diesem Fall ist die Aussagekraft von Standardfehler und Konfidenzintervall also sehr ähnlich. Allerdings gilt das tatsächlich nur für den Fall von Mittelwerten und großen Stichproben. Bei kleineren Stichproben oder bei anderen Parametern (z. B. Korrelationen) gilt diese einfache Beziehung nicht mehr, da dann die Standardnormalverteilung nicht mehr verwendet werden kann.

6.3 Standardfehler und Konfidenzintervalle für Anteile

Wir haben uns die Berechnungen für den Standardfehler und für die Konfidenzintervalle bisher für Mittelwerte angesehen und wollten daraus eine Aussage über die Güte der Schätzung von Stichprobenmittelwerten auf Populationsmittelwerte ableiten. Dieses Vorgehen kann nun ebenso auf *Anteile* (bzw. *Prozentwerte*) angewendet werden. Auch für empirisch gefundene Anteile kann man sich die Frage stellen, inwieweit diese auf die Population verallgemeinerbar sind. Nehmen wir an, wir möchten herausfinden, wie groß der Anteil der Vegetarier in Deutschland ist. Wir ziehen eine zufällige Stichprobe von 100 Personen und finden einen Anteil von 15 % Vegetariern. Dieser Anteil dient uns auch hier als *Erwartungswert* für den *wahren Anteil* in der Population. Wir würden also schätzen (verallgemeinern), dass 15 % der Deutschen Vegetarier sind. Und wir möchten auch hier wieder angeben, wie sehr wir dieser Schätzung trauen können. Dafür können wir – genau wie bei Mittelwerten – entweder den Standardfehler oder ein Konfidenzintervall benutzen.

Auch für Anteile kann man Stichprobenverteilungen konstruieren. Dabei werden in der Verteilung nicht einzelne Mittelwerte abgetragen, sondern einzelne Anteile. Im Vegetarier-Beispiel müsste die Stichprobenverteilung also alle möglichen Anteile von 0 bis 100 Prozent enthalten. Und sie müsste um den erwarteten

Anteil von 15 % konstruiert werden. Die Stichprobenverteilung, die dabei entsteht, nennt man *Binomialverteilung*. Dieser Name kommt daher, dass das untersuchte Merkmal in nur zwei möglichen Ausprägungen vorliegt (*binom*: lateinisch = in zwei Formen): hier sind das Vegetarier und Nicht-Vegetarier. Die Binomialverteilung geht aber schon bei sehr kleinen Stichproben in die Standardnormalverteilung über, sodass so gut wie immer diese Verteilung benutzt wird.

Der Standardfehler für Anteile lässt sich recht einfach berechnen. Er ist bei Anteilen nur von der Stichprobengröße n und der Wahrscheinlichkeit p abhängig, mit der ein bestimmtes Ereignis zu erwarten ist. Das „Ereignis" ist in unserem Fall die Merkmalsausprägung „Vegetarier" (denn deren Anteil wollten wir bestimmen). Wie groß ist die Wahrscheinlichkeit, aus der Population einen Vegetarier zu ziehen? Da wir in unserer Stichprobe einen Anteil von 15 % gefunden haben und diesen als Schätzung verwenden müssen, beträgt die Wahrscheinlichkeit hier 15 von 100, also 15 % bzw. $p = 0{,}15$. Mit diesen beiden Größen kann der Standardfehler für Anteile σ berechnet werden:

$$\sigma = \sqrt{np(1-p)}$$

Für unser Beispiel beträgt er: $\sigma = \sqrt{100 \cdot 0{,}15 \cdot (1 - 0{,}15)} = 3{,}57$. Wenn wir den Anteil von Vegetariern in Deutschland mit 15 % schätzen, so ist diese Schätzung also mit einem Standardfehler von 3,57 % behaftet.

Mit Hilfe des Standardfehlers können wir nun wieder unser Konfidenzintervall bestimmen. Das Vorgehen ist dabei identisch mit dem bei der Bestimmung von Konfidenzintervallen für Mittelwerte. Wir entscheiden uns für eine Vertrauenswahrscheinlichkeit von 95 % und können daher wieder den z-Wert von oben benutzen – der betrug 1,96:

$$\textit{untere Grenze} : \textit{Anteil} - \sigma \cdot z_{df,Konf} = 15\% - 3{,}57 \cdot 1{,}96 = 8{,}0\%$$

$$\textit{obere Grenze} : \textit{Anteil} + \sigma \cdot z_{df,Konf} = 15\% + 3{,}57 \cdot 1{,}96 = 22{,}0\%$$

Wir können also zu 95 Prozent darauf vertrauen, dass das Intervall von 8 % bis 22 % den wahren Anteil von Vegetariern in Deutschland beinhaltet.

Literatur

Cumming, G. (2014). The new statistics: Why and how. *Psychological Science, 25*, 7–29.

Sedlmeier, P., & Renkewitz, F. (2013). *Forschungsmethoden und Statistik.* München: Pearson. (Kap. 11)

Inferenzstatistische Aussagen für Zusammenhangs- und Unterschiedshypothesen

7.1 Hypothesentesten

Mittelwerte und Anteile sind relativ einfache Angaben, die man über empirisch gewonnene Daten macht. Im vorigen Kapitel haben wir gesehen, wie man die Güte einer Verallgemeinerung von einer Stichprobe auf eine Population einschätzen und mit Hilfe von Zahlen ausdrücken kann. Neben der bloßen Angabe von Mittelwerten oder Anteilen sind Forscher jedoch fast immer bestrebt, auch Aussagen über bestimmte Hypothesen zu treffen. Solche Hypothesen beziehen sich immer entweder auf Zusammenhänge zwischen Variablen oder auf Unterschiede zwischen bestimmten Gruppen. Wie Sie aus dem Erkenntnisprozess wissen, sind Hypothesen (oder Annahmen) einfache Aussagen, die sich aus einer Theorie ableiten. Und manchmal hat man es statt mit einer Hypothese einfach mit einer Fragestellung zu tun, die sich nicht direkt aus einer Theorie ableitet aber dennoch entweder eine Fragestellung zu einem Unterschied oder zu einem Zusammenhang ist.

Unterschiedshypothesen (oder im weiteren Sinne *Unterschiedsfragestellungen*) beziehen sich dabei in der Regel auf einen Unterschied in der Lage zweier Gruppen bzw. Stichproben, und mit der Lage ist nahezu immer der Mittelwert gemeint. Beispielsweise kann man sich fragen, ob es einen Unterschied im Ergebnis eines Leistungstests gibt zwischen Personen, die ein Training durchlaufen haben und Personen, die nicht am Training teilgenommen haben. Für beide Gruppen von Personen würde man den Mittelwert des Testergebnisses bestimmen und diese beiden Mittelwerte dann miteinander vergleichen. Sie betrachten also den Mittelwertsunterschied.

Zusammenhangshypothesen (oder *Zusammenhangsfragestellungen*) beziehen sich hingegen auf den Zusammenhang zweier Variablen, und mit diesem Zusammenhang ist in der Regel die Korrelation gemeint. Für den Zusammenhang von

© Springer Fachmedien Wiesbaden 2016   139
T. Schäfer, *Methodenlehre und Statistik*,
DOI 10.1007/978-3-658-11936-2_7

Aggressivität und dem Spielen von gewaltorientierten Computerspielen würde man zum Beispiel die Ausprägung beider Variablen an ein und derselben Stichprobe von Personen untersuchen und prüfen, ob beide Variablen in einem statistischen Zusammenhang stehen.

Für beide Arten von Hypothesen oder Fragestellungen stellt sich im Zuge der Inferenzstatistik nun ebenfalls die Frage, wie man einen empirisch gefundenen Mittelwertunterschied oder einen empirisch gefundenen Zusammenhang auf die Population verallgemeinern kann. Es besteht stets das Risiko, dass die Effekte in einer Stichprobe nur durch Zufall zustande gekommen und daher nicht auf die Population übertragbar sind. Wir müssen also auch für gefundene Mittelwertsunterschiede und Zusammenhänge angeben, wie sehr wir einer Verallgemeinerung auf die Population trauen können. Dafür gibt es wieder mehrere Möglichkeiten: die Berechnung von Standardfehlern und Konfidenzintervallen, die Sie nun schon kennen, und außerdem die Durchführung von Signifikanztests. Wir werden uns in diesem Kapitel mit der grundlegenden Idee dieser drei Vorgehensweisen beschäftigen und in späteren Kapiteln genauer auf die Testverfahren eingehen, die für spezifische Hypothesen und Fragestellungen entwickelt wurden. Wir werden dabei nicht ständig von Mittelwertsunterschieden und Zusammenhängen sprechen, sondern allgemeiner von *Effekten*. Sehen wir uns zunächst an, was mit einem Effekt gemeint ist.

Was ist ein Effekt?

Der Begriff Effekt bezieht sich immer auf eine unabhängige Variable, die eine bestimmte Wirkung (einen Effekt) auf eine abhängige Variable ausüben soll. Oben haben wir von einem Training gesprochen, das einen Effekt auf das Ergebnis in einem Leistungstest ausüben soll. Im Idealfall sollten die Teilnehmer des Trainings nachher bessere Testwerte erreichen als Personen, die nicht teilgenommen haben. Was auch immer als unabhängige Variable in Frage kommt (ein Training, eine Therapie, eine Manipulation jeglicher Art, das Geschlecht, usw.) – wir sind immer an ihrem Effekt interessiert, den wir anhand der abhängigen Variable messen können. Mit „Manipulation" kann dabei auch gemeint sein, dass man einfach verschiedene Personengruppen untersucht. In einer Studie zum Glücksempfinden haben van Boven und Gilovich (2003) zum Beispiel Personen, die ihr Geld eher in materiellen Dingen wie Autos anlegen, mit Personen verglichen, die ihr Geld eher in Erfahrungen wie Urlaubsreisen investiert haben. Das Ergebnis sehen Sie in Abb. 7.1.

Der Effekt besteht hier also einfach in dem Unterschied des Glücksempfindens beider untersuchter Gruppen. In gleicher Weise gelten auch Zusammenhänge als Effekte. Wenn zwei Variablen miteinander korrelieren, so beschreibt diese Korre-

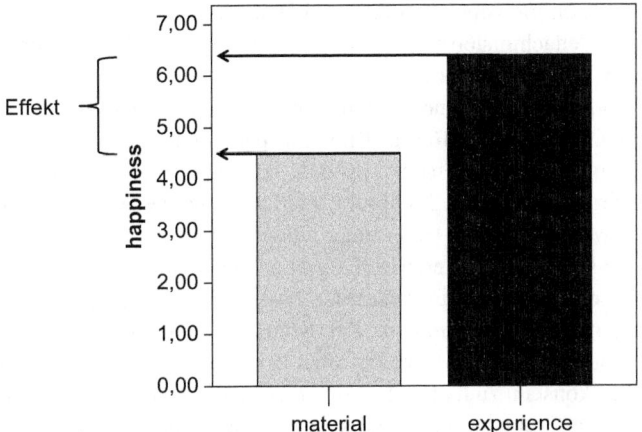

Abb. 7.1 Glücksempfinden bei Personen, die ihr Geld eher in materielle Dinge oder in Erfahrungen investieren (nach van Boven und Gilovich 2003)

lation den Effekt. Alternativ kann man sich den Zusammenhang auch so vorstellen, dass die eine Variable einen „statistischen Effekt" (nicht zwangsläufig einen kausalen!) auf die andere Variable ausübt, da sie diese – wenn ein Zusammenhang vorliegt – natürlich vorhersagen kann. Im Folgenden wollen wir stets Aussagen über Effekte in der Population treffen, die wir aus den Effekten, die wir in einer Stichprobe gefunden haben, schätzen wollen.

Abhängige und unabhängige Messungen
Beim Hypothesentesten geht es nahezu immer um *mindestens zwei* Messungen. Bei einer Unterschiedshypothese geht es um den Unterschied zweier Mittelwerte, und bei einer Zusammenhangshypothese geht es um die Korrelation zweier Variablen. Entscheidend für alle weiteren Berechnungen ist nun, ob diese Messungen abhängig oder unabhängig voneinander vorgenommen wurden. Was bedeutet das? Unabhängig sind Messungen dann, wenn jede Messung an einer eigenen Stichprobe bzw. in einer eigenen Gruppe vorgenommen wurde. Dieses Prinzip kennen Sie schon von den verschiedenen Designs von Studien. Beim *between-subjects* Design wurden die Studienteilnehmer randomisiert auf die verschiedenen Versuchsgruppen aufgeteilt. Wenn wir beispielsweise untersuchen wollen, ob Bilder länger im Gedächtnis bleiben als Töne, könnten wir zwei Versuchsgruppen bilden und die uns zur Verfügung stehenden Personen randomisiert diesen Gruppen zuweisen. Da die Personen dieser beiden Gruppen nichts miteinander zu tun haben,

sind sie *unabhängig* voneinander. So sind auch beide Messungen – also die Messung der Gedächtnisleistung in Gruppe 1 und 2 – unabhängig voneinander.

Alternativ hätten wir aber auch dieselben Personen beide Bedingungen durchlaufen lassen können. Bei einem solchen *within-subjects* Design hätten die Personen erst den Gedächtnistest für das Bild und später den für den Ton absolviert. Da es sich hier um dieselben Personen handelt, liegt eine *Messwiederholung* vor: das Merkmal wird an derselben Stichprobe wiederholt gemessen (*repeated measurement*). Messwiederholungen sind immer *abhängige* Messungen, da stets dieselben Personen die Messwerte generieren. Es gibt noch einen zweiten Fall von abhängigen Messungen, bei dem man versucht, so nahe wie möglich an ein Messwiederholungsdesign heran zu kommen. Zur Kontrolle von Störvariablen wie Alter, Geschlecht oder Intelligenz versucht man oft, diese in den verschiedenen Versuchsgruppen konstant zu halten. Das heißt, es befinden sich zwar unterschiedliche Personen in den Gruppen, diese sind aber so ausgewählt, dass sie jeweils gleiche Ausprägungen in den potenziellen Störvariablen haben. Zu jeder Person in Gruppe 1 versucht man also eine entsprechende Person in Gruppe 2 zu bekommen, die gleich alt ist, das gleiche Geschlecht hat usw. Dieser Vorgang wird als *matching* bezeichnet und führt zu gematchten oder *gepaarten* Stichproben bzw. Messungen (da immer ein Paar von Personen mit gleichen Ausprägungen der Störvariablen gesucht wird). Auch gepaarte Stichproben führen zu abhängigen Messungen, da die Personen nicht mehr rein zufällig in den Gruppen landen.

▶ Messwiederholungen und gepaarte Stichproben (matching) führen zu abhängigen Messungen bzw. Stichproben. Sind die Versuchsteilnehmer rein zufällig den verschiedenen Messungen bzw. Stichproben zugeordnet, sind diese unabhängig.

Bei Zusammenhangshypothesen hat man es folglich immer mit abhängigen Messungen zu tun, denn hier werden zwei Merkmale immer an denselben Personen untersucht. Verständlicherweise würde es keinen Sinn machen, die eine Variable an der einen und die andere Variable an einer anderen Stichprobe zu erheben, da dann die Messwerte nicht für beide Variablen gleichzeitig zugeordnet werden könnten. Anders ausgedrückt: man könnte kein Streudiagramm konstruieren, da man nicht weiß, welchem x-Wert man jeweils welchen y-Wert zuordnen soll.

Stichprobenverteilungen bei Unterschieden und Zusammenhängen
Auch bei der Schätzung von Unterschieden und Zusammenhängen in der Population – wir sprechen allgemein von *Populationseffekten* – benötigen wir wieder die

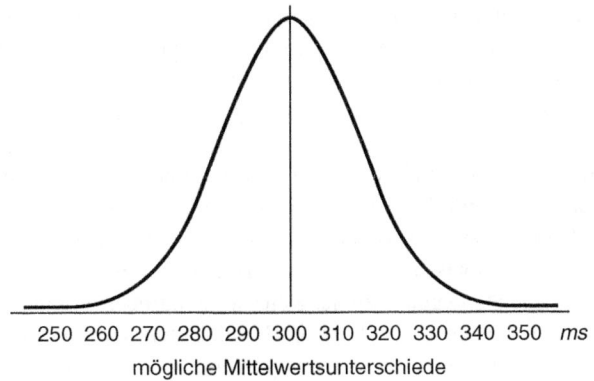

250 260 270 280 290 300 310 320 330 340 350 *ms*
mögliche Mittelwertsunterschiede

Abb. 7.2 mögliche Stichprobenverteilung für einen Mittelwertsunterschied von 300 ms

Überlegung, was passieren würde, wenn wir nicht nur einmal eine Stichprobe ziehen und den Effekt bestimmen, sondern gleich mehrmals. Diese Überlegung steckt in der Stichprobenverteilung, die alle möglichen Effekte enthält, die wir bei Ziehungen von Stichproben aus der Population finden könnten. Eine solche Stichprobenverteilung können wir auch für Unterschieds- und Zusammenhangsmaße konstruieren. Im Vergleich zur Konstruktion von Stichprobenverteilungen für Mittelwerte ändert sich dabei wenig. Der einzige Unterschied besteht darin, dass nun nicht mehr einzelne Mittelwerte in der Verteilung abgetragen werden, sondern Mittelwertsunterschiede oder Zusammenhänge. Betrachten wir ein Beispiel: Wir wollen untersuchen, ob ein Reaktionszeittraining einen Effekt auf die Reaktionszeit in einer Entscheidungsaufgabe hat, in der es auf schnelle Entscheidungen ankommt. Wir bilden dafür zwei Gruppen: eine, die das Training durchläuft und eine Kontrollgruppe, die das Training nicht durchläuft. Wir wollen nun den Effekt des Trainings auf die Leistung in dem Test untersuchen und bestimmen dafür die beiden Mittelwerte der Testleistung. Die Differenz der beiden Mittelwerte x_{diff} ist genau der Effekt, der uns interessiert. In unserer Stichprobenverteilung müssen daher alle möglichen Differenzen abgetragen sein, die man hätte finden können. Wenn wir eine Differenz in der Reaktionszeit von 300 Millisekunden gefunden haben, würden wir diese Differenz wieder als Erwartungswert für die Differenz in der Population benutzen. Die Stichprobenverteilung, die um diesen erwarteten Mittelwertsunterschied aufgespannt wird, kann dann etwa so aussehen wie in Abb. 7.2.

Auf der X-Achse sind übrigens nicht „alle möglichen" Mittelwertsunterschiede dargestellt, sondern nur diejenigen, die eine gewisse Wahrscheinlichkeit besitzen.

Da sich die Kurve der Verteilung asymptotisch der X-Achse nähert, erstrecken sich die „möglichen" Mittelwertsunterschiede im Prinzip von minus bis plus unendlich. Wir sehen aber an der Kurve, dass wir mit sehr hoher Wahrscheinlichkeit Werte finden werden, die – in diesem Beispiel – irgendwo zwischen 250 und 350 ms liegen.

In gleicher Weise könnten wir auch den Zusammenhang zweier Variablen bestimmen und diesen mit Hilfe des Korrelationskoeffizienten r ausdrücken. Und auch für den Korrelationskoeffizienten gibt es eine entsprechende Stichprobenverteilung, aus der man ablesen kann, wie wahrscheinlich es ist, einen bestimmten Wert zu ziehen. Die Standardabweichung dieser Stichprobenverteilungen – die uns als Standardfehler dienen soll – kann auch bei Unterschieden und Zusammenhängen aus den Streuungen in den einzelnen Stichproben berechnet werden. Sehen wir uns also zunächst an, wie man den Standardfehler bestimmen kann.

Literatur
– Bortz, J., & Döring, N. (2006). *Forschungsmethoden und Evaluation für Human- und Sozialwissenschaftler*. Heidelberg: Springer. (Kap. 8)
– Sedlmeier, P., & Renkewitz, F. (2013). *Forschungsmethoden und Statistik*. München: Pearson. (Kap. 10)

7.2   Der Standardfehler

Um einschätzen zu können, wie sehr man der Verallgemeinerung eines in einer Stichprobe gefundenen Effektes auf die Population trauen kann, ist der Standardfehler wieder die einfachste Möglichkeit. Um es jedoch gleich vorweg zu nehmen: anders als bei Mittelwerten ist es bei Zusammenhängen und Unterschieden noch viel weniger üblich, allein den Standardfehler anzugeben. Stattdessen wird hier oft auf die beiden anderen Möglichkeiten zurückgegriffen: Konfidenzintervalle und Signifikanztests, mit denen wir uns gleich beschäftigen. Der Grund dafür liegt darin, dass es beim Testen von Hypothesen um Entscheidungen geht. Das heißt, dass man sich entweder für oder gegen eine Hypothese entscheiden will bzw. muss. Soll ich Medikament A gegenüber Medikament B bevorzugen, weil es besser wirkt? Soll ich Vitamin C nehmen, weil es die Immunabwehr verbessert? Solche Fragen haben immer mit Entscheidungen zu tun, die aufgrund von Studien getroffen werden müssen. Dafür ist es nicht ausreichend, zum Beispiel für einen

Mittelwertsunterschied den Standardfehler anzugeben. Dagegen liefern Konfidenzintervalle und Signifikanztests praktische Entscheidungshilfen. Dennoch wird auch für diese beiden Methoden der Standardfehler benötigt. Sehen wir uns an, wie er bei den verschiedenen Fragestellungen im Prinzip berechnet wird.

Standardfehler für Mittelwertunterschiede bei unabhängigen Messungen
Für Mittelwertunterschiede bei unabhängigen Messungen wird der Standardfehler wieder aus der Streuung der einzelnen Stichproben berechnet. Hier muss natürlich die Streuung einer jeden Stichprobe einbezogen werden, die in die Untersuchung eingeflossen ist. Gemeint ist damit die Fehlerstreuung, die in jeder Gruppe dafür sorgt, dass die Messwerte variieren, ohne dass es dafür einen systematischen Grund gibt. Abbildung 7.3 zeigt, wie die Gesamtstreuung aller Personen in einen systematischen und einen unsystematischen Anteil aufgeteilt wird.

Der Anteil an der Gesamtstreuung, der uns interessiert, ist die Streuung *zwischen den Gruppen*. Diese kommt durch den Mittelwertunterschied $\bar{x}_A - \bar{x}_B$ zustande. Das ist genau der Effekt, um den es uns geht. Wie wir sehen, ist dieser Effekt aber von einem „Rauschen" umgeben, nämlich der Fehlerstreuung (oder auch Streuung *innerhalb der Gruppen*). Diese ist für uns nicht erklärbar und schmälert natürlich die Bedeutsamkeit des gefundenen Effektes. Denn bei sehr großer Fehlerstreuung ist die Wahrscheinlichkeit hoch, dass ein solcher Mittelwertunterschied rein zufällig zustande kam. Die Fehlerstreuung kann in beiden

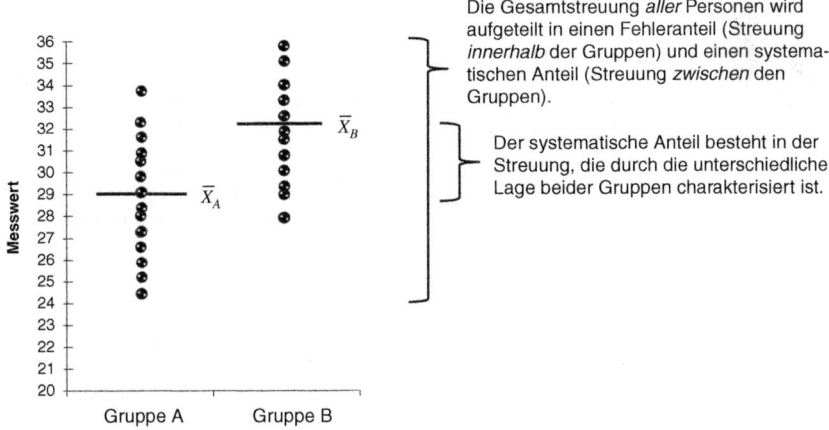

Die Gesamtstreuung *aller* Personen wird aufgeteilt in einen Fehleranteil (Streuung *innerhalb* der Gruppen) und einen systematischen Anteil (Streuung *zwischen* den Gruppen).

Der systematische Anteil besteht in der Streuung, die durch die unterschiedliche Lage beider Gruppen charakterisiert ist.

Abb. 7.3 Veranschaulichung unabhängiger Messungen

Gruppen unterschiedlich groß sein. Wenn wir also zwei Gruppen vergleichen, müssen wir die Streuungen (wir verwenden hier die Populationsvarianzen) der Messwerte in beiden Gruppen berücksichtigen: für Gruppe A $(\hat{\sigma}_A^2)$ und für Gruppe B $(\hat{\sigma}_B^2)$. Der Mittelwertsunterschied ergibt sich aus der einfachen Differenz der Mittelwerte: $\bar{x}_A - \bar{x}_B$. Bei gleichen Gruppengrößen $(n_A = n_B)$ berechnet sich der Standardfehler dieses Mittelwertsunterschiedes wie folgt:

$$\hat{\sigma}_{\bar{x}_A - \bar{x}_B} = \sqrt{\frac{\hat{\sigma}_A^2}{n} + \frac{\hat{\sigma}_B^2}{n}}$$

Dieser Standardfehler gibt hier an, mit welchem „durchschnittlichen" Fehler die Schätzung eines Mittelwertsunterschiedes in der Population behaftet ist. Auch hier gilt, dass er umso kleiner ist, je größer die untersuchten Stichproben sind.

Standardfehler für Mittelwertsunterschiede bei abhängigen Messungen
Für abhängige Messungen sieht die Berechnung des Standardfehlers etwas anders aus. Der Grund dafür liegt darin, dass die Berechnung der Streuung nicht für beide Messungen einzeln erfolgt, sondern für die *Differenz* der Messwerte. Was damit gemeint ist, sehen wir an Abb. 7.4.

Wenn wir davon ausgehen, dass dieselben Personen zu zwei Messzeitpunkten A und B getestet werden, dann interessiert uns am Ende nur, ob sich *pro Person* ein Unterschied zwischen der ersten und der zweiten Messung ergeben hat. Wir prüfen also, ob sich für jede einzelne Person der Messwert vergrößert oder verkleinert hat

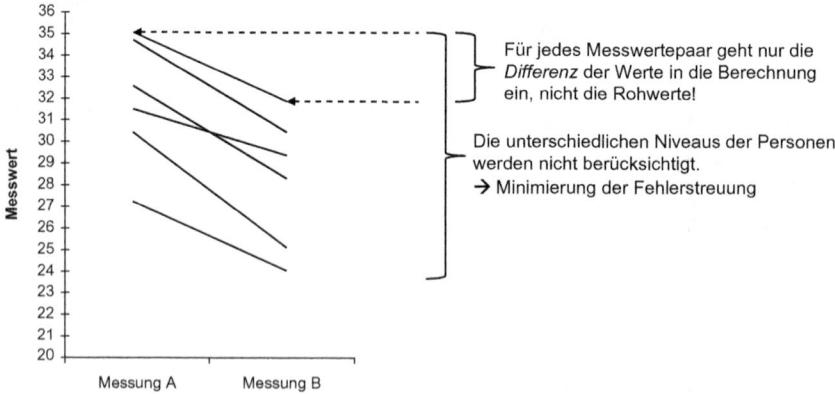

Abb. 7.4 Veranschaulichung abhängiger Messungen

oder ob er gleich geblieben ist. Uns interessiert jetzt sozusagen die Streuung *innerhalb* der Personen. Danach bilden wir den Durchschnitt aller Differenzen über alle Personen hinweg. Allein diese Differenzen sind für den Effekt der Messwiederholung entscheidend. Es ist dabei völlig irrelevant, auf welchem Niveau sich diese Veränderungen abspielen. Damit ist auch die Streuung *zwischen* den Personen innerhalb eines jeden Messzeitpunktes nicht von Bedeutung. Das bedeutet aber, dass die Fehlerstreuung, die den Effekt umgibt, nun nur in der Streuung der Differenzen besteht. Die Idee dahinter ist relativ einfach: Wenn die Messwiederholung einen Effekt haben soll – also zum Beispiel in Messung B niedrigere Werte erwartet werden – dann sollten alle Differenzen in die gleiche Richtung gehen und möglichst auch gleich groß sein. Wenn bei einigen Personen die Differenz nicht so groß ist oder die Messwerte sogar steigen, vergrößert das die Fehlervarianz. Das wiederum macht einen gefundenen Effekt weniger bedeutsam. Diese Streuung der Differenzen lässt sich berechnen, indem man zunächst von jedem Differenzwert *diff*$_i$ den Mittelwert aller Differenzwerte abzieht und diese Differenzen quadriert: $(x_{diff_i} - \bar{x}_{diff})^2$. Das macht man für jedes Messwertpaar, also *n* Mal (*n* bezeichnet hier die Anzahl der Messwertpaare) und summiert alle Werte auf. Anschließend teilt man wieder durch $n - 1$:

$$\hat{\sigma}_{diff} = \sqrt{\frac{\sum (x_{diff_i} - \bar{x}_{diff})^2}{n - 1}}$$

Der Standardfehler des Mittelwertsunterschiedes kann wieder aus dieser Streuung berechnet werden:

$$\hat{\sigma}_{\bar{x}_{diff}} = \frac{\hat{\sigma}_{diff}}{\sqrt{n}}$$

Standardfehler für Zusammenhänge

Bei Zusammenhängen von zwei Variablen beschreibt der Korrelationskoeffizient *r* die Enge des Zusammenhangs. Dieser ist dann groß, wenn sich die Werte in einem Streudiagramm um eine Gerade konzentrieren. Damit ist in diesem Koeffizienten die Streuung der Werte bereits enthalten. Sie ist groß, wenn *r* klein ist und umgekehrt. Der Standardfehler für den Korrelationskoeffizienten *r* berechnet sich daher wie folgt:

$$\hat{\sigma}_r = \frac{(1 - \rho^2)}{\sqrt{n - 1}}$$

Als Erwartungswert für den Korrelationskoeffizienten in der Population ρ wird wiederum der gefundene Korrelationskoeffizient r benutzt. An der Formel ist erkennbar, dass Korrelationskoeffizienten nahe 1 (bzw. -1) zu einem Standardfehler führen, der gegen 0 geht.

Wenn zwischen zwei Variablen eine Korrelation besteht, dann können wir diese benutzen, um die eine Variable aus der anderen vorherzusagen. Das war die Aufgabe der Regressionsrechnung. Die entscheidende Größe, die bei der Regression die Stärke der Vorhersagbarkeit der einen Variable für die andere angibt, war das Regressionsgewicht b bzw. dessen standardisierte Variante β. Auch für das Regressionsgewicht können wir einen Standardfehler angeben. Im Gegensatz zum Korrelationskoeffizienten beschreibt das Regressionsgewicht aber nicht die *absolute* Enge des Zusammenhangs, sondern den *relativen Einfluss* einer Variable auf die andere. Mit relativem Einfluss ist gemeint, dass es weitere Variablen geben kann, die für die Vorhersage der Variable Y in Frage kommen. Jede dieser Vorhersagevariablen (wir hatten sie Prädiktoren genannt) würde ein eigenes Regressionsgewicht erhalten. Aus einem Regressionsgewicht allein können wir daher nicht sofort die Güte der gesamten Vorhersage ableiten. Wie Sie wissen, beschreibt ein Regressionsgewicht den Anstieg der Regressionsgerade. Wie gut die Vorhersage von Y durch X funktioniert, können wir durch die Streuung der Werte um die Gerade herum feststellen. Bei der Regression hatten wir diese Streuung auch als Residuen bezeichnet. Diese durchschnittliche Streuung äußert sich im sogenannten *Standardschätzfehler*.

▶ Der Standardschätzfehler bei der Regression gibt an, wie stark die Werte um die Regressionsgerade streuen. Er ist damit ebenso ein Gütemaß für die Vorhersage von Y aus X.

Der Standardschätzfehler kann daher als alternatives Gütemaß zum bereits bekannten Determinationskoeffizient r^2 benutzt werden. Er beschreibt die Ungenauigkeit, die entsteht, wenn man Y-Werte aus X-Werten mit Hilfe der Regressionsgeraden schätzen möchte. Diese ist natürlich umso kleiner, je näher die Werte an der Geraden liegen. Der Standardschätzfehler berechnet sich folgendermaßen:

$$\hat{\sigma}_{(y|x)} = \sqrt{\frac{n \cdot s_y^2 - n \cdot b_{yx}^2 \cdot s_x^2}{n-2}}$$

Aus diesem Standardschätzfehler kann man nun wiederum den Standardfehler des Regressionsgewichtes b berechnen:

$$\hat{\sigma}_{b_{yx}} = \frac{\hat{\sigma}_{(y|x)}}{s_x \cdot \sqrt{n}}$$

Dieser Standardfehler wird von Statistikprogrammen zu jedem Regressionsgewicht b mit angegeben, meist unter der Bezeichnung SE.

7.3 Konfidenzintervalle

Wie eben schon erwähnt, geht es beim Testen von Hypothesen meist um Entscheidungen für oder gegen eine Hypothese. Um statistische Entscheidungshilfen zu erhalten, ist der Standardfehler weniger geeignet. Konfidenzintervalle liefern hier mehr Information, und erst hier wird auch der große Vorteil von Konfidenzintervallen richtig deutlich. Denn sie liefern eine relativ leicht verständliche Angabe darüber, ob ein Effekt möglicherweise durch Zufall gefunden wurde oder ob er „von statistischer Bedeutung" ist – man sagt auch *signifikant* oder *substanziell* oder *systematisch* (diese Begriffe werden meist synonym verwendet).

Konfidenzintervalle für Mittelwertsunterschiede bei unabhängigen Stichproben
Beginnen wir mit Konfidenzintervallen für Mittelwertsunterschiede bei unabhängigen Messungen. Deren Konstruktion ist im Prinzip identisch zur Konstruktion solcher Intervalle bei Mittelwerten. Als Stichprobenverteilung verwenden wir aber nicht die Verteilung einzelner Mittelwerte, sondern wieder die Stichprobenverteilung für Mittelwertsunterschiede. Alternativ können wir auch hier wieder den „Umweg" über die t-Verteilung gehen, denn auch Mittelwertsunterschiede sind t-verteilt (bzw. standardnormalverteilt bei Stichproben ab ca. 30 Personen). Wenn wir einen Mittelwertsunterschied und dessen Standardfehler berechnet haben, können wir diese Informationen – zusammen mit dem in der t-Verteilung abgelesenen Wert für die Grenzen des Intervalls – nutzen, um die beiden Intervallgrenzen zu berechnen:

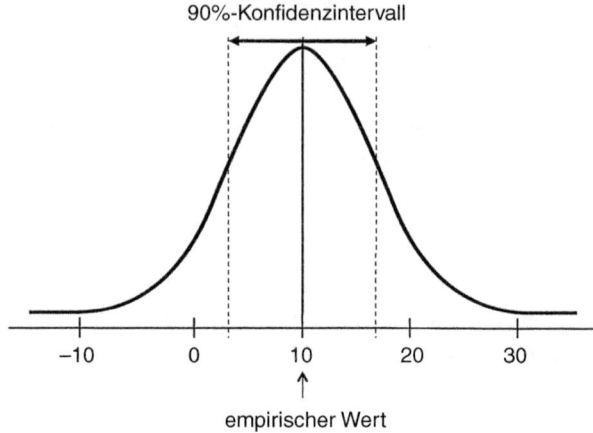

Abb. 7.5 90 %-Konfidenzintervall um einen Mittelwertsunterschied von 10 Punkten

$$untere\ Grenze : (\bar{x}_A - \bar{x}_B) - \hat{\sigma}_{\bar{x}_A - \bar{x}_B} \cdot t_{df,Konf.}$$

$$obere\ Grenze : (\bar{x}_A - \bar{x}_B) + \hat{\sigma}_{\bar{x}_A - \bar{x}_B} \cdot t_{df,Konf.}$$

Das Intervall gibt wieder die Wahrscheinlichkeit an, mit der der Bereich zwischen den beiden Grenzen den wahren Mittelwertsunterschied in der Population beinhaltet. Beim Testen von Hypothesen ist diese Information nun außerordentlich wertvoll. Denn die spannende Frage ist hier, ob das Intervall den Wert 0 beinhaltet. Der Wert 0 würde bedeuten, dass es in der Population keinen Mittelwertsunterschied gibt. In diesem Fall müssten wir also unsere Hypothese verwerfen und stattdessen davon ausgehen, dass der Mittelwertsunterschied, den wir gefunden haben, nur zufällig zustande kam.

Sehen wir uns diese Überlegung an einem Beispiel an. Oben haben wir von einem Training gesprochen, bei dem wir die Hypothese hatten, dass es zu einer Verbesserung in der Testleistung führt. Nehmen wir an, wir hätten hinsichtlich der Testleistung von Trainingsgruppe und Kontrollgruppe einen Mittelwertsunterschied von 10 Punkten gefunden (bei einer Höchstpunktzahl von 100 Punkten). Dabei geht der Mittelwertsunterschied bereits in die richtige Richtung, das heißt, die Trainingsgruppe hat 10 Punkte mehr erreicht als die Kontrollgruppe und nicht umgekehrt. Wir würden nun den Standardfehler bestimmen und beispielsweise ein 90 %-Konfidenzintervall um den Mittelwertsunterschied herum konstruieren (siehe Abb. 7.5).

Betrachten wir zunächst die entsprechende Stichprobenverteilung, die um den Mittelwertsunterschied von 10 Punkten herum entstanden ist. Das Entscheidende an dieser Stichprobenverteilung ist, dass sie den Wert 0 beinhaltet und auch über ihn hinausgeht – in den negativen Bereich hinein. Negative Werte – und damit negative Mittelwertsunterschiede – bedeuten nichts anderes, als dass der Mittelwertsunterschied in die entgegengesetzte Richtung zeigt. Bei der Berechnung von Mittelwertsunterschieden zieht man normalerweise den vermeintlich kleineren Wert vom größeren ab. Das ist allerdings keine Regel, sondern ist dem Anwender überlassen. In unserem Beispiel haben wir den Mittelwert der Kontrollgruppe vom Mittelwert der Trainingsgruppe abgezogen und eine Differenz von 10 erhalten. Hätten wir mit unserer Hypothese aber daneben gelegen und die Kontrollgruppe hätte besser abgeschnitten, hätten wir eine negative Differenz erhalten. Die Stichprobenverteilung in Abb. 7.5 sagt uns nun, dass wir auch solche negativen Differenzen hätten ziehen können. Das Ziehen einer negativen Differenz müsste uns natürlich dazu veranlassen, unsere Hypothese zu verwerfen. Hier wird die Kernfrage der Inferenzstatistik beim Hypothesentesten deutlich: Kann ich meinen gefundenen Mittelwertsunterschied guten Gewissens auf die Population verallgemeinern und behaupten, dass meine Hypothese richtig war? Das Konfidenzintervall soll uns helfen, diese Entscheidung zu treffen. Wie wir sehen, überdeckt unser Konfidenzintervall den Wert 0 nicht. Wir können also zu 90 % darauf vertrauen, dass unser Intervall, das den Wert 0 nicht enthält, den wahren Wert in der Population beinhaltet. Unser Effekt (der gefundene Mittelwertsunterschied) kann damit als ein bedeutsamer oder signifikanter Effekt (wohlbemerkt bei einer Vertrauenswahrscheinlichkeit von 90 %) betrachtet werden. Hier wird auch deutlich, dass beim Hypothesentesten die tatsächlichen Werte der Intervallgrenzen gar nicht so sehr von Interesse sind, sondern vielmehr die Frage, ob das Intervall die 0 enthält oder nicht. In unserem Beispiel liefert damit das Konfidenzintervall eine schnelle Entscheidung, die darin besteht, dass wir unsere Hypothese annehmen und auf die Population verallgemeinern können.

Was passiert nun, wenn das Intervall den Wert 0 enthält? Dafür müssen wir uns zunächst fragen, wie es dazu überhaupt kommen kann. Zwei Möglichkeiten kommen dafür in Frage. Die erste besteht darin, dass eine Vergrößerung der Vertrauenswahrscheinlichkeit zu einer Verbreiterung des Intervalls führt, und damit steigt natürlich das Risiko, dass das Intervall den Wert 0 überdeckt. Hätten wir in unserem Beispiel als Vertrauenswahrscheinlichkeit nicht 90, sondern 95 % gefordert, wären die Grenzen entsprechend weiter auseinander gerückt (siehe Abb. 7.6).

Die höhere Vertrauenswahrscheinlichkeit hat dazu geführt, dass das Intervall nun den Wert 0 enthält. Das bedeutet, dass wir bei einer Vertrauenswahrsche-

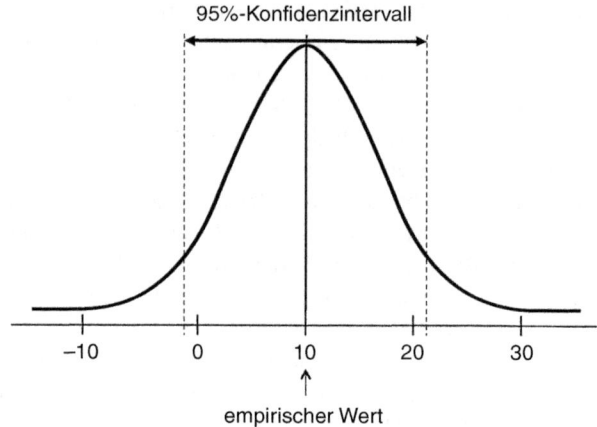

95%-Konfidenzintervall

empirischer Wert

Abb. 7.6 95 %-Konfidenzintervall um einen Mittelwertsunterschied von 10 Punkten

inlichkeit von 95 % unsere Hypothese verwerfen müssen, weil wir nicht mehr genügend stark darauf vertrauen können, dass unser Effekt nicht womöglich durch Zufall zustande kam. Bei dieser großen Vertrauenswahrscheinlichkeit ist der Effekt also nicht mehr signifikant oder bedeutsam. Auch beim Testen von Hypothesen gilt damit, dass die Festlegung einer geeigneten Vertrauenswahrscheinlichkeit eine Kompromissentscheidung ist. Wir werden uns später noch genauer damit beschäftigen, wie man solche sogenannten Signifikanzniveaus festlegen kann.

Die zweite Möglichkeit dafür, dass ein Konfidenzintervall die 0 enthält, besteht darin, dass der gefundene Mittelwertsunterschied ohnehin nahe 0 liegt. Hätten wir im Beispiel nur eine Differenz von 5 Punkten gefunden, dann läge die Mitte der Stichprobenverteilung näher an 0 und vermutlich hätte dann auch das 90 %-Konfidenzintervall die 0 beinhaltet. Je kleiner also der gefundene Effekt, desto eher wird ein um ihn herum konstruiertes Konfidenzintervall den Wert 0 beinhalten. Kleine Effekte können sich also viel schwerer als signifikant erweisen. Wie man auch bei kleinen Effekten erreichen kann, dass ihre Konfidenzintervalle die 0 weniger wahrscheinlich beinhalten, sollten Sie allerdings auch schon wissen: Wenn Sie die Stichprobengröße für Ihre Studie erhöhen, erhalten Sie eine schmalere Stichprobenverteilung, und das Konfidenzintervall zieht sich auf einen engeren Wertebereich zurück. Damit sinkt die Wahrscheinlichkeit dafür, dass es die 0 beinhaltet.

Konfidenzintervalle für Mittelwertsunterschiede bei abhängigen Stichproben
Die Konstruktion von Konfidenzintervallen bei abhängigen Mittelwertsunterschieden ist im Prinzip identisch mit der bei unabhängigen Stichproben. Nur verwenden wir hier als Mittelwertsunterschied die mittleren Differenzen der Werte $\bar{x}_{diff}$ und den Standardfehler dieser Differenzen $\hat{\sigma}_{\bar{x}_{diff}}$ für die Berechnung des Intervalls:

$$untere\ Grenze : \bar{x}_{diff} - \hat{\sigma}_{\bar{x}_{diff}} \cdot t_{df, Konf.}$$

$$obere\ Grenze : \bar{x}_{diff} + \hat{\sigma}_{\bar{x}_{diff}} \cdot t_{df, Konf.}$$

Für die Interpretation ändert sich gegenüber den unabhängigen Stichproben nichts. Die entscheidende Frage ist wieder die, ob das Intervall bei einer festgelegten Vertrauenswahrscheinlichkeit den Wert 0 beinhaltet oder nicht. Wenn das nicht der Fall ist, können wir von einem bedeutsamen Effekt der Messwiederholung ausgehen und unsere Hypothese, die von einem Unterschied ausging, annehmen.

Konfidenzintervalle für Zusammenhänge
Als statistische Kennwerte für den Zusammenhang zweier Variablen haben Sie zwei Maße kennengelernt: den Korrelationskoeffizienten r und das Regressionsgewicht b bzw. β, das den relativen Einfluss einer Variable auf eine andere Variable beschreibt. Im Fall einer einfachen linearen Regression – wenn es also nur einen Prädiktor gibt – sind beide Maße identisch. Bei der Konstruktion von Konfidenzintervallen für Zusammenhänge kommt uns hier der Umstand zugute, dass beide Maße ebenfalls einer t-Verteilung folgen (das heißt, dass die Form einer Stichprobenverteilung aus b-Werten bzw. β–Werten identisch ist mit der Form der t-Verteilung). Das Vorgehen ist damit prinzipiell wieder das gleiche wie bisher. Allerdings gibt es eine Besonderheit beim Korrelationskoeffizienten r. Für ihn ist die t-Verteilung nur dann symmetrisch, wenn $r = 0$. Das liegt daran, dass r bei 1 bzw. -1 seine Grenze hat und die Verteilung dort jeweils aufhören muss. Bei Koeffizienten größer 0 – und mit denen haben wir es fast immer zu tun – ist die t-Verteilung daher nicht mehr symmetrisch und das herkömmliche Vorgehen für die Bestimmung des Konfidenzintervalls ist nicht mehr möglich. Man kann stattdessen aber auf die z-Verteilung zurückgreifen. Diese ist auch für Korrelationskoeffizienten ungleich 0 symmetrisch. Das ist deswegen möglich, weil es eine Transformation (eine Berechnung) gibt, mit der sich Korrelationskoeffizienten in normalverteilte z-Werte umrechnen lassen. Die z_r-Werte, die sich bei dieser sogenannten *Fisher's r-to-z-Transformation* aus bestimmten Korrelationskoeffizienten ergeben, finden Sie

online. Nun spannt man um diesen Wert z_r das Konfidenzintervall auf, indem man den kritischen Wert für die Intervallgrenzen bei einer festgelegten Vertrauenswahrscheinlichkeit aus der z-Verteilung abliest. Der Standardfehler, der hier verwendet werden muss, beträgt $\frac{1}{\sqrt{N-3}}$ (das folgt rein rechnerisch aus der Transformation). Die Grenzen des Intervalls berechnen sich dann wie folgt:

$$untere\ Grenze : z_{r_{unten}} = z_r - \frac{1}{\sqrt{N-3}} \cdot z_{Konf}$$

$$obere\ Grenze : z_{r_{oben}} = z_r + \frac{1}{\sqrt{N-3}} \cdot z_{Konf}$$

Die beiden Werte für $z_{r_{unten}}$ und $z_{r_{oben}}$ können nun mit Hilfe der Fisher's r-to-z-Tabelle wieder in Korrelationskoeffizienten zurückgerechnet werden. Diese sind die beiden Grenzen des Konfidenzintervalls für r.

Die Besonderheit unsymmetrischer Verteilungen gilt nicht (oder genauer gesagt, nur in vernachlässigbarer Weise) für das Regressionsgewicht b bzw. β. Hier kann das Konfidenzintervall wieder mit Hilfe der t-Verteilung bestimmt werden. Für die Berechnung benötigen wir das standardisierte Regressionsgewicht β, dessen Standardfehler $\hat{\sigma}_{\beta_{yx}}$ und den t-Wert der entsprechenden Vertrauenswahrscheinlichkeit:

$$untere\ Grenze\ f\ddot{u}r\,\beta : \beta - \hat{\sigma}_{\beta_{yx}} \cdot t_{df,Konf.}$$

$$obere\ Grenze\ f\ddot{u}r\ \beta : \beta + \hat{\sigma}_{\beta_{yx}} \cdot t_{df,Konf.}$$

Die Darstellung von Konfidenzintervallen für Mittelwertsunterschiede und Zusammenhänge
Bei den Mittelwerten hatten wir gesagt, dass Konfidenzintervalle für die Darstellung der Güte der Populationsschätzung vor allem in Abbildungen mit Fehlerbalken inzwischen sehr verbreitet sind. Bei der Darstellung der Güte von Populationsschätzungen für Mittelwertsunterschiede und Zusammenhänge sieht das momentan noch anders aus – was wohl vor allem daran liegt, dass solche Konfidenzintervalle noch nicht von sehr vielen Statistikpaketen ausgegeben werden. Das

Abb. 7.7 Konfiden-
zintervall für einen
Mittelwertsunterschied bei
unabhängigen Messungen

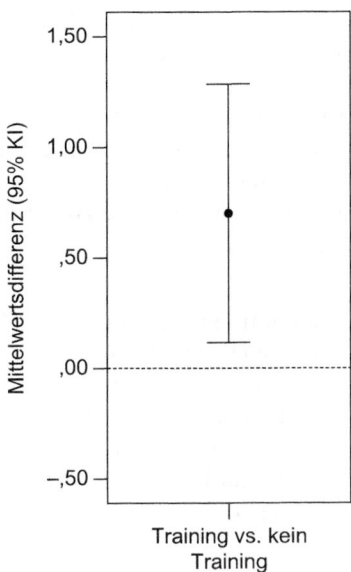

ändert sich aber gerade, was eine sehr vielversprechende Entwicklung ist. (Sehr empfehlenswert ist das Paket ESCI zum Buch von Cumming 2012, welches im Excel-Format kostenlos heruntergeladen werden kann.) Denn Konfidenzintervalle sollten der Königsweg für die Darstellung von Mittelwertsunterschieden und Zusammenhängen in Abbildungen sein. Sie lassen nämlich einerseits eine sehr gut verständliche Beurteilung der Schätzgenauigkeit zu (was man an der Länge der Intervalle ablesen kann) und beinhalten andererseits – visuell sofort erkennbar – die entscheidende Information, ob die Null im Intervall liegt oder nicht.

Sehen wir uns als Beispiel den Effekt eines Anti-Raucher-Trainings an, welches die Anzahl gerauchter Schachteln Zigaretten pro Tag bei starken Rauchern deutlich reduzieren soll. Verglichen wurde eine Trainingsgruppe ($N = 25$) mit einer Kontrollgruppe ($N = 25$). Abbildung 7.7 zeigt eine durchschnittliche Reduktion von etwa einer dreiviertel Schachtel pro Tag durch das Training. Zusätzlich zu dieser Mittelwertsdifferenz zeigt das Konfidenzintervall die Zuverlässigkeit an, mit der sich dieses Stichprobenergebnis auf die Population verallgemeinern lässt. Außerdem sehen wir, dass das Intervall die Null nicht beinhaltet, was uns – wenn es um eine ja/nein-Entscheidung ginge – dazu veranlassen würde, das Training als wirksam zu beurteilen. Es bedeutet nichts anderes, als dass wir – wenn wir dieselbe Studie 100 Mal durchführen würden – in weniger als fünf Studien keinen Effekt oder einen negativen Effekt des Trainings (also eine negative Mittelwertsdifferenz) finden würden.

In diesem Beispiel haben wir einen Mittelwertsunterschied bei unabhängigen Messungen ausgewählt. Die Darstellung für Mittelwertsunterschiede bei abhängigen Messungen und für Zusammenhänge sieht genau so aus. (Beachten Sie aber, dass Konfidenzintervalle für Zusammenhänge in der Regel asymmetrisch sind – und zwar umso mehr, je größer der Zusammenhang zwischen den beiden Variablen ist.)

Literaturempfehlung
- Cumming, G. (2014). The new statistics: Why and how. *Psychological Science, 25*, 7–29.
- Cumming, G. (2012). *Understanding the new statistics: Effect sizes, confidence intervals, and meta-analysis.* New York: Routledge.
- Sedlmeier, P., & Renkewitz, F. (2013). *Forschungsmethoden und Statistik.* München: Pearson. (Kap. 11)

Abschließende Bemerkung zu den Berechnungen
Sie haben in den letzten beiden Kapiteln relativ viele Formeln kennengelernt, die oft nicht so leicht zu durchschauen sind und sicher den Eindruck erwecken, dass es viel Arbeit wäre, mit Zettel und Stift die entsprechenden Berechnungen durchzuführen. Das ist natürlich richtig und gleichzeitig der Grund dafür, warum man heute den Computer benutzt, um diese Berechnungen anzustellen. Statistikprogramme berechnen Standardfehler und Konfidenzintervalle sozusagen nebenbei (oft muss nur ein Häkchen im entsprechenden Optionsfeld eines Mittelwertsvergleiches oder einer Regression gesetzt werden). Das ist gut so, denn es spart viel Arbeit und hilft, Fehler zu vermeiden. Kaum jemand wird ein Konfidenzintervall per Hand ausrechnen. Allerdings sollten Sie die grundlegenden Ideen, die hinter all diesen Berechnungen stehen, verstanden haben. Deswegen haben wir auch nicht darauf verzichtet, uns die jeweiligen Formeln anzusehen. Nur wenn Sie verstehen, was in einem Statistikprogramm überhaupt passiert, können Sie flexibel und vor allem ohne Fehler zu machen mit dem gelieferten Output umgehen. Und Sie sollten einschätzen können, wann eine bestimmte Berechnung überhaupt sinnvoll ist und welche Aussage sie liefert. Ein blindes Anklicken von Analysen führt in der Regel zu Ergebnissen, die der Anwender selbst nicht versteht. Vermeiden Sie das und greifen Sie – vor allem bei sehr einfachen Formeln – auch mal zu Zettel und Stift!

7.4   Der Signifikanztest

Wir wenden uns jetzt der dritten Möglichkeit zu, mit der man die Güte der Schätzung von Unterschieden und Zusammenhängen von einer Stichprobe auf die Population beurteilen kann. Es ist die zweifellos bekannteste und am weitesten verbreitete, allerdings auch die schwierigste Methode: der *Signifikanztest*. Signifikanz bedeutet so viel wie Bedeutsamkeit. Der Signifikanztest soll – genau wie das Konfidenzintervall – eine *Entscheidungshilfe* sein, wenn es um (widerstreitende) Hypothesen geht. Wenn sich in einer Stichprobe ein Effekt zeigt, stellt sich die Frage, ob die Bedeutsamkeit dieses Effektes groß genug ist, um ihn auf die Population zu verallgemeinern und die entsprechende Hypothese anzunehmen.

Im Gegensatz zu Konfidenzintervallen ist der Signifikanztest ein relativ altes Verfahren. Der erste Gebrauch wird dem Engländer John Arbuthnot in einer Veröffentlichung im Jahre 1710 zugeschrieben. Später (Anfang des 20. Jahrhunderts) wurde der Signifikanztest zu einem universal verwendbaren Verfahren, und zwar unter dem Einfluss eines genialen Statistikers namens Ronald Fisher. Fisher führte grundlegende Begriffe in die Statistik ein – wie etwa Freiheitsgrade, Randomisierung und Nullhypothese (die wir uns gleich ansehen werden). Er unterschied als Erster zwischen Stichprobenkennwerten und Populationsparametern und entwickelte die oben behandelten Formeln, mit denen man das Eine aus dem Anderen schätzen kann. Seit der Zeit Fishers ist der Signifikanztest zu einer Art Ritual in den Sozialwissenschaften geworden. Und meist wird nur danach gefragt, ob ein gefundenes Ergebnis signifikant ist oder nicht. Damit geht allerdings eine zu starke Vereinfachung in der Anwendung und Interpretation dieser Methode einher, die von Fisher sicher nicht beabsichtigt war. Doch bevor wir uns kritisch mit dem Signifikanztest auseinandersetzen, sehen wir uns natürlich zunächst an, wie er funktioniert und welche Aussagen er zulässt (und vor allem, welche nicht).

Nullhypothese und Alternativhypothese
Die alles entscheidende Grundlage für den Signifikanztest sind Stichprobenverteilungen. Von denen haben wir in den letzten Kapiteln viel gehört, und hier erhalten sie noch einmal eine zusätzliche Bedeutung. Bisher sind wir bei der Konstruktion solcher Verteilungen stets von unserem gefundenen Effekt (Mittelwert, Anteil, Mittelwertsunterschied, Zusammenhang) ausgegangen und haben um diesen Effekt herum die Verteilung konstruiert (bzw. haben wir den Computer diese Verteilungen simulieren lassen). Bei Signifikanztests müssen wir uns von

dieser sehr anschaulichen Konstruktion von Stichprobenverteilungen ein Stück weit verabschieden. Stattdessen handelt es sich hier nur noch um Verteilungen, die aus theoretischen Überlegungen erwachsen. Und das ist genau die Tatsache, die dazu führt, dass Signifikanztests eine sehr theoretische Angelegenheit sind, die man gut durchschauen muss, um ihre Logik zu verstehen. Dafür betrachten wir zunächst zwei neue Arten von Stichprobenverteilungen, die von nun an sehr zentral sein werden: die Verteilungen für die Nullhypothese und für die Alternativhypothese.

Beim Signifikanztest werden immer Hypothesen *gegeneinander getestet*. Das bedeutet, dass wir mindestens zwei Hypothesen benötigen. Die eine Hypothese kennen wir schon: das ist diejenige, die den erhofften Effekt beschreibt (also einen Mittelwertunterschied oder einen Zusammenhang in der Population). Sie ergibt sich in aller Regel aus der Forschungshypothese, also der eigentlichen Forschungsfrage, die man beantworten möchte. Sie wird als *Alternativhypothese* oder auch *H1* bezeichnet. Aber wozu ist sie eine „Alternative"? Hier kommt die zweite Hypothese ins Spiel, gegen die die Alternativhypothese getestet wird: die sogenannte *Nullhypothese* oder *H0*. Die Nullhypothese ist die zentrale Idee des Signifikanztests. Sie behauptet nämlich, dass es in der Population gar keinen Effekt gibt.

▶ Die Nullhypothese geht davon aus, dass es in der Population keinen Effekt (Unterschied, Zusammenhang) gibt. Die Alternativhypothese unterstellt einen solchen Effekt in der Population.

Die Idee dahinter ist die folgende: Wenn wir davon ausgehen (hypothetisch), dass es in der Population keinen Effekt gibt, dann sollten alle Studien zu dieser Fragestellung auch keine Effekte finden oder aber Effekte, die sich zufällig um die 0 herum verteilen. Die Wahrscheinlichkeit, sehr große Effekte zu finden, ist dann sehr klein. Ein Effekt, der groß genug ist, kann demzufolge nicht mehr als wahrscheinlich angesehen werden unter der Prämisse, dass diese Nullhypothese zutrifft. In diesem Fall würden wir die Nullhypothese als falsch ablehnen (verwerfen) und stattdessen die Alternativhypothese akzeptieren, die von einem Effekt ausgegangen ist. Dieses Vorgehen sehen wir uns an den entsprechenden Verteilungen an.

Die Tatsache, dass sich in Stichproben gefundene Ergebnisse bei Gültigkeit der Nullhypothese zufällig um den Wert 0 verteilen sollten, beschreibt natürlich nichts anderes als eine Stichprobenverteilung um den Wert 0. Das ist die Verteilung der Nullhypothese. Wir haben es also hier mit einer Stichprobenverteilung zu tun, die als Mittelwert in der Regel 0 hat (siehe Abb. 7.8).

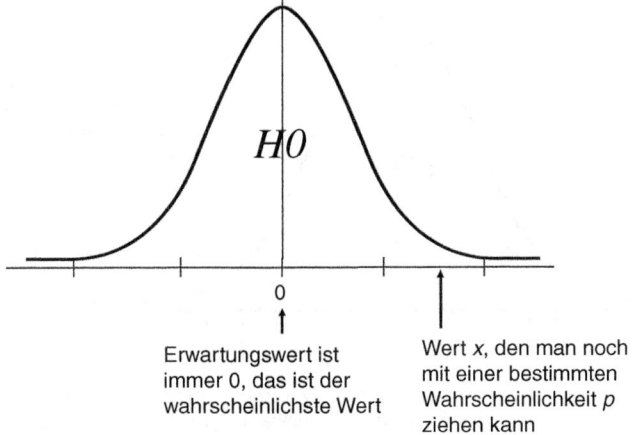

Erwartungswert ist
immer 0, das ist der
wahrscheinlichste Wert

Wert *x*, den man noch
mit einer bestimmten
Wahrscheinlichkeit *p*
ziehen kann

Abb. 7.8 Stichprobenverteilung der Nullhypothese

Die Nullhypothese macht den Signifikanztest zu einer Art konservativem Verfahren, das heißt, sie behauptet in der Regel, dass es in der Population keinen Effekt gibt und dass ein in einer Stichprobe gefundener Effekt nur auf Zufall beruht. Wie groß dieser Zufall ist, kann man aus der Stichprobenverteilung ablesen. Hätten wir in einer Stichprobe einen Effekt der Größe *x* gefunden, der von 0 verschieden ist, könnten wir in der Stichprobenverteilung ablesen, wie wahrscheinlich es war, diesen oder einen noch größeren Effekt zu finden, wenn die Nullhypothese gilt. In Abb. 7.8 beträgt die Wahrscheinlichkeit *p*, den Wert *x* oder noch größere Werte zu finden, vielleicht 0,05, also 5 %. Die Nullhypothese würde nun „behaupten", dass dieses Ergebnis zwar schon sehr unwahrscheinlich war, dass wir aber in einer nächsten Studie einen viel kleineren Effekt finden würden oder einen, der auf der anderen Seite der 0 liegt. Im Schnitt – so die Annahme der Nullhypothese – sollten wiederholte Studien zu Effekten führen, die sich zufällig um die 0 verteilen.

▶ Der *p*-Wert ist die Wahrscheinlichkeit dafür, dass in einer Stichprobe der gefundene oder ein noch größerer Effekt auftritt unter der Annahme, dass die Nullhypothese gilt.

Die Logik des Signifikanztests: Wahrscheinlichkeiten und Irrtümer
Fisher argumentierte nun folgendermaßen zur Frage, wie man eine Entscheidung bezüglich der Nullhypothese treffen kann: Bevor man einen Signifikanztest durch-

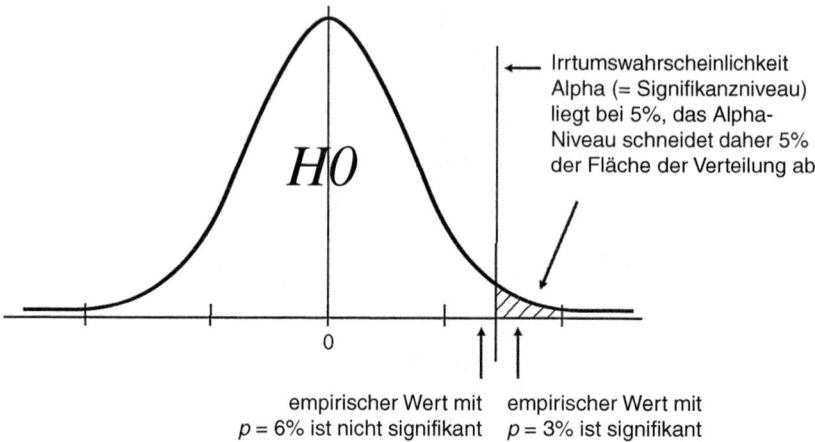

Abb. 7.9 Die Logik des Signifikanztests

führt, legt man eine sogenannte *Irrtumswahrscheinlichkeit* α fest. Die Irrtumswahrscheinlichkeit entspricht einem Wert für *p*, ab dem man nicht mehr bereit ist,
die Nullhypothese zu akzeptieren. Empirisch gefundene Werte, die in diesen
Ablehnungsbereich fallen, werden als signifikant bezeichnet und führen zur Ablehnung der Nullhypothese. Die Irrtumswahrscheinlichkeit wird daher auch als *Signifikanzniveau* oder *Alpha-Niveau* bezeichnet. Werte, die in diesen Bereich fallen,
sind so unwahrscheinlich, dass wir die Nullhypothese ablehnen und dabei natürlich
das Risiko eingehen, dass wir uns mit dieser Entscheidung *irren* (daher der Name
Irrtumswahrscheinlichkeit). Die Irrtumswahrscheinlichkeit (oder einfach nur
Alpha) entspricht also einer Fehlerwahrscheinlichkeit. Der Fehler besteht in der
fälschlichen Ablehnung der Nullhypothese. Sehen wir uns diese Überlegung noch
einmal an der Stichprobenverteilung an. Abbildung 7.9 zeigt die Festlegung eines
Signifikanzniveaus.

In der Abbildung haben wir uns für ein Signifikanzniveau von 5 % entschieden.
Das heißt, alle empirischen Ergebnisse aus Stichproben, die mit einer Wahrscheinlichkeit *p* von kleiner oder gleich 5 % korrespondieren, veranlassen uns zur
Ablehnung der Nullhypothese. Wir sprechen also immer dann von einem signifikanten Ergebnis, wenn $p \leq \alpha$, also *p* in den vorher festgelegten Ablehnungsbereich
fällt. (Manchmal wird statt $p \leq \alpha$ einfach nach $p < \alpha$ gefragt. Das ist vor allem im
englischen Sprachraum verbreitet. Praktisch hat das kaum Konsequenzen, da
p-Werte, die genau „an der Grenze" zum Signifikanzniveau liegen, in der Regel

ohnehin besonders kritisch diskutiert werden.) Wenn wir das tun, besteht gleichzeitig das Risiko p, dass der gefundene Wert doch zur Nullhypothese gehört hat,
also nur durch Zufall zustande kam. Um das Risiko eines solchen Irrtums – wir
sprechen vom sogenannten *Alpha-Fehler* – zu minimieren, wird die Wahrscheinlichkeit für Alpha meist auf 5 % oder 1 % festgelegt. Bei einem Alpha von 1 % sind
natürlich noch viel größere Effekte nötig, um ein signifikantes Ergebnis zu erhalten. Wenn wir also hören, dass ein Ergebnis auf dem 5 %-Niveau signifikant
geworden ist, dann wissen wir, dass die Entscheidung gegen die Nullhypothese
mit einer Irrtumswahrscheinlichkeit von *maximal* 5 % behaftet ist.

▶ Der Alpha-Fehler legt das Niveau der Irrtumswahrscheinlichkeit (Signifikanzniveau) fest. Das Ergebnis eines Signifikanztests ist signifikant, wenn $p \leq \alpha$.

Die entscheidende Frage ist nun, woher der p-Wert eigentlich kommt. Die
Antwort darauf ist relativ einfach, da Sie alles, was Sie dazu benötigen, bereits
wissen. Wir hatten oben behauptet, dass zum Beispiel Mittelwertsunterschiede
einer t-Verteilung folgen. Alles was wir also für den Signifikanztest tun müssen,
ist, wieder die t-Verteilung für unsere Stichprobe heranzuziehen. Wie wir wissen,
ist die t-Verteilung eine Stichprobenverteilung von Mittelwertsunterschieden mit
einem Mittelwert von 0. Sie entspricht daher bereits der Verteilung der Nullhypothese! Wenn wir also einen t-Wert kennen, müssen wir aus der Verteilung nur den
entsprechenden p-Wert ablesen. Wie man den t-Wert (bzw. andere Prüfgrößen)
ausrechnet, werden wir später bei den einzelnen Signifikanztests sehen. Denn
neben dem t-Wert gibt es noch andere Werte, die man ausrechnen kann – je
nachdem, um welche Fragestellung es sich handelt. Während für Mittelwertsunterschiede die t-Verteilung gilt, sind es für Anteile die Binomialverteilung, für
Häufigkeiten die sogenannte Chi-Quadrat-Verteilung usw. Das Prinzip ist aber
immer dasselbe: diese Verteilungen repräsentieren die Nullhypothese und werden
zum Prüfen des Signifikanztestergebnisses benutzt. Sehen wir uns diese *Prüfverteilungen* im Überblick an, bevor wir die Überlegungen zum Signifikanztest
fortsetzen.

Prüfverteilungen
Da der Signifikanztest für alle Arten von Fragestellungen berechnet werden soll,
brauchen wir für alle Fragestellungen eine entsprechende Stichprobenverteilung
für die Nullhypothese. Man spricht hier von sogenannten Prüfverteilungen, da in
ihnen der p-Wert abgelesen wird, der zum Prüfen auf Signifikanz benötigt wird.
Zwei Prüfverteilungen kennen wir schon: die z-Verteilung (Standardnormalver-

teilung) und die *t*-Verteilung. Die *z*-Verteilung kann man benutzen, um innerhalb *einer* Stichprobe für *einen einzigen Wert* zu bestimmen, ob er sich signifikant vom Durchschnitt unterscheidet. Einen solchen *z-Test* kennen Sie schon von der *z*-Standardisierung. Dort wurde für jede Person in einer Stichprobe ein *z*-Wert berechnet, der angibt, wo diese Person relativ zu allen anderen in der Verteilung aller Werte liegt. Für diesen *z*-Wert müssen wir nur in der *z*-Verteilung nachsehen, welchem *p*-Wert er entspricht. Die Tabellen für alle wichtigen Prüfverteilungen finden Sie online. Betrachten wir ein Beispiel. In einer Klausur ist von 50 Studierenden ein Mittelwert von $M = 34$ Punkten erreicht worden. Die Standardabweichung beträgt $SD = 3,7$. Wir wollen nun wissen, ob Paul, der 41 Punkte hatte, signifikant besser war als alle anderen. Dafür bestimmen wir den *z*-Wert für Pauls Ergebnis. Das ist nichts anderes als die *z*-Standardisierung seines Punktwertes:

$$z = \frac{x_{Paul} - \overline{x}}{SD} = \frac{41 - 34}{3,7} = 1,89$$

Für diesen *z*-Wert (oder genauer: für alle Werte, die kleiner oder gleich diesem *z*-Wert sind) suchen wir die entsprechende Wahrscheinlichkeit aus der Tabelle. In der Tabelle sehen wir, dass ein *z*-Wert von 1,89 eine Fläche von 97,06 % abschneidet. Welchem *p*-Wert entspricht das? Dafür ziehen wir einfach diese Fläche von 100 % ab: $100 - 97,06 = 2,94$. Wenn wir von einem Signifikanzniveau von 5 % ausgehen, dann ist p < α, was bedeutet, dass Paul signifikant besser ist als der Durchschnitt (seine bessere Leistung ist also wirklich von Bedeutung und nicht nur zufällig entstanden). Nur 2,94 % der Studierenden sind besser als Paul. Die Nullhypothese beim *z*-Test hätte behauptet, dass Paul sich nicht vom Durchschnitt unterscheidet. Diese Hypothese haben wir damit verworfen.

Die zweite bekannte Verteilung, die *t*-Verteilung, kann überall da angewendet werden, wo es um Mittelwertunterschiede, Korrelationskoeffizienten und Regressionsgewichte geht. All diese Maße sind *t*-verteilt. Darüber hinaus gelten für andere Signifikanztests jeweils andere Prüfverteilungen. Wir werden uns hier mit den wichtigsten auseinandersetzen. Dazu gehören beispielsweise die *F*-Verteilung, die die Verteilung von Varianzen widerspiegelt oder die Chi-Quadrat-Verteilung, die die Verteilung von Häufigkeitsdaten enthält. Bei der Betrachtung der einzelnen Signifikanztests werden wir auf diese Verteilungen näher eingehen. Das Nachschauen von *p*-Werten in den Prüfverteilungen praktizieren wir hier im Wesentlichen zur Veranschaulichung der Vorgehensweise beim Signifikanztesten. Denn auch bei diesen Testverfahren wird der *p*-Wert immer von den Statistikprogrammen ausgegeben.

Einseitiges und zweiseitiges Testen

Kommen wir zurück zur Durchführung des Signifikanztests. Bei den bisherigen Überlegungen haben wir gesehen, dass ein gefundener p-Wert kleiner oder gleich der festgelegten Alpha-Wahrscheinlichkeit sein soll. Bei einem Alpha-Niveau von 5 % haben wir 5 % der Verteilung abgeschnitten und geschaut, ob der p-Wert in diesem abgeschnittenen Teil liegt oder nicht. Allerdings haben wir die Fläche auf der rechten Seite der Verteilung abgeschnitten. Das ist aber nicht zwingend. Kommen wir noch einmal auf das Beispiel des Trainings zurück, bei dem wir gehofft hatten, dass die Trainingsgruppe in einem Test höhere Werte erreicht als eine Kontrollgruppe, die das Training nicht absolviert hat. Wenn wir eine solche Hypothese haben, die in eine bestimmte Richtung geht, dann sprechen wir von *einseitigem Testen*. Wir postulieren dann nämlich, dass der Effekt auf der rechten Seite der Verteilung unter Annahme der Nullhypothese zu finden ist. Denn auf der linken Seite der Nullhypothesen-Verteilung stehen t-Werte, die kleiner 0 sind. Das sind all die Effekte, die entstehen würden, wenn die Kontrollgruppe *bessere* Werte im Test erreicht hätte. Davon gehen wir aber nicht aus. Wir schließen damit von vorn herein aus, dass wir einen Alpha-Fehler auf der linken Seite machen könnten. Das führt natürlich dazu, dass wir gar nicht erst einen Signifikanztest machen würden, wenn die Kontrollgruppe die höheren Werte erzielen würde. Denn damit wäre unsere Hypothese bereits widerlegt und ein Test wäre nutzlos.

Es gibt nun eine zweite Möglichkeit von Signifikanztests – nämlich solche, bei denen man vorher keine Idee darüber hat, in welche Richtung der Effekt gehen wird, wenn es überhaupt einen gibt. In der Forschung ist es gar nicht so selten, dass man sozusagen „ins Blaue hinein" testet, ob es irgendeinen Effekt gibt. (Obwohl das nicht der Idealfall ist!) Oft gibt es auch verschiedene Hypothesen, die sich konträr gegenüber stehen. Beispielsweise könnte man sich fragen, ob Frauen als attraktiver eingeschätzt werden, wenn sie eine Brille tragen. Die Brille könnte sie erfolgreicher erscheinen lassen und damit attraktiver machen. Andererseits könnte das Fehlen einer Brille mehr Weiblichkeit ausstrahlen. Wenn man keine Hypothese über die Richtung des Effektes hat, spricht man von *zweiseitigem Testen*. Denn der Effekt (ein möglicher Mittelwertunterschied) kann sich nun auf beiden Seiten der t-Verteilung ereignen. Das wiederum führt dazu, dass der Alpha-Fehler auf beide Seiten der Verteilung aufgeteilt werden muss, weil wir nicht wissen, wo genau wir suchen. Bei einem Alpha von 5 % müssen wir demnach auf jeder Seite 2,5 % der Verteilung abschneiden. Der Effekt hat es damit natürlich „schwerer", signifikant zu werden – egal auf welcher Seite er liegt. Denn er muss nun weiter von 0 entfernt sein, um unter das Niveau von Alpha zu fallen. Dafür haben wir aber den Vorteil, dass wir ein signifikantes Ergebnis auf beiden Seiten akzeptieren würden. Abbildung 7.10 veranschaulicht dieses Prinzip.

einseitiger Test mit Alpha = 5%   zweiseitiger Test mit Alpha = 5%

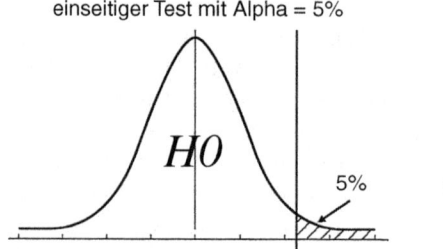 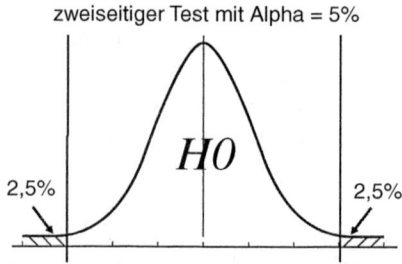

Abb. 7.10 Einseitiges und zweiseitiges Testen

Für einige Signifikanztests muss man sich vorher überlegen, ob man einseitig oder zweiseitig testen möchte. Bei Mittelwertsunterschieden von zwei Messungen ist es immer möglich, eine Hypothese über die Richtung des Unterschiedes anzugeben. Wenn man sich für einseitiges Testen entschieden hat, hat man es leichter, ein signifikantes Ergebnis zu bekommen. In Statistikprogrammen kann man bei solchen Tests angeben, ob sie ein- oder zweiseitig testen sollen. Es gibt aber auch Signifikanztests, die immer einseitig testen. Das sind zum Beispiel Tests für Häufigkeiten. Da Häufigkeiten nie negativ sein können (im Gegensatz zu Mittelwertsunterschieden), kann man hier auch nur in eine Richtung testen. Ebenso verhält es sich mit Varianzen. Auch Varianzen können nicht negativ sein, und die entsprechenden Tests sind daher immer einseitig. (Später dazu mehr.)

Alternativhypothese und Beta-Fehler
Die oben beschriebene Vorgehensweise beim Signifikanztesten nach Fisher ist im Prinzip die einfachste und gebräuchlichste. Und sie ist diejenige Vorgehensweise, nach denen auch Statistikprogramme arbeiten. Sie geben einen p-Wert aus, der angibt, wie wahrscheinlich das gefundene oder ein noch extremeres Ergebnis unter der Annahme der Nullhypothese war. Die Entscheidung über die Höhe des Signifikanzniveaus und über Annahme oder Ablehnung von Hypothesen bleibt dabei dem Anwender überlassen. Bei Fisher blieb allerdings eine Frage offen. Bei einem signifikanten Ergebnis empfiehlt er, die Nullhypothese zu verwerfen. Er schlägt aber keine Handlungsoption vor für den Fall, dass das Ergebnis nicht signifikant ist. Ist dann die Nullhypothese „richtig"? Darüber können wir keine Aussage machen. Um dieses Problem zu lösen, haben Jerzy Neyman und Egon Pearson die Alternativhypothese ins Spiel gebracht. Die Alternativhypothese erwächst in aller Regel aus der Forschungshypothese. Sie steht dann der Nullhypothese gegenüber und unterstellt, dass es einen Effekt gibt. Sehen wir uns an, welche Rolle die Alternativhypothese beim Signifikanztest spielt.

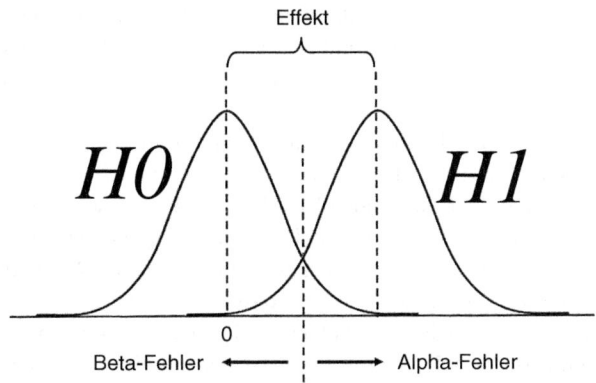

Abb. 7.11 Nullhypothese, Alternativhypothese und Effekt

Nach Neyman und Pearson sollte man beim Testen von Hypothesen nicht primär nur von der Nullhypothese ausgehen, sondern sich vielmehr fragen, welchen Effekt man eigentlich untersuchen möchte. Das heißt, man sollte sich vor dem Test überlegen, wie groß der Effekt, der einen interessiert, (mindestens) sein sollte. Um diesen Effekt zu charakterisieren, benötigen wir die Alternativhypothese. Sie muss sich um die Größe des erhofften Effektes von der Nullhypothese unterscheiden. Abbildung 7.11 zeigt die beiden Hypothesen und den Effekt.

Die Nullhypothese erstreckt sich wieder um den Wert 0, die Alternativhypothese hingegen wurde um einen Wert herum konstruiert, der den erhofften Effekt in der Population widerspiegelt. Da dieser Effekt ein theoretischer, erhoffter Wert ist, handelt es sich damit auch bei der Alternativhypothese wieder um eine theoretische Verteilung (die wir wieder simuliert haben). Wie groß soll der Effekt nun sein, um den herum wir diese Verteilung konstruieren sollen? Darauf gibt es zwei Antworten. Zum einen kann man sich fragen, welcher Effekt *mindestens* vorhanden sein soll, damit er für uns von Interesse ist. Sehr kleine Effekte haben in der Regel keine große Bedeutung. Wie groß genau ein solcher Mindesteffekt sein soll, hängt natürlich von der Fragestellung ab. Ein Medikament, welches Krebspatienten auch nur minimal helfen kann, ist schon bei sehr kleinen Effekten sehr interessant. Die Veränderung von Arbeitsplatzbedingungen in einem Unternehmen zur Steigerung der Mitarbeiterzufriedenheit sollte hingegen einen deutlichen Effekt ausmachen, da eine solche Umstellung mit Zeit und Geld verbunden ist. Die Größe des interessanten Mindesteffektes ist daher eine Abwägungsfrage. Die andere Möglichkeit, diesen Effekt zu bestimmen, besteht darin, dass man sich entsprechende Effekte aus bereits durchgeführten Studien anschaut. In der Forschung ist es praktisch immer der Fall, dass es schon Untersuchungen zu einem Thema gegeben hat. Deren Effekte kann man als erwarteten oder als Mindesteffekt benutzen.

Nun fragen Sie sich sicher, wofür man den Effekt und die Alternativhypothese überhaupt braucht. Die Antwort auf diese Frage verbirgt sich hinter einem interessanten Aspekt in Abb. 7.11: die beiden Verteilungen überschneiden sich. Überlegen wir, was das bedeutet. Wir haben den Überschneidungsbereich in zwei Hälften geteilt. Beide Seiten des Überschneidungsbereiches enthalten Werte, die zu beiden Hypothesen gehören können. Das bedeutet, dass man bei der Entscheidung für oder gegen eine Hypothese verschiedene Fehler machen kann. Nehmen wir zunächst an, die Nullhypothese sei tatsächlich richtig (wir können das nie wissen, aber wir können es der Überlegung halber einmal unterstellen). Dann würden wir, wenn wir in unserer Studie einen Wert im rechten Überschneidungsbereich gefunden haben und die Nullhypothese beibehalten, keinen Fehler begehen. Wenn wir uns aufgrund des gefundenen Wertes allerdings für die Alternativhypothese entscheiden, hätten wir einen Fehler gemacht. Dieser Fehler wird auch *Fehler erster Art* genannt. Er führt dazu, dass wir die Nullhypothese fälschlicherweise verwerfen. Und er ist natürlich identisch mit dem Fehler, den Sie schon kennen: dem Alpha-Fehler.

Gehen wir nun in einer weiteren Überlegung davon aus, dass die Alternativhypothese zutrifft und es tatsächlich einen Effekt in der Population gibt. Dann wird die linke Seite des Überschneidungsbereiches interessant. Wenn wir einen Wert finden, der in diesem Bereich liegt, und dennoch die Nullhypothese ablehnen, haben wir keinen Fehler gemacht. Wenn wir allerdings die Nullhypothese beibehalten, begehen wir einen Fehler. Dieser wird *Fehler zweiter Art* oder *Beta-Fehler* genannt. Er äußert sich darin, dass wir die Alternativhypothese fälschlicherweise ablehnen. Die vier möglichen Entscheidungen und die möglichen Fehler sind in Tab. 7.1 zusammengefasst.

Tab. 7.1 Fehler beim Signifikanztesten

		Entscheidung aufgrund des Stichproben-Ergebnisses	
		Entscheidung für die H_0	*Entscheidung für die H_1*
Verhältnisse in der Population (unbekannt)	*In der Population gilt die H_0*	Korrekte Entscheidung	α-Fehler („Fehler erster Art")
	In der Population gilt die H_1	β-Fehler („Fehler zweiter Art")	Korrekte Entscheidung

Neyman und Pearson haben nun argumentiert, dass man vor einem Signifikanztest *beide* Fehler abwägen sollte, um hinterher eine begründete Entscheidung für oder gegen eine Hypothese treffen zu können. Es genügt dann also nicht mehr, nur den Alpha-Fehler festzulegen, sondern es sollte immer eine Abwägung der beiden Fehler geben, die sich an inhaltlichen Gesichtspunkten orientiert. Denn beide Fehler haben eine andere inhaltliche Bedeutung und ihre Wichtigkeit hängt von der jeweiligen Fragestellung ab. Oben haben wir das Beispiel des Krebsmedikamentes betrachtet. Wenn die Entscheidung ansteht, ob das Medikament eingesetzt werden soll oder nicht – auf welchen Fehler sollte man dann besonders achten? Hier ist natürlich der Beta-Fehler der relevante. Denn der würde bedeuten, dass man fälschlicherweise die Nullhypothese beibehält und das Medikament – obwohl es wirkt – nicht einsetzt. Diesen Fehler sollte man versuchen zu minimieren, vor allem dann, wenn mit der Neueinführung des Medikamentes keine neuen Nebenwirkungen oder erhebliche Preissteigerungen verbunden sind. Im anderen Fall hatten wir überlegt, ob ein Unternehmen die Arbeitsplätze seiner Mitarbeiter neu gestalten sollte. Eine solche Umstellung würde viel Geld und Zeit kosten und soll daher nur eingesetzt werden, wenn sie auch tatsächlich einen Effekt auf die Arbeitszufriedenheit hat. Hier wollen wir daher den Alpha-Fehler minimieren und nicht fälschlicherweise die Nullhypothese verwerfen, was mit viel Aufwand verbunden wäre, der aber gar keinen Effekt hätte.

Die Abwägung von Alpha- und Beta-Fehler hängt also immer von der jeweiligen Fragestellung ab. Sehen wir uns zunächst an, was bei den beiden Verteilungen aus Abb. 7.12 passiert, wenn wir das übliche Alpha-Niveau von 5 % anwenden. Dieses würde 5 % der Fläche der Nullhypothese abschneiden:

In diesem Fall würden wir uns erst bei empirischen Effekten, die rechts vom Alpha-Niveau liegen, für die Ablehnung der H0 entscheiden. Das bedeutet, dass alle Werte, die links davon liegen und zur H1 gehören, zur Ablehnung von H1 führen würden. Der Beta-Fehler wäre damit relativ groß. Er entspricht der Fläche der H1-Verteilung, die links von Alpha liegt – in unserem Beispiel also etwa 35 %.

Bei der Fragestellung, ob das Krebsmedikament eingeführt werden soll, sollten wir hingegen den Beta-Fehler vermindern und das Alpha-Niveau weiter nach links verschieben. Wir entscheiden uns für einen Beta-Fehler von 1 %. Wir würden also das linke 1 % der H1-Verteilung abschneiden. Der entsprechende Wert läge dann eventuell noch unter dem Mittelwert der Nullhypothese. Das würde schließlich einem Alpha-Fehler von mehr als 50 % entsprechen. Aber wir haben argumentiert, dass bei einer solchen Entscheidung ein Alpha-Fehler nicht so dramatisch ist. Denn

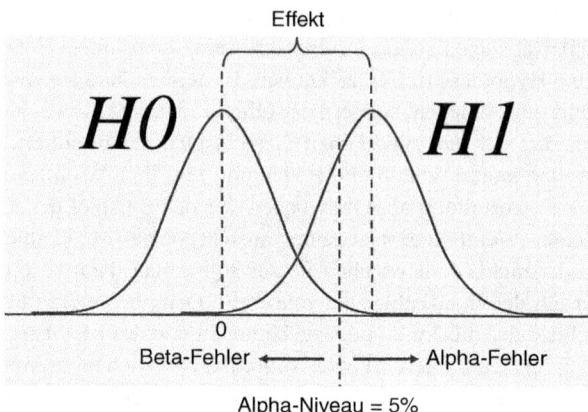

Abb. 7.12 Abwägung von Alpha- und Beta-Fehler

schlimmstenfalls entscheiden wir uns fälschlicherweise für ein Medikament, das auch nicht besser wirkt als das alte und sonst keine Nachteile hat.

Die Abwägung von Alpha und Beta ist vor allem dann relevant, wenn sich die Verteilungen stark überschneiden. Wenn der erhoffte Effekt in der Population sehr groß ist, dann liegen die beiden Verteilungen weiter voneinander entfernt und ihr Überschneidungsbereich wird kleiner. Dann sind beide Fehler klein. Außerdem führt das altbekannte Prinzip, größere Stichproben zu verwenden, zu einer Minimierung beider Fehler. Denn größere Stichproben führen zu einer geringeren Streuung der Stichprobenverteilungen für H0 und H1 (kleinerer Standardfehler). Damit werden die Verteilungen schmaler und überlappen sich weniger. Beide Effekte sind in Abb. 7.13 zusammengefasst.

Fassen wir zusammen: Wenn wir die Alternativhypothese und die Abwägung der beiden Fehler mit in die Durchführung des Signifikanztests einbeziehen, dann sieht das generelle Vorgehen folgendermaßen aus: (1) Formuliere eine Nullhypothese und konstruiere die entsprechende Stichprobenverteilung. (2) Formuliere eine Alternativhypothese und konstruiere die entsprechende Stichprobenverteilung. (3) Mache eine Abwägung der Wichtigkeit der Fehler erster und zweiter Art. (4) Prüfe, ob der p-Wert größer oder kleiner als der Fehler erster Art ist. (5) Ist der p-Wert kleiner oder gleich Alpha, verhalte dich so, als ob die Alternativhypothese stimmt. Ist der p-Wert größer als Alpha, verhalte dich so, als ob die Nullhypothese stimmt.

Das sind die Schritte, die nach dem Vorgehen von Neyman und Pearson zu berücksichtigen sind. Wie wir aber oben schon angemerkt hatten, wird von

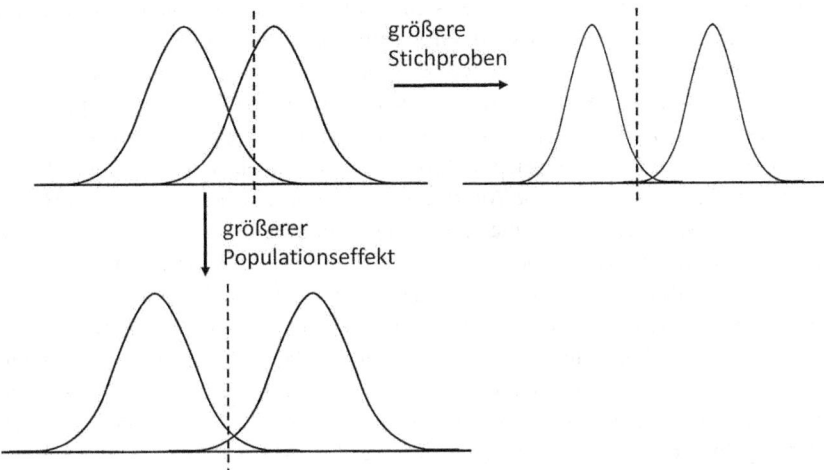

Abb. 7.13 Der Einfluss von Stichprobengröße und Populationseffekt auf die Fehler beim Signifikanztest (Alpha = 5 %)

Statistikprogrammen nur der p-Wert ausgegeben. Die Alternativhypothese wird dabei nicht beachtet. Was wir aus dieser vorgeschlagenen Vorgehensweise aber lernen sollten ist, dass man eine Abwägung von Alpha und Beta macht und nicht einfach „blind" auf ein festgesetztes Alpha-Niveau vertraut. Besonders bei Fragestellungen, bei denen es auf einen kleinen Beta-Fehler ankommt, sollte man diesen auf 1 % oder 5 % festlegen und den korrespondierenden Alpha-Fehler als Signifikanzniveau benutzen. Die Berechnung von Alpha bei gegebenem Beta erfolgt beispielsweise mit dem Programm von Sedlmeier und Köhlers (2001) oder mit freien Tools im Internet.

Da beim Signifikanztesten aber (leider!) oft die Schritte 2 und 3 übersprungen werden, spricht man manchmal von einer *Hybrid*-Vorgehensweise, weil sich die beiden Ansätze von Fisher und Neyman/Pearson dabei vermischen. Immerhin erhalten wir bei diesem Vorgehen aber auch eine Handlungsoption für den Fall, dass das Ergebnis nicht signifikant ist. Wir „verhalten uns dann so", als ob die Nullhypothese stimmt.

Wir haben damit die grundlegende Idee des Signifikanztests und die prinzipielle Vorgehensweise für die Bestimmung des p–Wertes vorgestellt. Für jede Art von Fragestellungen gibt es spezielle Signifikanztests, denen wir uns später genauer zuwenden werden. Sie unterscheiden sich im Prinzip nur durch die Prüfverteilung, die sie verwenden, um den p-Wert auf Signifikanz zu prüfen.

Angemerkt sei auch hier nochmal, dass die Simulation von Verteilungen (wie für die H0) nicht von Hand erledigt werden muss, sondern im Computer im Hintergrund abläuft. Der Anwender bekommt in der Regel nur den p-Wert zu Gesicht. Und es gibt einen weiteren Aspekt, der manchmal zu Verwirrungen führt: Der Signifikanztest lässt keine Aussagen über die Wahrscheinlichkeit von Hypothesen zu!!! Wir erfahren also nicht, wie wahrscheinlich es ist, dass eine Hypothese zutrifft oder nicht. Wir erfahren stets nur etwas über die Wahrscheinlichkeit des gefundenen Effektes, falls eine Hypothese (in der Regel die H0) zutrifft. Das macht nochmals deutlich, dass der Signifikanztest ein sehr theoretisches Verfahren ist, das zwar schnelle und einfache Entscheidungen herbeiführen kann, das aber nicht ohne weiteres zu verstehen und korrekt zu interpretieren ist. Da oft sehr unkritisch mit dem Signifikanztest umgegangen wird, sehen wir uns noch an, welche Größen das Ergebnis eigentlich beeinflussen und welche „Manipulationsmöglichkeiten" damit auch bestehen.

Einflussgrößen auf das Ergebnis des Signifikanztests
Es gibt drei Größen, die das Ergebnis eines Signifikanztests beeinflussen: die Größe des Populationseffektes, die Stichprobengröße und das Alpha-Niveau. Auf welche Art diese Beeinflussung geschieht, haben wir im Prinzip schon gesehen (siehe Abb. 7.13). Wir können sie hier noch einmal zusammenfassen. Beginnen wir mit der Größe des Populationseffektes. Die Größe dieses Effektes kennen wir natürlich nicht – sonst müssten wir keinen Signifikanztest machen – aber wir können überlegen, wie er sich auf das Signifikanztestergebnis auswirkt. Je größer er ist, desto eher werden wir in unserer Stichprobe Werte finden, die sehr weit von der Nullhypothese entfernt sind. Sie werden also zu kleinen p-Werten führen. An der Größe des Populationseffektes können wir jedoch nichts ändern.

Anders sieht das bei den anderen beiden Größen aus. Die Stichprobengröße hat, wie wir in Abb. 7.13 gesehen haben, einen Einfluss auf die Breite der Stichprobenverteilungen. Verwenden wir also größere Stichproben in unserer Studie, erhöht das immer die Wahrscheinlichkeit eines signifikanten Ergebnisses. Gelegentlich hat dieser Effekt zu einer Kritik am Signifikanztest geführt, die bemängelt, dass man mit genügend großen Stichproben jeden noch so kleinen Effekt signifikant „machen" kann. Diese Kritik trifft allerdings nicht den Signifikanztest selbst, denn wenn sich bei sehr großen Stichproben immer noch ein Effekt zeigt, dann ist der natürlich statistisch umso bedeutsamer bzw. zuverlässiger. Die Kritik richtet sich vielmehr gegen den sorglosen Umgang mit Signifikanztestergebnissen, nämlich dann, wenn Signifikanz mit inhaltlicher Wichtigkeit verwechselt wird. Wir kommen gleich darauf zurück. Festzuhalten bleibt, dass größere Stichproben eher zu signifikanten Ergebnissen führen können.

Die dritte Einflussgröße ist trivial. Das festgelegte Alpha-Niveau entscheidet darüber, ob ein Ergebnis signifikant ist oder nicht. Begnügen wir uns mit einem Alpha von 20 %, bekommen wir eher ein signifikantes Ergebnis als bei einem strengeren Alpha von 1 %. Wie gesagt, sind in der Psychologie die Vorstellungen von einem geeigneten Alpha leider relativ festgefahren und liegen meist bei 5 bzw. 1 %.

Kritische Betrachtung des Signifikanztests

Aus den zuletzt genannten Punkten können wir direkt einige Kritikpunkte am Signifikanztest ableiten. Wie eben erwähnt, trifft das Argument, dass man mit sehr großen Stichproben auch sehr kleine Effekte signifikant machen kann, eher den Umgang mit der Bedeutung von Signifikanztestergebnissen. Ein *signifikanter* Effekt sollte eben nicht mit einem *wichtigen* Effekt verwechselt werden. Ob ein Effekt nämlich auch *inhaltlich von Interesse* ist, hängt von seiner Größe und der Fragestellung ab. Was aber erfahren wir über die Größe des Effektes, wenn wir einen Signifikanztest gemacht haben? Die Antwort ist: gar nichts. Der p-Wert allein ist kein Indikator für die Größe des Effektes, denn wie wir eben gezeigt haben, hängt er von noch anderen Einflussgrößen ab. Wir können daher aus einem Signifikanztestergebnis nicht die Größe des wahren Effektes in der Population schätzen. Damit erfahren wir auch nichts über die inhaltliche Bedeutsamkeit des Signifikanztestergebnisses. Das zeigt wieder, wie sehr theoretisch und wie wenig pragmatisch der Signifikanztest im Grunde ist.

Um solchen Schwierigkeiten bei der Interpretation und dem ritualisierten Umgang mit Signifikanztestergebnissen entgegenzuwirken, vollzieht sich seit einigen Jahren eine Trendwende in der Art und Weise, wie Forschungsergebnisse publiziert werden. Neben den Signifikanztestergebnissen sollen Angaben gemacht werden, die besser interpretierbar sind und auch eine Aussage über die Größe von Effekten zulassen. Eine solche Alternative kennen Sie schon: das Konfidenzintervall. Konfidenzintervalle geben konkrete Wertebereiche in Rohwerten an und sind damit viel aussagekräftiger und besser zu verstehen als ein abstrakter p-Wert. Die zweite Alternative zu den Signifikanztestergebnissen sind Schätzungen für den tatsächlichen Effekt in der Population, denen wir uns im nächsten Kapitel widmen werden: die sogenannten Effektgrößen.

Es ist zu hoffen, dass die angesprochene Trendwende dazu führt, dass Signifikanztests aus dem Methodenkoffer von Psychologen so gut wie verschwinden. Wie wir gesehen haben, (1) folgen sie einer willkürlichen und seltsamen Logik (Annahme der Nullhypothese, ritualisiertes Setzen eines Signifikanzniveaus),

(2) sind sehr schwer zu interpretieren und (3) liefern keinerlei Aussage über die Größe von Effekten in der Population. Da sie aber immer noch so verbreitet sind und Sie natürlich in der Lage sein sollten, Signifikanztestergebnisse richtig zu interpretieren, haben wir sie hier ausführlich behandelt. Als Fazit gilt aber: Vermeiden Sie wenn möglich die Verwendung von Signifikanztests in Ihren eigenen Arbeiten!

Die H0 als Forschungshypothese

Sehen wir uns am Ende dieses Kapitels noch einen Spezialfall des Hypothesentestens an. Bei einigen Fragestellungen kann es vorkommen, dass man hofft, dass es *keinen* Effekt – beispielsweise *keinen* Mittelwertunterschied – gibt. Ein typisches Beispiel sind Studien, die von Tabakunternehmen durchgeführt werden und zeigen sollen, dass Rauchen nicht schädlich ist. Dabei kann man alle möglichen Fragen untersuchen, aber die Hoffnung ist immer, dass sich Raucher und Nichtraucher eben nicht unterscheiden. Das bedeutet, dass die Forschungshypothese mit der Nullhypothese korrespondiert und dass man ein nicht signifikantes Ergebnis dann als Bestätigung seiner Forschungshypothese wertet. Alle oben genannten Interpretationen gelten dann natürlich umgekehrt. Je strenger man hier das Alpha-Niveau wählt, desto wahrscheinlicher wird man seine Hypothese beibehalten können. Und hier könnte die Verwendung einer *kleinen* Stichprobe dazu führen, dass man ein nicht-signifikantes Ergebnis erhält. Ein nicht-signifikantes Ergebnis anzuvisieren, ist also immer „leichter".

Bei solchen Fragestellungen ist deshalb darauf zu achten, dass man dem Effekt – wenn er denn in der Population da ist – auch eine Chance gibt, sich zu zeigen. Ob Rauchen zu erhöhtem Blutdruck führt, sollte daher in einer „fairen" Studie so untersucht werden, dass ein erhöhter Blutdruck auch sichtbar werden kann. Das heißt, man sollte hier als Alternativhypothese einen Effekt bestimmen, ab dem man sagen würde, dass Rauchen *nicht* mehr unbedenklich ist. Mit Hilfe dieser Alternativhypothese kann man auch wieder eine Abschätzung der Fehler erster und zweiter Art machen und hier den Beta-Fehler nicht zu groß wählen.

Hinzu kommt noch, dass das Nichtvorhandensein eines signifikanten Ergebnisses auch auf schlecht konzipierte oder schlecht kontrollierte Studien zurückzuführen sein kann. Auch solche Fehlerquellen sollte man ausschließen, um bei nicht-signifikanten Ergebnissen tatsächlich argumentieren zu können, dass die Nullhypothese zutrifft.

Literaturempfehlung
- Sedlmeier, P., & Renkewitz, F. (2013). *Forschungsmethoden und Statistik*. München: Pearson. (Kap. 12)
- Sedlmeier, P. (1996). Jenseits des Signifikanztest-Rituals: Ergänzungen und Alternativen. *Methods of Psychological Research – online, 1.* http://www.mpr-online.de/

Cumming, G. (2012). *Understanding the new statistics: Effect sizes, confidence intervals, and meta-analysis.* New York: Routledge.

Sedlmeier, P., & Köhlers, D. (2001). Wahrscheinlichkeiten im Alltag: Statistik ohne Formeln. Braunschweig: Westermann.

Van Boven, L., & Gilovich, T. (2003). To Do or to Have? That Is the Question. Journal of Personality and Social Psychology, 85, 1193–1202.

Effektgrößen

8.1 Der Sinn von Effektgrößen

Rufen wir uns noch einmal kurz die Idee der Inferenzstatistik ins Gedächtnis: Wir wollen Aussagen darüber machen, wie sehr wir der Schätzung eines Populationseffektes aufgrund eines Stichprobeneffektes trauen können. Dafür haben wir drei Möglichkeiten kennengelernt. Der Standardfehler gibt an, mit welchem „durchschnittlichen" Fehler bei einer solchen Schätzung zu rechnen ist. Konfidenzintervalle geben einen Bereich von Werten auf der abhängigen Variable an, der den wahren Wert in der Population mit einer bestimmten Wahrscheinlichkeit enthält. Und Signifikanztests fragen nach der Wahrscheinlichkeit, mit der ein Effekt auftreten konnte, wenn in der Population eigentlich die Nullhypothese zutrifft. Konfidenzintervalle und Signifikanztests liefern dabei einfache und schnelle Entscheidungshilfen: Konfidenzintervalle deshalb, weil man dort meist nur schaut, ob sie den Wert 0 beinhalten oder nicht, und Signifikanztests, weil dort lediglich geprüft wird, ob der p-Wert kleiner oder größer als Alpha ist.

Die drei genannten Verfahren sind Möglichkeiten, um die Güte der Schätzung zu beurteilen. Allerdings lassen sie alle drei eine wichtige Frage außen vor, die zwar nicht unmittelbar eine inferenzstatistische Frage ist, die aber eigentlich die größte inhaltliche Bedeutung hat: die Frage nach der tatsächlichen Größe des Effektes. Was haben wir bisher gemeint, wenn wir von Effekten gesprochen haben? Wir haben damit Mittelwertsunterschiede und Zusammenhänge beschrieben. In einem Beispiel haben wir etwa den Unterschied in der Reaktionszeit zweier Gruppen verglichen, von denen eine ein Reaktionszeittraining durchlaufen hatte. Der Unterschied betrug 300 ms. Das ist unser Effekt. Anschließend haben wir danach gefragt, wie gut man diesen Effekt auf die Population verallgemeinern kann und haben dazu die drei Möglichkeiten der Inferenzstatistik herangezogen. Bei einem signifikanten Ergebnis (oder einem kleinen Standardfehler oder einem

© Springer Fachmedien Wiesbaden 2016
T. Schäfer, *Methodenlehre und Statistik*,
DOI 10.1007/978-3-658-11936-2_8

Konfidenzintervall, das nicht die 0 überdeckt) würden wir demnach schlussfolgern, dass dieser Effekt von 300 ms nicht zufällig entstanden ist, sondern dass auch in der Population ein Effekt vorliegt.

Für einen Anwender, der lediglich nach dem praktischen Nutzen fragt, ist dieses Ergebnis im Prinzip das, was er wissen wollte. Vorausgesetzt dass er eine Vorstellung darüber hat, ob 300 ms ein *großer* oder ein *kleiner* Vorteil sind. In der Forschung verschärft sich diese Frage nach der Größe des Effektes jedoch erheblich. Denn als Forscher würden und müssten wir uns die Frage stellen, wie groß dieser gefundene Effekt *im Vergleich* ausfällt. Damit ist gemeint, dass wir schlichtweg nicht wissen, ob 300 ms tatsächlich ein bedeutsames Ergebnis sind oder nicht. Das knüpft an die oben genannte Kritik des Signifikanztests an. Denn aus einem Signifikanztestergebnis erfahren wir nichts über die Größe des Effektes, da dieses Ergebnis vor allem von der Stichprobengröße beeinflusst wird (die wir beliebig verändern können). Und besonders dann, wenn ein Forscher seine Studienergebnisse publizieren möchte, sollte er angeben, wie groß sein gefundener Effekt ist. Denn er kann in aller Regel nicht davon ausgehen, dass alle anderen so gute Kenntnisse im jeweiligen Fachbereich haben, dass sie aufgrund eines Mittelwertsunterschiedes einschätzen könnten, ob dieser relativ groß oder relativ klein ist. Vielmehr müsste ein Maß angegeben werden, mit dem man die Größe eines Effektes unabhängig von einer bestimmten Studie, einer bestimmten Stichprobe und einem bestimmten Themenbereich beurteilen kann. Ein solches Maß bietet die *Effektgröße* oder *Effektstärke*.

Bei der Bestimmung der Effektgröße wird dabei ein sehr einfaches Prinzip angewandt, dem wir schon oft begegnet sind. Es besteht darin, dass der in einer Stichprobe gefundene Effekt *standardisiert* wird. Das bedeutet, dass man ihn durch seine Streuung teilt. Da in der Streuung natürlich die Größe der Stichprobe N steckt, wird der Effekt dadurch *unabhängig von der Stichprobengröße* ausgedrückt. Die Standardisierung führt außerdem dazu, dass eine solche Effektgröße unabhängig von der jeweiligen Studie (bzw. der in verschiedenen Studien verwendeten Maßeinheiten oder Skalen) interpretiert werden kann. Das heißt, dass Effektgrößen über verschiedene Themenbereiche und Untersuchungen hinweg vergleichbar sind – genauso wie z-standardisierte Werte.

▶ Effektgrößen sind standardisierte Effekte, die die Stichprobengröße berücksichtigen. Sie sind über Stichproben und Themenbereiche hinweg vergleichbar.

Bevor wir uns die Berechnung von Effektgrößen ansehen, betrachten wir eine Art Ausnahme, die uns beim Verständnis dafür helfen soll, was mit Effektgrößen genau gemeint ist. Sie erinnern sich an die Verteilung des Intelligenzquotienten. Diese folgt einer Normalverteilung. Und da man sie in der Psychologie so oft benötigt, wurde für sie eine eigene Standardisierung vorgenommen: ihr Mittelwert wurde auf 100 Punkte festgelegt und ihre Standardabweichung auf 15 Punkte. Wenn es also um Intelligenz geht, haben wir es mit dem Spezialfall zu tun, dass wir im Prinzip auf die Bestimmung einer Effektgröße verzichten können. Denn da die IQ-Verteilung auf die eben genannten Parameter standardisiert wurde, weiß jeder, was ein IQ von 130 oder eine IQ-Differenz von 20 bedeuten. Ein IQ von 130 liegt beispielsweise zwei Standardabweichungseinheiten über dem Durchschnitt – also schon relativ weit am Rand der Verteilung. Wer auch immer eine Studie zum Thema Intelligenz macht, wird seine Effekte in IQ-Einheiten ausdrücken, und damit weiß jeder mit der Größe dieser Effekte etwas anzufangen. Das gleiche Prinzip verbirgt sich nun hinter der Idee der Effektgrößen. Für ihre Berechnung gibt es drei Möglichkeiten: aus den Rohdaten, aus anderen Effektgrößen und aus Signifikanztestergebnissen.

8.2 Effektgrößen aus Rohdaten

Der anschaulichste Weg zur Bestimmung von Effektgrößen ist deren Berechnung aus den Rohwerten der Studie. Diese liegen je nach untersuchter Fragestellung in der Form eines Mittelwertunterschiedes aus abhängigen oder unabhängigen Messungen oder eines Zusammenhangsmaßes vor.

Effektgrößen für Unterschiede bei unabhängigen Messungen

Für die Berechnung der Effektgröße bei unabhängigen Messungen teilen wir den gefundenen Mittelwertunterschied durch die gemeinsame Streuung der beiden Stichproben. Die resultierende Effektgröße ist das *Abstandsmaß d*:

$$d = \frac{\bar{x}_A - \bar{x}_B}{s_{AB}}$$

Wobei sich die gemeinsame Streuung bei gleichen Gruppengrößen aus den Streuungen der einzelnen Gruppen bestimmt:

$$s_{AB} = \sqrt{\frac{s_A^2 + s_B^2}{2}}$$

Effektgrößen für Unterschiede werden Abstandsmaße genannt, weil sie den Abstand der beiden Mittelwerte repräsentieren. Der „Erfinder" der Effektgröße

d ist Cohen, weshalb sie auch als *Cohen's d* bezeichnet wird. Durch die Standardisierung ist der Mittelwertsunterschied nun an der Streuung der beiden Messungen
relativiert. Die Formel macht deutlich, dass sich die Effektgröße erhöht, wenn die
Streuungen der Messungen kleiner werden. Wie Sie wissen, ist ein Mittelwert, der
mit einer kleineren Streuung behaftet ist, wesentlich aussagekräftiger. Zwei Mittelwerte mit jeweils kleiner Streuung führen damit auch zu einem bedeutsameren
Effekt, was sich in der höheren Effektgröße ausdrückt.

Die Effektgröße d drückt einen Mittelwertunterschied durch die Standardisierung folglich in Standardabweichungseinheiten aus. Ein d von 1 oder -1 entspricht
also einer Standardabweichungseinheit und kann auch entsprechend interpretiert
werden. Sehen wir uns zur Berechnung ein Beispiel an. Oben hatten wir überlegt,
ob ein Unternehmen eine Umgestaltung der Arbeitsplätze seiner Mitarbeiter vornehmen soll, um die Arbeitszufriedenheit zu erhöhen. Nehmen wir an, dass dafür
an 10 zufällig ausgewählten Arbeitsplätzen die Umstellung probehalber eingeführt
wurde. Die 10 Mitarbeiter an diesen Arbeitsplätzen sollten eine Woche lang jeden
Tag ihre Arbeitszufriedenheit auf einer Skala von 1 bis 10 Punkten angeben. Diese
Angaben werden mit denen einer Kontrollgruppe von 10 anderen Arbeitern verglichen, die noch am alten Arbeitsplatz beschäftigt waren. Die möglichen Ergebnisse sind in Tab. 8.1 dargestellt.

Wie wir sehen, geht der Unterschied in die richtige Richtung: die Versuchsgruppe hat im Schnitt höhere Werte berichtet. Berechnen wir die Effektgröße d.
Die gemeinsame Streuung beträgt:

$$s_{AB} = \sqrt{\frac{s_A^2 + s_B^2}{2}} = \sqrt{\frac{1,1^2 + 1,5^2}{2}} = 1,32$$

Die Effektgröße beträgt damit:

$$d = \frac{\overline{x}_A - \overline{x}_B}{s_{AB}} = \frac{8,8 - 7,6}{1,32} = 0,91$$

Der Unterschied beträgt demnach 0,9 Standardabweichungseinheiten, was ein sehr
großer Effekt ist (wir kommen später noch zur Interpretation von Effektgrößen).

Tab. 8.1 Fiktive Ergebnisse einer Studie zur Arbeitszufriedenheit

	Versuchsgruppe	Kontrollgruppe
M	8,8	7,6
SD	1,1	1,5

Eine Alternative zu d wurde von Hedges vorgeschlagen, der argumentiert hat, dass die Streuung s_{AB} keine exakte Schätzung der Populationsstreuung liefert. Stattdessen sollte man nicht die Stichprobenstreuung s_{AB} verwenden, sondern die Populationsstreuung $\hat{\sigma}_{AB}$. Die Besonderheit deren Berechnung kennen Sie schon: hier wird nicht durch n, sondern durch $n - 1$ geteilt. Die gemeinsame Populationsstreuung berechnet sich dann wie folgt:

$$\hat{\sigma}_{AB} = \sqrt{\frac{\hat{\sigma}_A^2 + \hat{\sigma}_B^2}{2}}$$

$$wobei \quad \hat{\sigma}_A^2 = \frac{n}{n-1} s_A^2 \quad und \quad \hat{\sigma}_B^2 = \frac{n}{n-1} s_B^2$$

Die Formel für die Effektgröße – sie wird g oder *Hedges' g* genannt – sieht dann so aus:

$$g = \frac{\overline{x}_A - \overline{x}_B}{\hat{\sigma}_{AB}}$$

Hedges' g ist damit stets etwas kleiner als d, liefert aber etwas exaktere Schätzungen. Für welche der beiden Effektgrößen er sich entscheidet, bleibt dem Anwender überlassen. Allerdings ist d die weitaus gebräuchlichere Variante.

Effektgrößen für Unterschiede bei abhängigen Messungen
Bei abhängigen Messungen vereinfacht sich die Berechnung der Effektgrößen etwas, da hier nur noch die Differenzen der Messwerte zwischen der ersten und der zweiten Messung und deren Streuung eingehen:

$$d = \frac{\overline{x}_{Differenzwerte}}{s_{Differenzwerte}}$$

Die Streuung der Differenzwerte beträgt:

$$s_{Differenzwerte} = \sqrt{\frac{\sum\left(x_{diff_i} - \overline{x}_{diff}\right)^2}{n}}$$

Alternativ kann auch hier die Effektgröße g berechnet werden, indem man die geschätzte Populationsstreuung der Differenzwerte benutzt:

$$g = \frac{\bar{x}_{Differenzwerte}}{\hat{\sigma}_{Differenzwerte}}$$

Die Populationsstreuung beträgt:

$$\hat{\sigma}_{Differenzwerte} = \sqrt{\frac{\sum \left(x_{diff_i} - \bar{x}_{diff}\right)^2}{n-1}}$$

Effektgrößen für Zusammenhänge

Zusammenhänge von Variablen betrachten wir in aller Regel in der Form von Korrelationen. Für die Angabe einer Effektgröße kommt uns dabei ein sehr glücklicher Umstand zu gute. Erinnern Sie sich an die Formel für die Berechnung des Korrelationskoeffizienten:

$$r_{xy} = \frac{cov}{s_x s_y}$$

Die Kovarianz der beiden Variablen (ihr gleichsinniges Variieren) wird hier bereits durch die gemeinsame Streuung der Variablen geteilt. Das bedeutet, dass der Korrelationskoeffizient bereits eine Effektgröße ist. Da er die Enge des Zusammenhanges relativ zu einer perfekten Geraden beurteilt und bei 1 bzw. −1 seine Grenze hat, wissen wir auch, was er inhaltlich bedeutet. Neben den Abstandsmaßen d und g stellt das Zusammenhangsmaß r damit die dritte der häufig anzutreffenden Effektgrößen dar. Es gibt noch wenige andere Effektgrößen, die für spezielle Fragestellungen relevant sind. Auf diese werden wir bei der Betrachtung dieser Fragestellungen in späteren Kapiteln dann jeweils eingehen.

8.3   Effektgrößen aus anderen Effektgrößen

Manchmal möchte man Effektgrößen aus bereits vorhandenen Effektgrößen berechnen, zum Beispiel, wenn in verschiedenen Studien verschiedene Effektgrößen berechnet wurden, die man miteinander vergleichen möchte. Da Unterschieds– und Zusammenhangsfragestellungen prinzipiell ineinander überführbar sind, kann man auch Abstands– und Zusammenhangsmaße ineinander überführen.

Abstandsmaße können folgendermaßen ineinander überführt werden:

$$d = g\sqrt{\frac{n}{df}} \qquad g = d\sqrt{\frac{df}{n}}$$

Die Stichprobengröße bezieht sich dabei auf die gesamte Stichprobe. Bei einem Vergleich von zwei Gruppen mit je 10 Personen, beträgt $n = 20$. Die Anzahl der Freiheitsgrade bestimmt sich bei Gruppenvergleichen immer durch $df = n - k$ (der Stichprobengröße minus der Anzahl von Gruppen k, also 2).

Aus Abstandsmaßen können – bei gleichen Stichprobengrößen – Korrelationen wie folgt berechnet werden:

$$r = \frac{d}{\sqrt{d^2 + 4}} \qquad r = \frac{g}{\sqrt{g^2 + 4\left(\frac{df}{n}\right)}}$$

Und schließlich kann man Abstandsmaße aus Korrelationen berechnen:

$$d = \frac{2r}{\sqrt{1 - r^2}} \qquad g = \frac{r}{\sqrt{1 - r^2}}\sqrt{\frac{(n_A + n_B)df}{n_A n_B}}$$

Man sollte allerdings beachten, dass es in der Regel wenig Sinn macht, eine Korrelation zweier kontinuierlicher Variablen als Unterschiedsmaß auszudrücken, da es keine Gruppen gibt, die man vergleichen könnte. Die Verwendung von Effektgrößen sollte sich demnach immer an der inhaltlichen Fragestellung orientieren.

8.4 Effektgrößen aus Signifikanztestergebnissen

Das Ergebnis eines Signifikanztests enthält eine indirekte Information über die Größe des Effektes, die man sich zunutze machen kann. Denn dieses Ergebnis ist natürlich vom gefundenen Effekt (zum Beispiel einem Mittelwertunterschied) abhängig (aus ihm wird ja der t-Wert bestimmt). Bemängelt hatten wir am Signifikanztest, dass man aus seinem Ergebnis die Größe des Effektes nicht ablesen kann, weil es von der Stichprobengröße abhängig ist. Diesen Umstand kann man dadurch „umgehen", dass man das Signifikanztestergebnis durch die Stichprobengröße teilt. Als Faustregel kann man sich das so vorstellen:

$$Effektgröße = \frac{Signifikanztestergebnis}{Größe\ der\ Stichprobe}$$

Mit „Signifikanztestergebnis" ist dabei die jeweilige Prüfgröße (zum Beispiel ein t-Wert) gemeint, und die „Größe der Stichprobe" wird meist mit Hilfe der Freiheitsgrade angegeben. Für alle Arten von Signifikanztests gibt es entsprechende Formeln, mit denen man aus der Prüfgröße die Effektgröße berechnen kann. Diese Formeln werden wir uns bei den jeweiligen Signifikanztests immer mit ansehen. Die Effektgrößen gelangen im Übrigen stets zum selben Ergebnis – egal, auf welchem der drei beschriebenen Wege sie berechnet werden.

8.5 Interpretation von Effektgrößen

Da wir Effektgrößen als standardisierte Maße verwenden wollen, die über Studien und Themenbereiche hinweg vergleichbar sein sollen, stellt sich noch die Frage, wie sie zu interpretieren sind. Wann ist eine Effektgröße groß und wann klein? Darauf kann man zwei Antworten geben. Erstens ist diese Interpretation von der jeweiligen Fragestellung der Studie abhängig. In manchen Gebieten – wir hatten das Krebsmedikament als Beispiel – kann schon ein sehr kleiner Effekt bedeutsam sein. In anderen Bereichen möchte man eher große Effekte erzielen. Eine gute Orientierungshilfe sind dabei auch die Effekte, die in vorangegangenen Studien zum gleichen Thema gefunden wurden. Wenn etwa Studien zum Einfluss von Hintergrundmusik auf die Gehgeschwindigkeit in Fußgängerzonen durchschnittliche Effekte d von ca. 0,4 zeigen, kann man in seiner eigenen Studie zum selben Thema kaum Effekte von 0,8 erwarten. Man sollte dann allerdings auch skeptisch sein, wenn man selbst nur einen Effekt von 0,1 gefunden hat.

Die andere Möglichkeit, die Bedeutsamkeit einer Effektgröße zu beurteilen, besteht in der Anwendung von Konventionen. Solche Konventionen wurden von Cohen (1988) vorgeschlagen und werden in der Psychologie für die Interpretation von Effektgrößen in der Mehrzahl der Fälle verwendet. Sie sind in Tab. 8.2 zusammengefasst.

Die Abstandsmaße d und g sind in ihrer Größe prinzipiell nach oben offen. Allerdings findet man in der Psychologie nur selten Effekte, die über 1 bzw. -1 hinausgehen. Der Korrelationskoeffizient r hat seine Grenze bei 1 bzw. -1. Bei der Interpretation ist allerdings zu beachten, dass Unterschiede in der Größe von r im oberen Wertebereich viel bedeutsamer sind als Unterschiede im unteren Bereich.

Tab. 8.2 Konventionen für die Interpretation von Effektgrößen

	d und g	r
klein	ab 0,2 bzw. −0,2	ab 0,1 bzw. −0,1
mittel	ab 0,5 bzw. −0,5	ab 0,3 bzw. −0,3
groß	ab 0,8 bzw. −0,8	ab 0,5 bzw. −0,5

So ist der Unterschied zwischen zwei Korrelationskoeffizienten von 0,8 und 0,9 wesentlich bedeutsamer als der Unterschied zwischen 0,2 und 0,3.

8.6 Effektgrößen, Konfidenzintervalle und Signifikanztests im Vergleich

Wie wir gesehen haben, kann man Effektgrößen nicht direkt als inferenzstatistische Aussagen betrachten. Sie liefern lediglich eine standardisierte Schätzung der Größe des in der Stichprobe gefundenen Effektes. Effekt und Effektgröße sind die beiden aussagekräftigsten Angaben über die Ergebnisse einer Studie. Hinzu kommt die Angabe über die Güte der Schätzung des Effektes von der Stichprobe auf die Population, die mit Hilfe der drei möglichen inferenzstatistischen Verfahren gemacht werden kann. Der Standardfehler wird bei Effekten meist nicht angegeben. Allerdings bildet er die Grundlage für die Berechnung von Konfidenzintervallen. Die beiden Grenzen von Konfidenzintervallen – in Rohwerten ausgedrückt – liefern eine leicht verständliche inferenzstatistische Aussage. Diese sollte als echte Alternative zum Signifikanztest gesehen werden, dessen Interpretation immer wieder Schwierigkeiten bereitet. Die Angabe von Signifikanztestergebnissen ist in der Mehrzahl der wissenschaftlichen Publikationen immer noch Standard. Allerdings wird inzwischen die Angabe von Effektgrößen ausdrücklich gefordert (zum Beispiel durch die Publikationsrichtlinien der American Psychological Association, APA). Abbildung 8.1 zeigt die verschiedenen Möglichkeiten noch einmal in der Übersicht am Beispiel eines Mittelwertsunterschiedes.

Für Zusammenhangsfragestellungen gilt diese Übersicht gleichermaßen. Der Effekt besteht dann im Korrelationskoeffizienten r (bzw., bei mehreren Prädiktoren, in den Regressionsgewichten b oder β) und ist bereits mit der Effektgröße identisch. Für ihn können ebenfalls Standardfehler und Konfidenzintervalle angegeben werden. Die Prüfgröße für den Signifikanztest ist hier ebenfalls ein t-Wert (da alle Zusammenhangsmaße einer t-Verteilung folgen).

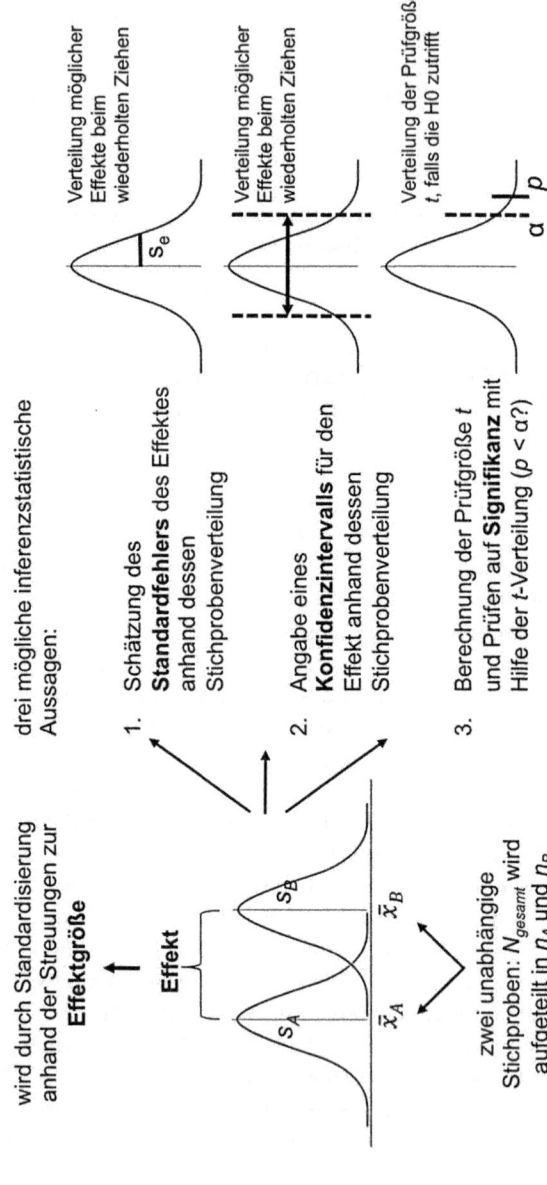

Abb. 8.1 Effektgrößen und inferenzstatistische Verfahren am Beispiel eines Mittelwertsunterschiedes

Literatur

- Rosenthal, R., Rosnow, R. L., & Rubin, D. B. (2000). *Contrasts and effect sizes in behavioral research: A correlational approach.* New York: Cambridge University Press.
- Sedlmeier, P., & Renkewitz, F. (2013). *Forschungsmethoden und Statistik.* München: Pearson. (Kap. 9)

Das Allgemeine Lineare Modell und die Multiple Regression

9

9.1 Das Allgemeine Lineare Modell (ALM): Alle Fragestellungen sind Zusammenhänge

Signifikanztests berechnen aus einem gefundenen Effekt (zum Beispiel einem Mittelwertsunterschied) eine Prüfgröße (zum Beispiel einen t-Wert), die dann mit Hilfe einer Prüfverteilung auf Signifikanz geprüft wird. Unterschiedliche Fragestellungen führen zu unterschiedlichen Effekten und schließlich zu unterschiedlichen Prüfgrößen und Prüfverteilungen. Daher gibt es eine Reihe verschiedener Signifikanztests, die jeweils für spezielle Fragestellungen zu verwenden sind. Das Prinzip dieser Tests ist dabei aber stets das gleiche.

Generell lassen sich zwei größere Gruppen von Tests unterscheiden: Tests für Mittelwertsunterschiede (also für den Vergleich verschiedener Gruppen) und Tests für Zusammenhänge. An dieser Stelle könnten wir nun beginnen, diese Tests nacheinander vorzustellen und zu diskutieren, für welche Fragestellung sie gelten. Wir werden allerdings etwas anders verfahren und ein wichtiges Prinzip an den Anfang stellen, dessen Verständnis die Grundlage für alle Signifikanztests bildet. Diesem Prinzip sind Sie schon mehrmals „am Rande" begegnet. Sicher erinnern Sie sich an die Behauptung, dass Unterschieds- und Zusammenhangsfragestellungen ineinander überführbar sind und dass die Frage nach Zusammenhängen die grundlegendste aller statistischen Fragen darstellt. Das heißt, dass jede Fragestellung im Grunde als eine Zusammenhangsfragestellung betrachtet werden sollte. Zusammenhänge fragen immer danach, wie Variablen miteinander in Beziehung stehen und wie sich Variablen aus anderen Variablen vorhersagen lassen. Diese Beziehung zwischen Variablen ist eigentlich eine relativ einfache Sache. Und tatsächlich lässt sie sich in einem einfachen mathematischen Prinzip formulieren: dem sogenannten *Allgemeinen Linearen Modell*, oder kurz ALM. Das ALM spannt sich wie eine Art mathematischer Schirm über fast alle Arten von Signifikanztests

© Springer Fachmedien Wiesbaden 2016
T. Schäfer, *Methodenlehre und Statistik*,
DOI 10.1007/978-3-658-11936-2_9

und vereint die in verschiedenen Tests auftauchenden Berechnungen. Das erklärt schon den Begriff *allgemein* im ALM. Aber was bedeutet *linear*? Damit ist nichts anderes gemeint als der lineare Zusammenhang von Variablen. Das heißt, die Variablen stehen in einer Beziehung, die sich durch eine Regressionsgerade beschreiben lässt. Das ALM verallgemeinert das Prinzip der Regression noch ein wenig. Wie genau, das sehen wir uns gleich im Detail an. Als wichtigsten Punkt können wir aber zunächst festhalten, dass das ALM die mathematische Grundlage für die meisten Signifikanztests bildet, dass es alle Arten von Fragestellungen als Zusammenhänge definiert und dass die Regression eine direkte Ableitung aus dem ALM darstellt.

Bleibt noch der Begriff *Modell* zu klären. Und damit sind wir an einem sensiblen Punkt in der Methodenlehre, an dem sich Statistik und Wirklichkeit berühren. Ein Modell ist eine vereinfachte Darstellung der Wirklichkeit. Der Sinn dieser Vereinfachung ist, dass man leichter damit arbeiten kann. Für die Psychologie bedeutet das, dass wir die „Wirklichkeit" des Erlebens und Verhaltens sowohl in handhabbare Einzelheiten zerlegen als auch in bestimmte mathematische Vorstellungen pressen. Zumindest ist das das Vorgehen der quantitativen Methoden. Erinnern Sie sich an das Problem des *Messens* – es bestand in der Schwierigkeit, die psychologische Wirklichkeit empirisch einzufangen und in Zahlen zu übersetzen. Was dabei übrig bleibt, ist ein Modell dieser Wirklichkeit. Für alle Analyseverfahren, die wir jetzt noch besprechen werden, gilt dasselbe. Sie liefern im Prinzip keine Ergebnisse über die Wirklichkeit, sondern lediglich über unsere Modelle, die wir uns von der Wirklichkeit machen. Damit wäre es streng genommen sinnvoller, in der Statistik nicht von Analyseverfahren, sondern immer von Analyse*modellen* zu sprechen. Während die Bezeichnung Allgemeines Lineares Modell dem Rechnung trägt, tun das alle anderen Verfahren nicht. Es wäre also schön, wenn Sie diesen wichtigen Punkts stets im Hinterkopf behalten.

Die Mathematik hinter dem ALM

Hinter dem ALM verbirgt sich nur eine einzige Formel, deren Aussage sehr leicht zu verstehen ist. Sie beschreibt, wie ein konkreter Messwert zustande kommt. Egal, ob wir den IQ, die soziale Kompetenz, das Selbstwertempfinden, die Extraversion oder was auch immer messen – diese Messungen werden immer an Personen vorgenommen. Das heißt, dass für jede Person ein konkreter Messwert Y existiert. Und das grundlegende Ziel der Psychologie ist es so gut wie immer, andere Variablen zu finden, die diese Messwerte vorhersagen können. Diese Vorhersage beruht also auf Prädiktoren oder Prädiktorvariablen (X_1, X_2, X_3 usw.). Diese Prädiktoren finden sich in der Formel des ALM wieder:

$$Y = a + b_1X_1 + b_2X_2 + b_3X_3 + \ldots + e$$

Y ist der konkrete Wert, den eine Person auf einer Variable tatsächlich hat, also beispielsweise ihr wahrer Wert für die Variable Empathievermögen. In der Regression wird diese Variable als *Kriterium* (manchmal auch einfach als *AV*) bezeichnet. Wie kann dieser Wert für eine unbekannte Person vorhergesagt werden? Die beste Vorhersage in dem Fall, dass man keine weiteren Variablen untersucht hat, ist der Mittelwert der Empathie einer Vielzahl von Personen, deren Werte man kennt. Nehmen wir an, wir hätten 100 Personen untersucht und ihr Mittelwert des Empathievermögens beträgt 6,8 auf einer Skala von -10 bis 10. Wenn wir keine weiteren Informationen haben, müssen wir diesen Mittelwert als den besten Schätzwert auch für die eine Person benutzen, um die es geht. Diese Schätzung wird durch die Regressionskonstante *a* repräsentiert. Diese ist für alle Personen gleich und liefert meist schon eine recht brauchbare Vorhersage für Y (da der Mittelwert meist eine recht zuverlässige Schätzung ist, wenn die Streuung nicht zu groß ist). Mit der Regressionskonstante allein können wir den Wert von Y aber nicht wirklich exakt vorhersagen. Es sei denn, der Wert dieser Person ist tatsächlich genau mit dem Mittelwert identisch, aber in den meisten Fällen wird das nicht so sein.

Wie können wir die Vorhersage verbessern? Diese Verbesserung steckt im Rest der Formel. Wir erheben weitere Variablen, von denen wir glauben, dass sie in der Lage sind, Y vorherzusagen. Das sind also Variablen, die – abgesehen von *a* – die konkrete Vorhersage von Y noch verbessern können. Eine solche Variable könnte in unserem Fall das Alter sein. Alter wäre dann die Variable X_1, also ein erster Prädiktor, der den vorhergesagten Wert von Y nun – vom Mittelwert ausgehend – noch etwas verändert, um die Vorhersage zu verbessern. Damit sollte der wahre Wert von Y ein Stück besser getroffen sein. Wie groß der Einfluss des Alters auf die Vorhersage von Y ist, wird durch das Regressionsgewicht b_1 festgelegt. Es beschreibt lediglich, wie stark das Alter überhaupt mit Empathievermögen zusammenhängt und wie gut es daher zur Vorhersage geeignet ist. Das Produkt b_1X_1 verbessert also die Vorhersage ein Stück. Diese Prozedur können wir nun für weitere Prädiktoren wiederholen. Zum Beispiel könnten wir noch den IQ erheben, in der Hoffnung, dass auch er einen Einfluss auf das Empathievermögen ausübt. Wenn ja, würde das Produkt b_2X_2 die Vorhersage von Y weiter verbessern. Das können wir nun solange fortsetzen, bis wir alle möglichen Prädiktoren in die Gleichung aufgenommen haben. Die Vorhersage von Y würde sich dabei immer mehr verbessern. Allerdings werden wir nie alle möglichen Prädiktoren finden bzw. messen können, die irgendwie mit Y zusammenhängen. Denn psychologische

Merkmale sind in der Regel von einer Vielzahl von anderen Merkmalen abhängig, die man nie alle berücksichtigen kann.

Und es kommt ein zweites Problem hinzu. Beim Messen all dieser Variablen machen wir Fehler. Solche *Messfehler* sind unvermeidbar. Die unbekannten bzw. nicht untersuchten Variablen und die Messfehler führen dazu, dass wir den Wert von Y nie exakt vorhersagen können. Um dem Rechnung zu tragen, endet die Gleichung des ALM mit einem Fehlerterm *e* (der alle konkreten Fehler enthält). Erst wenn wir diesen Fehler mit einbeziehen, wäre eine exakte Vorhersage von Y möglich. Das Problem dabei liegt natürlich auf der Hand: wir kennen den Fehler nicht. Der Fehler ist eine unbekannte Größe für uns. Daher müssen wir uns immer damit begnügen, dass wir den wahren Wert von Y nicht exakt bestimmen können. Stattdessen können wir ihn lediglich *schätzen*.

Die Gleichung des ALM sagt also nichts weiter aus, als dass ein konkreter Wert einer Person aus der Regressionskonstante, einer Reihe von Prädiktoren und einem Fehler vorhergesagt werden kann. Die Prädiktoren können dabei natürlich auch als unabhängige Variablen in Experimenten aufgefasst werden. Besteht ein Experiment beispielsweise im Vergleich einer Kontrollgruppe und einer Experimentalgruppe, so besagt das ALM, dass der Wert einer Person auf der AV durch die Gruppenzugehörigkeit vorhergesagt werden kann. Der Gruppenunterschied wird also als Zusammenhangsfragestellung aufgefasst. Und natürlich ist die Messung in einem Experiment immer mit einem Fehler behaftet. Das ALM beschreibt daher das grundlegende Prinzip des Zusammenhangs und der Vorhersage von Variablen, auf das sich jede Fragestellung reduzieren lässt.

Sehen wir uns die Formel des ALM noch einmal an, erkennen wir das eben genannte Problem, dass wir offenbar für den Fehler *e* keinen Wert einsetzen können, da dieser immer unbekannt ist. Um das ALM für statistische Berechnungen nutzbar zu machen, muss der Fehler aus der Gleichung entfernt werden. Das führt dazu, dass der Wert von Y nicht mehr exakt vorhergesagt, sondern nur noch geschätzt werden kann. Genau diese kleine Abwandlung der Formel führt zum grundlegendsten Verfahren der Statistik: der Multiplen Regression.

Literaturempfehlung
– Aron, A., Aron, E. N., & Coups, E. J. (2012). *Statistics for psychology* (6. Aufl.). London: Pearson. (Kap. 15)

9.2   Die Multiple Regression

Das Rechenverfahren, das direkt aus dem ALM folgt, ist die Multiple Regression. Sie beschreibt, wie man den Wert einer Person auf einer Variable aufgrund mehrerer Prädiktoren schätzen kann. Da der Messfehler bei einer solchen Vorhersage nicht bekannt ist, resultiert aus dieser Vorhersage immer nur ein Schätzwert für Y. Daher erhält das Y ein Dach, das diese Schätzung anzeigt: $\hat{Y}$. Die Formel für die Multiple Regression besteht damit nur noch aus der Regressionskonstante und den Prädiktoren mit ihren Regressionskoeffizienten:

$$\hat{Y} = a + b_1X_1 + b_2X_2 + b_3X_3 + \ldots$$

Auch an dieser Formel wird deutlich, dass sich die Schätzung von Y immer mehr verbessert, je mehr relevante Prädiktoren gefunden werden, die Y vorhersagen können. Unbekannte oder nicht berücksichtigte Prädiktoren würden mit zum Messfehler gehören und damit die Schätzung ungenauer machen. Ungenaue Schätzungen liegen dann vor, wenn der vorhergesagte Wert für Y, also $\hat{Y}$, nicht mit dem tatsächlichen Wert für Y übereinstimmt. Diese Differenz kann man nur bestimmen, wenn man den wahren Wert von Y kennt. Das ist aber nur dann der Fall, wenn man die wahren Werte der Personen gemessen hat. Mit diesem Sonderfall haben wir es meist zu tun, denn wir machen ja entsprechende Studien und kennen daher die wahren Werte der Studienteilnehmer. Wir können für die erhobene Stichprobe also diese Differenz ausrechnen. Und Sie wissen auch schon, wie sie genannt wird: sie heißt *Vorhersagefehler* oder *Residuum*.

Erinnern Sie sich aber daran, dass wir in der Inferenzstatistik versuchen, gefundene Zusammenhänge auf die Population zu verallgemeinern. Das heißt, dass wir dann natürlich Vorhersagen für *unbekannte* Personen machen wollen, bei denen wir den wahren Wert *nicht* kennen. Daher wissen wir bei einer konkreten Person nie, wie nahe die Vorhersage an ihrem wahren Wert liegt. Wir können nur den durchschnittlichen Fehler angeben, den wir bei dieser Schätzung machen. Das sehen wir uns später noch genauer an.

Varianzaufklärung: Schlüsselkonzept von Methodenlehre und Statistik
Die Multiple Regression beschreibt – genau wie das ALM – die Tatsache, dass konkrete Werte von Personen auf bestimmten Merkmalen (Variablen) durch deren Ausprägung auf anderen Variablen vorhersagbar sind. In dieser Tatsache ist die grundlegende Idee der Psychologie im Allgemeinen und der Methodenlehre und Statistik im Speziellen verkörpert: die Idee der Varianzaufklärung. Menschen

haben auf bestimmten uns interessierenden Merkmalen unterschiedliche Ausprägungen. Wenn das nicht so wäre, dann gäbe es sozusagen nichts, was wir erklären könnten. Denn psychologische Erklärungen beziehen sich immer auf Variablen. Etwas, was sich nicht verändert (was nicht variabel ist), ist für die Psychologie nicht von Interesse. Wo immer es Veränderungen – also Varianz – gibt, ist die Psychologie auf der Suche nach Erklärungen. Und im Prinzip gibt es zwei Wege, die die psychologische Forschung geht, um solche Erklärungen für menschliches Erleben und Verhalten zu finden. Der erste Weg besteht im Beobachten und Befragen, das heißt, im bloßen Sammeln von Daten, in denen anschließend nach Zusammenhängen gesucht wird. Beispielsweise könnten wir von Schülern den Schulerfolg, ihren IQ und ihre Sozialkompetenz erheben und später untersuchen, wie diese Variablen statistisch zusammenhängen. Und schließlich werden wir bestimmte Vorstellungen darüber haben, welche Variable eine andere Variable kausal beeinflusst, also als Erklärung in Frage kommt. Mit Hilfe der Regression können wir prüfen, wie stark die Vorhersagekraft der einen für die andere Variable ist.

Der zweite Weg, um Erklärungen zu finden, besteht im Durchführen von Experimenten. Hier wird Erleben und Verhalten nicht einfach beobachtet oder erfragt, sondern hier wird zunächst ein Stück Realität künstlich erschaffen. Das geschieht durch Versuchsbedingungen, die einer systematischen Variation folgen. Bei Experimenten stehen die zu untersuchenden Hypothesen immer schon vorher fest, und das Experiment soll zeigen, welche Hypothese die passendere ist. Wenn wir beispielsweise wissen wollen, ob ein Training der sozialen Kompetenz den Schulerfolg erhöht, würden wir zufällig ausgewählte Schüler zufällig in zwei Gruppen teilen, von denen die eine ein solches Training erhält, die andere nicht. Danach würden wir die Veränderung im Schulerfolg messen und daraufhin entscheiden, ob die Daten für oder gegen die Wirksamkeit des Trainings sprechen. Wenn das Training wirkt, dann wissen wir, dass es als Erklärung für höheren Schulerfolg anzusehen ist. Das hört sich zunächst sehr praktisch an, aber im Grunde steckt in einem solchen Ergebnis immer auch ein wichtiger psychologischer Befund. Wir haben etwas über das Funktionieren des Erlebens und Verhaltens dazu gelernt. In der Grundlagenforschung ist es oft so, dass aus Studien kein direkter praktischer „Nutzen" folgt, sondern sie dienen eher dazu, psychologische Mechanismen aufzudecken. Das Prinzip dahinter ist aber immer dasselbe. Der Forscher versucht Varianz in einer AV herzustellen, indem er Versuchsbedingungen (die UV) variiert. Wenn ihm das nicht gelingt, war seine Variation kein kausaler Faktor für die AV. Wenn es ihm aber gelingt, dann hat er eine Ursache für Veränderungen in der AV gefunden. Psychologische Forschung und psychologischer

Erkenntnisgewinn drehen sich also immer um die Aufklärung von Varianz – ganz egal, ob diese einfach nur beobachtet oder künstlich erzeugt wurde.

Und diese Überlegungen bringen uns zurück zur Idee des ALM und der Multiplen Regression: Beide beschreiben, wie die Varianzaufklärung rechnerisch dingfest gemacht werden kann. Im einfachsten Fall haben wir es mit einer *einfachen* linearen Regression zu tun. Diese beachtet nur einen Prädiktor. Bei Experimenten, in denen nur eine UV variiert wurde, ist die einfache lineare Regression ausreichend. Der eine Prädiktor besteht dann in der einen UV. Da man bei Experimenten davon ausgeht, dass man Störvariablen kontrolliert bzw. ausgeschaltet hat, müssen in der Regression keine weiteren Variablen auftauchen. Denn der Wert von Y sollte allein durch die UV (und die Regressionskonstante) vorhersagbar sein. Außer der UV gibt es nämlich nichts, was noch variieren konnte. Störende Einflüsse sollten dann nur noch vom Messfehler herrühren.

Sobald in einem Experiment mehrere UVs untersucht wurden, müssten entsprechend mehr Prädiktoren in die Regression aufgenommen werden. Das Gleiche gilt, wenn man durch Beobachtungen und Befragungen eine Vielzahl von Variablen erhoben hat und anschließend eine Variable durch viele andere Variablen vorhersagen möchte. In einer solchen Multiplen Regression können im Prinzip beliebig viele Prädiktoren aufgenommen werden. Im schlimmsten Fall würde man Prädiktoren in die Regression aufnehmen, die keine Vorhersagekraft für Y haben. Das hätte aber keinen nachteiligen Effekt auf die Vorhersage. Denn das würde lediglich heißen, dass der Prädiktor nicht mit dem Kriterium korreliert. Das Regressionsgewicht b dieses Prädiktors wäre damit 0 und das entsprechende Produkt bX würde einfach aus der Gleichung entfallen. (Und natürlich könnte man dann auch nicht mehr von einem „Prädiktor" sprechen.)

Regressionsgewichte in der Multiplen Regression
Bei der einfachen linearen Regression ist das Regressionsgewicht sozusagen das Hauptergebnis. Bei der Multiplen Regression sieht das etwas anders aus. Hier gibt es mehrere Prädiktoren und jeder Prädiktor erhält ein eigenes Regressionsgewicht. Der Einfachheit halber werden wir nur noch vom standardisierten Regressionsgewicht β sprechen, da dieses am häufigsten benutzt wird und einfacher zu interpretieren ist. Jedes Regressionsgewicht beschreibt, gut ein Prädiktor in der Lage ist, das Kriterium vorherzusagen – allerdings in einem *relativen* Sinn. Das bedeutet, dass die Vorhersagekraft eines Prädiktors *abhängig von allen anderen Prädiktoren* beurteilt wird. Anders formuliert soll der *isolierte* bzw. *spezifische* Einfluss eines Prädiktors auf das Kriterium beurteilt werden, der *nur durch diesen* Prädiktor zustande kommt. Was ist damit gemeint? Im Normalfall korrelieren die Prädiktoren untereinander. Wenn wir beispielsweise Schulerfolg durch die beiden

Prädiktoren IQ und Sozialkompetenz (SK) vorhersagen wollen, dann werden die beiden Prädiktoren wahrscheinlich auch untereinander korrelieren. Was bedeutet das für die Vorhersage von Y (dem Schulerfolg)? Sehen wir uns die Formel noch einmal an:

$$\hat{Y} = a + \beta_{IQ}X_{IQ} + \beta_{SK}X_{SK}$$

Wenn wir von links nach rechts vorgehen, würden wir zunächst danach fragen, wie groß die Vorhersagekraft von IQ für Y ist. Im zweiten Schritt würden wir fragen, wie stark die Vorhersagekraft von SK für Y ist. Wenn aber IQ und SK korrelieren, heißt das, dass die Vorhersagekraft von SK für Y bereits im IQ teilweise enthalten war. Was damit gemeint ist, kann man sich durch ein soge- nanntes *Venn-Diagramm* veranschaulichen. In einem Venn-Diagramm wird für eine Variable ein Kreis gezeichnet, der für die Varianz der Variable steht. Wenn Kreise sich überdecken, heißt das, dass sie einen gemeinsamen Varianzanteil besitzen. Je mehr sich die Kreise überdecken, desto stärker ist die Korrelation der Variablen. Für unser Beispiel könnte ein Venn-Diagramm etwa so aussehen wie in Abb. 9.1.

Im linken Diagramm ist die Korrelation zwischen IQ und Schulerfolg anhand der schraffierten Fläche dargestellt. Wie man sehen kann, werden ungefähr zwei Drittel der Fläche von Schulerfolg auch vom IQ überdeckt. Das heißt, dass der IQ zwei Drittel der Varianz von Schulerfolg aufklären kann. Ähnlich verhält es sich bei SK und Schulerfolg (mittleres Diagramm). SK kann ungefähr die Hälfte der Varianz von Schulerfolg aufklären. Spannend ist nun aber, dass auch IQ und SK untereinander korrelieren. Damit gibt es einen Flächenanteil von Schulerfolg (der schraffierte im rechten Diagramm), der von *beiden* Prädiktoren gleichzeitig erklärt wird. Für diesen Flächenanteil wäre es also egal, ob er durch IQ oder durch SK erklärt wird. Für die Multiple Regression heißt das, dass für den isolierten Einfluss von SK nun nicht mehr die gesamte Korrelation mit dem Kriterium relevant ist, sondern nur noch der Anteil, der *nicht ebenfalls* durch IQ erklärt wird. Gleicher- maßen steht für den isolierten Einfluss von IQ auch nur noch der Teil der gemein- samen Korrelation mit dem Kriterium für dessen Vorhersage zur Verfügung, der nicht gleichzeitig auch mit SK deckungsgleich ist. In einem solchen Fall – wenn die Prädiktoren korreliert sind – ist β daher nicht mehr mit der Korrelation zwi- schen Prädiktor und Kriterium identisch, sondern beschreibt den isolierten Einfluss des Prädiktors, der von allen anderen Einflüssen *bereinigt* ist. Anders ausgedrückt: β gibt die spezifische Vorhersagekraft wieder, die *nur durch diesen Prädiktor* und durch keinen anderen gegeben ist.

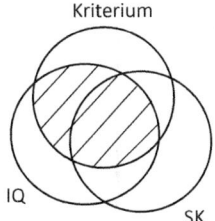 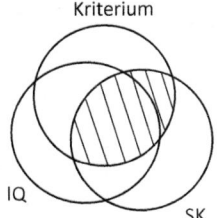 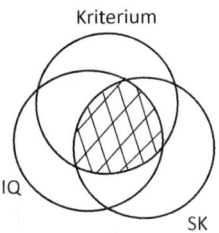

Abb. 9.1 Venn-Diagramm für drei Variablen mit gemeinsamen Varianzanteilen

▶ In der Multiplen Regression beschreiben die Regressionsgewichte β_i den spezifischen bzw. isolierten Einfluss eines Prädiktors auf die Vorhersage des Kriteriums. Die Regressionsgewichte sind dabei um den Einfluss anderer Prädiktoren bereinigt.

Wenn die Prädiktoren untereinander nicht korreliert sind, dann ist ihr isolierter Einfluss genauso groß wie ihre jeweilige Korrelation mit dem Kriterium. Dann sind die Regressionsgewichte also wieder mit den einzelnen Korrelationskoeffizienten identisch. Unkorrelierte Prädiktoren kommen aber nur äußerst selten vor.

Man kann sich die Vorhersage eines Kriteriums durch mehrere Prädiktoren in einem 3D-Diagramm vorstellen (siehe Abb. 9.2). Hier wird der Einfluss unserer beiden Prädiktoren gleichzeitig sichtbar. Wenn es bei einem Prädiktor eine Regressions*gerade* gibt, müssten Sie sich bei zwei Prädiktoren entsprechend eine Regressions*ebene* vorstellen, deren Zentrum genau durch den Mittelwert aller Daten verläuft und die so geneigt ist, dass sie wiederum alle Datenpunkte so gut wie möglich repräsentiert. Je nachdem, wie sich die Werte von Personen auf beiden Prädiktoren verändern, würde die Ebene anzeigen, wie sich der Wert des Kriteriums verändert.

Das Problem an dieser Art Darstellung ist, dass sie nur für zwei Prädiktoren geeignet ist. Ab drei Prädiktoren ist keine grafische Darstellung mehr möglich. Dennoch kann diese Abbildung helfen, sich die gleichzeitige Wirkung mehrerer Prädiktoren besser vorzustellen.

Die globale Güte der Vorhersage

Bei der einfachen linearen Regression steckt die Güte der Vorhersage bereits im Regressionsgewicht β, welches mit der Korrelation r von Prädiktor und Kriterium identisch ist. Der Determinationskoeffizient ergibt sich aus dem Quadrat der

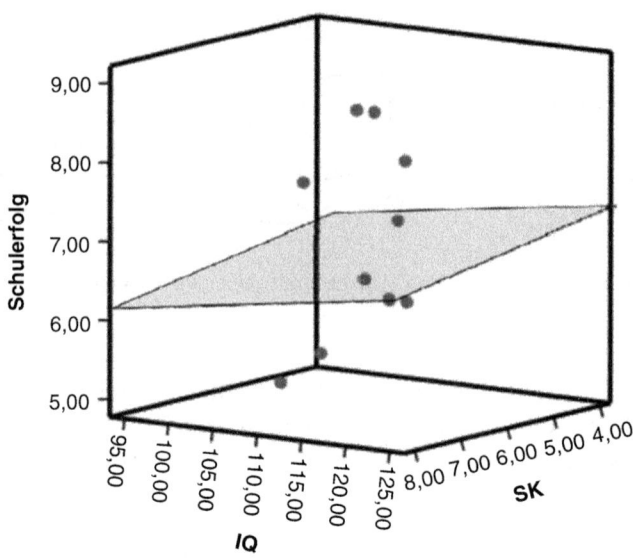

Abb. 9.2 Regressionsebene bei zwei Prädiktoren

Korrelation (r^2) und gibt den Anteil der aufgeklärten Varianz wieder. Bei der Multiplen Regression sieht das etwas anders aus. Hier können die Regressionsge-wichte nur noch als relative Einflussgrößen interpretiert werden. Das heißt, dass zwar immer noch größere Betas einen größeren Einfluss des Prädiktors auf das Kriterium anzeigen. Allerdings kann man aus den Betas die absolute Größe des Zusammenhangs nicht mehr ablesen. Mit anderen Worten: wir können ein Beta nicht einfach quadrieren und daraus den Anteil aufgeklärter Varianz ablesen, weil es eben nicht mehr der simplen Korrelation entspricht.

Allerdings kommt uns hier der Umstand zu Hilfe, dass wir in der Regel gar nicht an den einzelnen Varianzaufklärungen interessiert sind. Denn was uns eigentlich interessiert, ist die Frage, wie gut *alle Prädiktoren zusammen* das Kriterium vorhersagen bzw. erklären können. Die Auflistung mehrerer Prädiktoren in der Regression wird übrigens *Modell* genannt. In unserem Beispiel besteht das Modell aus zwei Prädiktoren: IQ und SK. Wir wollen nun wissen, wie gut das gesamte Modell für die Vorhersage von Schulerfolg geeignet ist. Dafür gibt es zwei verschiedene Möglichkeiten: den Standardschätzfehler und den multiplen Determinationskoeffizient R^2.

Beginnen wir mit dem multiplen Determinationskoeffizienten R^2, der das Ausmaß der aufgeklärten Varianz angibt (in der Multiplen Regression wird das R groß geschrieben). Dessen Bestimmung ist relativ einfach, da wir die Varianz des Kriteriums Y kennen (also die Varianz der tatsächlichen Werte) und auch die Varianz der vorhergesagten Werte $\hat{Y}$. Diese beiden Varianzen müssen wir nur ins Verhältnis setzen:

$$R^2 = \frac{Varianz\ der\ vorhergesagten\ Werte}{Varianz\ der\ tatsächlichen\ Werte} = \frac{\sigma_{\hat{Y}}^2}{\sigma_Y^2}$$

Diese Formel gilt für standardisierte Werte von Y und $\hat{Y}$. Auf die Berechnung der Varianzen müssen wir an dieser Stelle nicht genauer eingehen. Entscheidend ist das Prinzip der Varianzaufklärung. Der Determinationskoeffizient R^2 wird von allen Statistikprogrammen als Gütemaß ausgegeben und wird meist als Hauptergebnis der Multiplen Regression benutzt.

▶ Der multiple Determinationskoeffizient R^2 gibt den Anteil der Varianz des Kriteriums wieder, der durch alle Prädiktoren gemeinsam erklärt wird. Er kann maximal 1 sein, was einer Varianzaufklärung von 100% entspricht.

Alternativ kann man sich den Determinationskoeffizienten auch als das Quadrat des sogenannten *multiplen Korrelationskoeffizienten R* vorstellen. R ist nichts anderes als die gemeinsame Korrelation des Kriteriums mit all seinen Prädiktoren. Wenn alle Prädiktoren unkorreliert sind, ergibt sich R aus der Summe aller rs zwischen dem jeweiligen Prädiktor und dem Kriterium. Wenn die Prädiktoren korreliert sind (so wie IQ und SK in Abb. 9.1), ist R immer kleiner als die Summe aller rs. Entscheidend ist, welche Fläche des Kriteriums von einem der beiden Prädiktoren oder von beiden zusammen überdeckt und damit erklärt wird.

Der Determinationskoeffizient steht in direkter Beziehung zum Standardschätzfehler, der eher selten als Gütemaß angegeben wird. Er beschreibt die durchschnittliche Differenz von vorhergesagten und tatsächlichen Werten und kann direkt aus R^2 bestimmt werden:

$$s_e = s_y \sqrt{1 - R^2}$$

An der Formel erkennt man, dass ein Determinationskoeffizient nahe 1 zu einem Standardschätzfehler führt, der gegen 0 geht.

▶ Der Standardschätzfehler s_e in der Multiplen Regression gibt an, wie stark die vorhergesagten Werte von den tatsächlichen Werten des Kriteriums im Durchschnitt abweichen.

Standardschätzfehler und Determinationskoeffizient geben das Ausmaß der Varianzaufklärung an und verkörpern damit die Güte, mit der es uns gelingt, Variablen als Erklärungen oder gar Ursachen für andere Variablen zu finden. Neben der Höhe der Varianzaufklärung stellt sich aber auch hier die Frage, wie gut ein gefundenes Modell auf die Population verallgemeinert werden kann. Dafür benötigen wir inferenzstatistische Aussagen, die wir uns im Folgenden anschauen.

Der Signifikanztest bei der Multiplen Regression
Inferenzstatistische Aussagen für die einfache lineare Regression haben wir in den vorangegangenen Kapiteln bereits besprochen. Das zentrale Ergebnis der einfachen linearen Regression war das Regressionsgewicht b. Es gibt die Stärke des Zusammenhangs zwischen Prädiktor und Kriterium an. Seine standardisierte Variante β ist in der einfachen linearen Regression mit dem Korrelationskoeffizienten r identisch. Für das Regressionsgewicht können wir einen Standardfehler oder ein Konfidenzintervall angeben sowie einen Signifikanztest berechnen, um zu erfahren, ob der gefundene Zusammenhang nur für unsere Stichprobe gilt oder auf die Population verallgemeinert werden kann. Die Prüfverteilung ist dabei die bereits bekannte t-Verteilung, die für Korrelationskoeffizienten und für Regressionsgewichte ebenso gilt wie für Mittelwertunterschiede. Der gefundene Korrelationskoeffizient muss nur in einen t-Wert umgerechnet werden:

$$t = \frac{r\sqrt{n-2}}{\sqrt{1-r^2}}$$

n steht hier für die Anzahl der Wertepaare, die in der Korrelation benutzt wurden. Die Anzahl der Freiheitsgrade beträgt immer $df = n-2$. Hätten wir etwa eine Korrelation von $r = .40$ bei 20 Personen gefunden, entspräche das einem t-Wert von: $t = \frac{0,4\sqrt{20-2}}{\sqrt{1-0,42}} = 1,85$. Laut t-Tabelle wäre dieser Wert bei einem Alpha-Niveau von 5% signifikant. Ein standardisiertes Regressionsgewicht β kann in der einfachen linearen Regression genau wie r behandelt und in die Formel eingesetzt werden. Das unstandardisierte b kann durch eine Standardisierung in r überführt werden:

$$r = \beta = b\frac{s_x}{s_y}$$

Wie wir gesehen haben, sind die Regressionsgewichte in der Multiplen Regression nicht mehr mit den Korrelationskoeffizienten identisch. Für den Fall, dass es zwei Prädiktoren X_1 und X_2 gibt, berechnet sich das Regressionsgewicht von X_1 etwa folgendermaßen:

$$\beta = \frac{r_{y1} - r_{y2}r_{12}}{1 - r_{12}^2}$$

Wie oben beschrieben, geben die Regressionsgewichte den spezifischen bzw. isolierten Einfluss eines Prädiktors auf das Kriterium an. Die Regressionsgewichte werden von allen Statistikprogrammen ausgegeben. Für jedes einzelne Regressionsgewicht β kann nun ein eigener Standardfehler s_e und ein Konfidenzintervall angegeben oder ein Signifikanztest berechnet werden. Dafür wird auch hier aus dem Regressionsgewicht ein t-Wert berechnet:

$$t = \frac{\beta}{s_e}$$

Dieser t-Wert kann mit $n - 2$ Freiheitsgraden auf Signifikanz geprüft werden. Alle inferenzstatistischen Aussagen würden für jeden einzelnen Prädiktor prüfen, ob er nur in der aktuellen Stichprobe zur Vorhersage des Kriteriums in der Lage war, oder ob er auch in der Population ein verlässlicher Prädiktor sein würde.

Allerdings wird den einzelnen Prädiktoren manchmal wenig Beachtung geschenkt. Ähnlich wie bei den globalen Gütemaßen ist man oft nur daran interessiert, ob das *Modell als Ganzes* eine signifikante Varianzaufklärung leisten kann, die sich auf die Population verallgemeinern lässt. Das Hauptergebnis für dieses gesamte Modell ist der Determinationskoeffizient. Meist wird bei der Multiplen Regression – und das ist gut so – auf die Betrachtung der Signifikanz verzichtet. Stattdessen schaut man sich den Determinationskoeffizienten R^2 an, der eine sehr gut interpretierbare Information darstellt. Dennoch kann man auch für das gesamte Modell einen Signifikanztest berechnen, einen sogenannten F-Test. Der F-Test ist der Signifikanztest für die Varianzanalyse, die wir uns im übernächsten Kapitel ansehen werden. Wir werden dort diskutieren, wie man ihn zur Prüfung der Signifikanz bei der Multiplen Regression verwendet. (Auch Standardfehler und Konfidenzintervalle kann man für R^2 berechnen; das wird aber so gut wie nie gemacht, da R^2 allein schon eine sehr gut interpretierbare Größe darstellt.)

Literaturempfehlung
- Aron, A., Aron, E. N., & Coups, E. J. (2012). *Statistics for psychology*, (6. Aufl.). London: Pearson. (Kap. 12)
- Backhaus, K., Erichson, B., Plinke, W., & Weiber, R. (2011). *Multivariate Analysemethoden*, (13. Aufl.). Berlin: Springer. (Kap. 1)

9.3   ALM und Multiple Regression als Grundlage aller Testverfahren

„. . . .if you were going to a desert island to do psychology research and could take only one computer program with you to do statistical tests, you would want to choose multiple regression" (Aron et al. 2009, S. 612)

Prinzipiell lassen sich fast alle Fragestellungen mit Hilfe der Regressionsrechnung behandeln. Das einzige, was man dabei tun muss, ist, alle unabhängigen Variablen so zu codieren, dass sie als Prädiktoren in der Regression verwendet werden können. Denn die Regressionsanalyse fordert, dass alle Variablen intervallskaliert sein müssen. Bei vielen Variablen ist das kein Problem, da sie auf Intervallskalenniveau gemessen werden. Schwieriger ist es bei Variablen, die zum Beispiel die unterschiedlichen Gruppen in einem Experiment repräsentieren, etwa die Zahlen 1, 2 und 3 für drei verschiedene Interventionsmethoden, die in einer Studie verglichen werden sollen. Diese Zahlen bilden keine Intervallskala, da es keinen Sinn macht, bei drei Interventionsmethoden von einem „inhaltlich gleichen Abstand" zu sprechen. Der Unterschied zwischen den drei Methoden besteht nur nominal, nicht aber quantitativ. Man könnte ihnen genauso gut die Zahlen 2, 50 und 900 zuordnen, das würde keinerlei Unterschied machen.

Nominalskalierte Variablen können aber mit der Regressionsrechnung behandelt werden, wenn man sie entsprechend codiert. Man spricht dann von einer *Dummy-Codierung*, die dafür sorgt, dass die Variable einer Intervallskala entspricht. Einen vereinfachten Fall von Dummy-Codierung haben wir schon einmal erwähnt: den Vergleich von nur zwei Gruppen. Bei einer Variable, die nur zwei Ausprägungen hat – zum Beispiel eine UV, die Kontrollgruppe und Versuchsgruppe codiert – ist es egal, welche beiden Zahlen man zur Codierung verwendet. Denn zwischen zwei Zahlen gibt es immer nur einen Abstand, und damit liegt automatisch Intervallskalenniveau vor (die Forderung der Intervallskala war, dass gleiche Abstände zwischen den Zahlen auch gleichen inhaltlichen Abständen entsprechen – bei nur einem Abstand liegt daher immer Intervallskalenniveau vor). Eine Variable mit zwei Ausprägungen kann daher problemlos in eine Korrelation oder Regression gegeben werden. Anhand dieses einfachen Beispiels können wir uns auch sehr anschaulich noch einmal die Hauptaussage des ALM verdeutlichen: dass nämlich alle Arten von Fragestellungen als Zusammenhänge aufgefasst werden können. Betrachten wir einen Mittelwertsunterschied zwischen zwei Gruppen A und B (siehe Abb. 9.3). Hier können wir entweder danach fragen, ob der Mittelwertsunterschied signifikant ist oder ob die Steigung der Regressionsgerade, die man durch beide Mittelwerte legt, signifikant ist.

In dem hier gezeigten Fall wäre es damit egal, ob man einen Signifikanztest für den Mittelwertsunterschied oder einen Signifikanztest für die Steigung der Regressionsgerade (das β-Gewicht) berechnet. Man würde beide Male dasselbe Ergebnis erhalten, das heißt, denselben p-Wert. Dieses Prinzip der Äquivalenz von Unterschieden und Zusammenhängen steckt in allen folgenden Testverfahren.

▶ Das Allgemeine Lineare Modell (ALM) führt alle Testverfahren auf lineare Zusammenhänge zwischen Variablen zurück. Ziel jedes Testverfahrens ist die Prüfung der Varianzaufklärung von Kriteriumsvariablen (abhängigen Variablen).

Nun fragen Sie sich eventuell, warum es neben der Multiplen Regression überhaupt noch andere Testverfahren gibt, wenn doch alle Fragestellungen mit der Regression behandelt werden können. Diese Frage ist schnell beantwortet. Dummy-Codierungen einerseits und die Regressionsrechnung andererseits sind relativ rechenaufwändige Verfahren. Für einige Fragestellungen – wie Mittelwertsunterschiede – ist es schlichtweg nicht nötig, eine Regression zu berechnen. Stattdessen kommt man bei solchen Fragestellungen viel einfacher zu einem Signifikanztestergebnis. Während die Regression das älteste Testverfahren ist, wurden im Lauf der Zeit Testverfahren entwickelt, die einfacher zu berechnen waren, wenn man es nicht mit intervallskalierten Variablen zu tun hatte. Ronald Fisher, dem wir schon begegnet sind, hat beispielsweise die Varianzanalyse entwickelt – ein Testverfahren, mit dem man mehrere Mittelwerte auf signifikante Unterschiede prüfen kann. Die Varianzanalyse ist – wenn man nur Zettel und Stift zur Verfügung hat – einfacher zu berechnen als eine entsprechende Regression.

Auf diese Weise ist eine Vielzahl von Verfahren für die verschiedensten Fragestellungen entwickelt worden, mit denen wir uns in den nächsten Kapiteln beschäftigen werden. Diese stellen aber alle nichts weiter als Spezialfälle des ALM

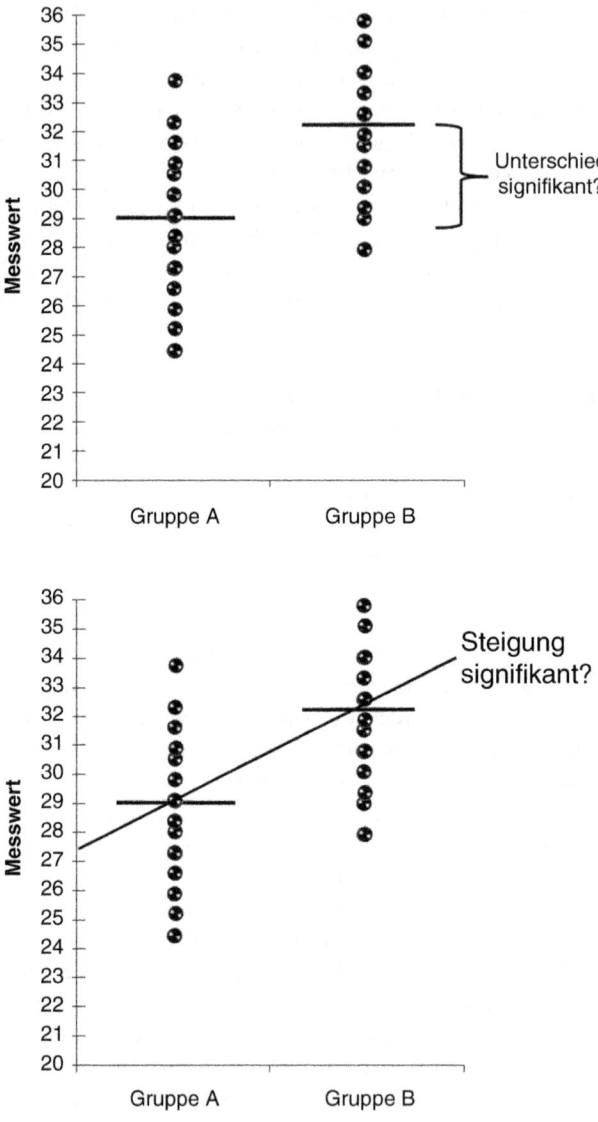

Abb. 9.3 Äquivalenz von Unterschieden und Zusammenhängen

dar. Da wir heute im Computerzeitalter leben und kaum einen Test per Hand berechnen, kann man argumentieren, dass all diese Testverfahren eigentlich überholt und nicht mehr nötig sind und man stattdessen immer eine Regression berechnen könnte. Das ist zwar richtig, aber die Testverfahren (vor allem t-Tests und Varianzanalysen) sind ein so fester Bestandteil des Methodenrepertoires in den Sozialwissenschaften, dass sie so schnell nicht aus den Publikationen verschwinden werden. Behalten Sie aber immer im Hinterkopf, dass die verschiedenen Verfahren nicht unvermittelt nebeneinander stehen, sondern dass die meisten von ihnen aus der Idee des ALM abgeleitet sind – auch wenn man das nicht immer auf den ersten Blick sieht.

► Die Mehrzahl aller Testverfahren zur Signifikanzprüfung sind Spezialfälle des ALM.

Literaturempfehlung
Aron, A., Aron, E., & Coups, E. J. (2009). Statistics for Psychology. Upper Saddle River: Pearson Prentice Hall.

Unterschiede zwischen zwei Gruppen: der *t*-Test

10

10.1 Das Prinzip des *t*-Tests

Der *t*-Test geht auf den Engländer William Gosset zurück, der – weil er in einer Brauerei beschäftigt war, deren Mitarbeiter keine Studienergebnisse veröffentlichen durften – unter dem Pseudonym *Student* publizierte. Daher wird die auf ihn zurück gehende *t*-Verteilung auch manchmal Students *t*-Verteilung genannt. Der *t*-Test ist im Prinzip kein einzelner Test, sondern eine Gruppe von Tests, die für verschiedene Fragestellungen verwendet werden können. Das Prinzip des *t*-Tests ist aber immer der Vergleich zwischen zwei Mittelwerten. Dabei kann es sich um Mittelwerte aus unabhängigen oder abhängigen Stichproben handeln oder um einen Mittelwert, der gegen einen theoretisch zu erwartenden Mittelwert getestet wird. Diese Möglichkeiten werden wir uns jetzt anschauen. Außerdem kann der *t*-Test als Testverfahren für andere Kennwerte, die auch einer *t*-Verteilung folgen, verwendet werden. Die beiden wichtigsten haben Sie schon kennengelernt: Korrelationskoeffizienten und Regressionsgewichte.

▶ Der *t*-Test prüft, ob sich zwei Mittelwerte signifikant voneinander unterscheiden.

10.2 *t*-Test bei zwei unabhängigen Stichproben

Der häufigste Fall für die Verwendung eines *t*-Tests ist der Vergleich zweier Mittelwerte aus unabhängigen Stichproben. Betrachten wir dazu eine Studie, in der untersucht wurde, wie sich der Anteil von Substantiven auf die Verständlichkeit

© Springer Fachmedien Wiesbaden 2016
T. Schäfer, *Methodenlehre und Statistik*,
DOI 10.1007/978-3-658-11936-2_10

Tab. 10.1 Beispieldaten für das Textexperiment

	Gruppe 1 (30%)	Gruppe 2 (40%)
	5	5
	6	8
	2	7
	3	9
	7	6
M	4,6	7,0
$\hat{\sigma}^2$	4,3	2,5

von Texten auswirkt. Verglichen werden zwei Texte mit einem Anteil von Substantiven von 30 % und 40 %. Die Texte werden zwei zufällig gezogenen Gruppen von je fünf Probanden vorgelegt, die die Verständlichkeit auf einer Skala von 1 (gar nicht verständlich) bis 10 (sehr gut verständlich) einschätzen sollen. Wir wollen prüfen, ob die Verständlichkeit bei Texten mit mehr Substantiven höher ausfällt. Die Ergebnisse könnten so aussehen wie in Tab. 10.1. (In der Praxis wäre diese Stichprobe natürlich viel zu klein. Wir verwenden hier nur zur Veranschaulichung der Berechnungen so kleine Stichproben!)

Diese Daten könnte man sich zunächst mit einem Diagramm veranschaulichen. Die Mittelwerte zeigen schon einen Unterschied zwischen beiden Gruppen. Der t-Test soll nun prüfen, ob dieser Unterschied signifikant ist. Bei der allgemeinen Betrachtung des Signifikanztests haben wir gesehen, dass dabei immer *gegen die Nullhypothese* getestet wird. Wir müssen also den Mittelwertsunterschied unserer Stichprobe gegen den Mittelwertsunterschied testen, den die Nullhypothese unterstellt. Rechnerisch sieht das folgendermaßen aus:

$$(\bar{x}_A - \bar{x}_B) - (\mu_A - \mu_B)$$

Was ist die Nullhypothese in diesem Fall? Sie behauptet nichts anderes, als dass sich die Mittelwerte in der Population *nicht* unterscheiden sollten. Das heißt, dass μ_A und μ_B denselben Wert liefern sollten. Damit wäre die Differenz $(\mu_A - \mu_B)$ aber 0 und wir können sie aus der Formel entfernen, die sich dann vereinfacht zu:

$$\bar{x}_A - \bar{x}_B$$

Wie wir schon wissen, ist der Unterschied zweier Mittelwerte umso bedeutsamer, je kleiner die Streuungen sind, mit denen beide Mittelwerte behaftet sind. Das heißt, dass dieser Mittelwertsunterschied nun an den Streuungen beider

Mittelwerte relativiert werden muss. Man benutzt dafür den Standardfehler des Mittelwertsunterschiedes. Wenn wir das tun, erhalten wir die Formel für unseren *t*-Test:

$$t = \frac{\bar{x}_A - \bar{x}_B}{\hat{\sigma}_{\bar{x}_A - \bar{x}_B}}$$

Der Standardfehler des Mittelwertsunterschiedes im Nenner kann aus den einzelnen geschätzten Populationsvarianzen der beiden Gruppen bestimmt werden, die in Tab. 10.1 mit angegeben sind:

$$\hat{\sigma}_{\bar{x}_A - \bar{x}_B} = \sqrt{\frac{\hat{\sigma}_A^2}{n} + \frac{\hat{\sigma}_B^2}{n}}$$

Diese Formel gilt für gleiche Stichprobengrößen. In unserem Fall ist *n* in beiden Gruppen 5. Der *t*-Wert beträgt für unser Beispiel:

$$t = \frac{4,6 - 7,0}{\sqrt{\frac{4,3}{5} + \frac{2,5}{5}}} = \frac{-2,4}{1,166} = -2,06$$

Der so bestimmte *t*-Wert heißt *empirischer t*-Wert. Er wird mit dem *kritischen t*-Wert verglichen, der sich aus der *t*-Verteilung bei einem bestimmten Signifikanzniveau ergibt. Die Freiheitsgrade für den *t*-Test bei unabhängigen Stichproben bestimmen sich wie folgt:

$$df = (n_A - 1) + (n_B - 1)$$

Wir entscheiden uns für ein Signifikanzniveau von 5 % und müssen daher bei einer Fläche von 0,95 und bei $df = 8$ in der Tabelle nachschauen. Wir gehen hier von einem einseitigen Test aus, da wir die Hypothese hatten, dass ein höherer Anteil an Substantiven zu einer besseren Verständlichkeit führt. Der kritische *t*-Wert beträgt 1,86. Unser empirischer *t*-Wert muss nun *extremer* sein als der kritische. Mit extremer ist gemeint, dass er *absolut* größer sein muss, unabhängig vom Vorzeichen, da in der Tabelle nur die positiven *t*-Werte abgetragen sind. Das negative Vorzeichen in unserem berechneten *t*-Wert zeigt ja nur an, dass wir den größeren vom kleineren Mittelwert abgezogen haben. Das hätten wir genauso gut umgekehrt machen können – dafür gibt es keine feste Regel. Da unser empirischer *t*-Wert extremer ist als der kritische, haben wir es mit einem Ergebnis zu tun, das auf dem 5 %-Niveau signifikant ist. Ein weiterer Blick in die Tabelle verrät uns übrigens, dass unser Wert auf dem 1 %-Niveau nicht signifikant wäre: der kritische *t*-Wert läge dann nämlich bei 2,896.

Hätten wir in unserem Experiment keine gerichtete Hypothese gehabt, hätten wir entsprechend zweiseitig testen müssen und – bei gleichem Signifikanzniveau von 5 % – bei einer Fläche von 0,975 nachschauen müssen. Der kritische *t*-Wert wäre dann 2,306 und unser Ergebnis wäre nicht signifikant gewesen. Daran sieht man deutlich, dass gerichtete Hypothesen immer von Vorteil sind.

Während wir hier der Anschaulichkeit halber die Signifikanzprüfung mit Hilfe der Tabelle durchführen, wird diese Aufgabe normalerweise von einem Statistik- programm übernommen. Wir erhalten dann den genauen *p*-Wert, der dem ge- fundenen empirischen *t*-Wert entspricht. Dieser *p*-Wert liefert eine genauere Infor- mation als die bloße Aussage, dass ein Ergebnis auf einem Niveau von 5 % oder 1 % signifikant ist. Daher sollte als Ergebnis neben dem *t*-Wert immer der genaue *p*-Wert angegeben werden, den das Statistikprogramm ausgibt.

An diesem Beispiel haben wir nun die Prozedur eines Signifikanztests durch- laufen, die sich bei allen Testverfahren wiederholen wird und die die allgemeine Durchführung eines Signifikanztests widerspiegelt. Wir haben eine Nullhypothese formuliert und unser empirisches Ergebnis (den Mittelwertunterschied) dahinge- hend getestet, ob er unter der Annahme der Gültigkeit der Nullhypothese wahr- scheinlich war oder nicht. Bei einem festgelegten Alpha-Niveau von 5 % war unser Ergebnis signifikant und wir verhalten uns nun so, als ob die Alternativhypothese zuträfe. Das heißt, wir schlussfolgern, dass der in unserer Studie gefundene Effekt auf die Population verallgemeinert werden kann. Wir sehen hier auch, dass es sich bei dieser Vorgehensweise um einen *Hybrid* zwischen den Ansätzen von Fisher und Neyman/Pearson handelt, denn wir haben auf die explizite Formulierung einer Alternativhypothese verzichtet. Diese hätten wir allerdings machen können, um den Alpha- und den Beta-Fehler gegeneinander abzuwägen.

Der *t*-Test im Vergleich zum ALM

Anhand der Formel für den *t*-Test können wir nun auch nachvollziehen, dass diese relativ schnell per Hand ausgerechnet werden kann. Das Ergebnis wäre aber identisch, wenn wir die Werte aller Personen auf der AV (die Textverständlichkeit) mit der UV (der Gruppenzugehörigkeit, die mit 0 und 1 codiert sein könnte) korreliert hätten und die Korrelation auf Signifikanz getestet hätten. Wir werden gleich noch sehen, dass man aus dem *t*-Wert sehr leicht eine Effektgröße, nämlich einen Korrelationskoeffizienten *r* berechnen kann.

Betrachten wir an dieser Stelle einmal kurz, wie sich das Prinzip der Varianz-aufklärung – das wir aus dem ALM abgeleitet hatten – eigentlich im *t*-Test widerspiegelt. Was ist die Varianz, die aufgeklärt werden soll? Das ist die Varianz aller Messwerte aller Personen, unabhängig von ihrer Gruppenzugehörigkeit. Diese Varianz soll erklärt werden. Und es gibt prinzipiell zwei Ursachen für diese Varianz. Die erste – und für uns interessante – liegt darin, dass sich ein Teil der Personen in der einen und ein anderer Teil der Personen in der anderen Gruppe befindet und beide Gruppen ein unterschiedliches Treatment erhalten haben, näm-lich die verschiedenen Texte. Optimal wäre es, wenn die Varianz aller Messwerte nur auf dieses Treatment zurückgeht. Die UV (Gruppenzugehörigkeit) würde dann die gesamte Varianz erklären. Es gibt aber eine zweite Ursache für die Varianz der Messwerte, und zwar die Varianz, die auf zufällige Unterschiede zwischen den Personen und auf Messfehler zurückgeht: die Fehlervarianz. Diesen Teil der Varianz können wir nicht erklären. Was wir wissen wollen, ist also, wie das Verhältnis der systematischen erklärten Varianz zur Fehlervarianz ist. Genau das ist das Verhältnis, das wir beim *t*-Test berechnen: wir teilen die systematische Varianz (nämlich den Mittelwertunterschied) durch die Fehlervarianz (verkörpert durch den Standardfehler). Diesem Prinzip folgen alle Signifikanztests.

10.3   *t*-Test für abhängige Stichproben

Bei Mittelwertunterschieden aus abhängigen Stichproben interessieren wir uns rein rechnerisch nicht für die Mittelwerte, die sich *pro Messzeitpunkt* ergeben (so wie eben), sondern für die Messwertunterschiede, die sich *pro Person* ergeben. Die absolute Größe der Messwerte (also die Rohwerte) und damit auch Unter-schiede zwischen den Personen sind also hier nicht von Bedeutung. Dieses Prinzip hatten wir in Abb. 7.4 schon einmal dargestellt.

Wir müssen daher für jede Person ihren Unterschied zwischen der ersten und zweiten Messung berechnen und den Durchschnitt dieser Unterschiede für alle Personen bestimmen. Als Beispiel benutzen wir wieder die Daten aus dem Expe-riment zur Textverständlichkeit, gehen aber jetzt davon aus, dass dieselben Perso-nen an beiden Bedingungen teilgenommen haben. Es gibt also nur noch fünf Versuchsteilnehmer, die erst den einen und danach den anderen Text bewertet haben (siehe Tab. 10.2).

Der Mittelwert aller Differenzen beträgt $-2{,}4$ und zeigt einen Unterschied in die richtige Richtung an, wenn wir von der Hypothese ausgehen, dass mehr

Tab. 10.2 Beispieldaten für das Textexperiment mit abhängigen Messungen

	Messung 1 (30%)	Messung 2 (40%)	Differenz
	5	5	0
	6	8	−2
	2	7	−5
	3	9	−6
	7	6	1
$\overline{X}_{diff}$			−2,4
$\tilde{\sigma}_{diff}$			3,05

Substantive die Textverständlichkeit erhöhen. Auch hier müssen wir nun wieder diesen Effekt gegen den Effekt testen, den die Nullhypothese unterstellt:

$$\overline{X}_{diff} - \mu_{diff}$$

Die Nullhypothese sagt aber auch hier, dass es in der Population keine Differenzen gibt, die systematisch von 0 abweichen: $\mu_{diff} = 0$

Wir können damit diesen Wert wieder aus der Formel streichen, sodass nur $\overline{X}_{diff}$ übrig bleibt. Diese durchschnittlichen Differenzen müssen wieder an der Streuung der Differenzen relativiert werden, und das wird auch hier mit dem Standardfehler getan:

$$\hat{\sigma}_{\overline{X}_{diff}} = \frac{\hat{\sigma}_{diff}}{\sqrt{n}}$$

Die Streuung der Differenzen $\hat{\sigma}_{diff}$ ist in Tab. 10.2 mit angegeben. Der *t*-Wert berechnet sich nun wie folgt:

$$t = \frac{\overline{X}_{diff}}{\hat{\sigma}_{\overline{X}_{diff}}}$$

Für unser Beispiel ergibt sich damit ein *t*-Wert von:

$$t = \frac{-2,4}{\frac{3,05}{\sqrt{5}}} = -1,76$$

Diesen empirischen *t*-Wert vergleichen wir wieder mit dem kritischen *t*-Wert aus der Tabelle, den wir bei abhängigen Stichproben bei

$$df = n - 1$$

Freiheitsgraden nachsehen müssen. Die Stichprobengröße beträgt hier nur noch 5, damit wird es auch schwieriger, ein signifikantes Ergebnis zu erhalten. Bei 4 Freiheitsgraden und einem Signifikanzniveau von 5 % liefert die Tabelle einen kritischen *t*-Wert von 2,132. Damit ist unser Ergebnis nicht signifikant und wir können die Nullhypothese nicht verwerfen.

10.4   *t*-Test bei einer Stichprobe

Den *t*-Test kann man auch verwenden, wenn man eigentlich nur eine Gruppe von Personen untersucht hat und deren Mittelwert gegen einen theoretischen Mittelwert testen möchte. Da es nur eine Stichprobe gibt, die man untersucht, spricht man hierbei meist von einem sogenannten *Einstichprobenfall*. Die zweite „Gruppe" besteht dann gewissermaßen nicht in einer echten Gruppe, sondern in einem Mittelwert, den man als gegeben voraussetzt. Dabei kann es sich um bereits bekannte Mittelwerte handeln, wie den Mittelwert des Intelligenzquotienten, der in der Population immer 100 beträgt. Nun könnten wir beispielsweise herausfinden wollen, ob Psychologiestudierende signifikant intelligenter sind als der Durchschnitt mit eben diesem Mittelwert von 100. Wir erheben den IQ von 50 Psychologiestudierenden und finden einen Mittelwert von $\bar{x} = 112,0$ und eine Populationsvarianz der Messwerte von $\hat{\sigma} = 17,8$ (die Daten sind fiktiv!). Der *t*-Test bei einer Stichprobe ergibt sich aus der Differenz des empirischen Wertes $\bar{x}$ und des theoretisch zu erwartenden Wertes für die Population μ, die wiederum am Standardfehler des Mittelwertes relativiert wird:

$$t = \frac{\bar{x} - \mu}{\hat{\sigma}_{\bar{x}}}$$

Der Standardfehler berechnet sich – wie Sie sich erinnern – wie folgt:

$$\hat{\sigma}_{\bar{x}} = \frac{\hat{\sigma}}{\sqrt{n}}$$

Für unser Beispiel ergibt sich damit ein *t*-Wert von:

$$t = \frac{112,0 - 100}{\frac{17,8}{\sqrt{50}}} = 4,77$$

Dieser *t*-Wert wird wieder auf Signifikanz geprüft, und zwar mit

$$df = n - 1$$

Freiheitsgraden. 49 Freiheitsgrade finden wir nicht direkt in der Tabelle; das müssen wir aber auch gar nicht, denn wir sehen, dass der Wert 4,77 jeden vorhandenen Wert in der Tabelle überschreitet. Unser Ergebnis ist damit auf dem 5 %-Niveau in jedem Fall signifikant. Den genauen *p*-Wert würde wieder ein Statistikprogramm liefern.

Auf diese Weise können Mittelwerte aus einer Stichprobe gegen beliebige theoretisch zu erwartende Werte getestet werden. In vielen Fällen beträgt der erwartete Wert einfach 0. Die Formel vereinfacht sich dann zu:

$$t = \frac{\bar{x}}{\hat{\sigma}_{\bar{x}}}$$

10.5   Effektgrößen beim *t*-Test

Für die Bestimmung von Effektgrößen bei Mittelwertunterschieden gibt es zwei Möglichkeiten. Die erste besteht in der Berechnung von Abstandsmaßen direkt aus den Rohdaten. Diese Berechnungen haben wir bei der Betrachtung der Effektgrößen bereits behandelt. Die zweite Möglichkeit besteht darin, Effektgrößen aus dem Ergebnis eines Signifikanztests zu bestimmen. Dafür gelten einfache Berechnungsvorschriften, die das Signifikanztestergebnis stets an der Größe der Stichprobe relativieren. Diese wird meist durch die Freiheitsgrade ausgedrückt, die dann jeweils den Freiheitsgraden entsprechen, mit denen auch der *t*-Test berechnet wurde, für den eine Effektgröße bestimmt werden soll.

Zwei unabhängige Stichproben

Für den Unterschied zweier unabhängiger Mittelwerte bieten sich die Abstandsmaße d und g als Effektgrößen an:

$$d = \frac{2t}{\sqrt{df}} \quad und \quad g = t\sqrt{\frac{n_A + n_B}{n_A \cdot n_B}}$$

Für unser oben betrachtetes Beispiel des Textexperimentes ergeben sich damit die folgenden Effektgrößen:

$$d = \frac{2 \cdot (-2,06)}{\sqrt{8}} = -1,46 \quad und \quad g = -2,06\sqrt{\frac{5+5}{5 \cdot 5}} = -1,30$$

Beide Effektgrößen sind nach den Konventionen sehr groß. Das negative Vorzeichen gibt genau wie beim t-Wert lediglich an, dass der größere Mittelwert vom kleineren abgezogen wurde.

Da wir argumentiert hatten, dass man sich den Vergleich zweier unabhängiger Stichproben auch als Korrelation zwischen der AV und der Gruppenzugehörigkeit vorstellen kann, bietet sich hier auch die Berechnung der korrelativen Effektgröße r an:

$$r = \sqrt{\frac{t^2}{t^2 + df}}$$

Für unser Beispiel ergibt sich damit eine Effektgröße von:

$$r = \sqrt{\frac{-2,06^2}{-2,06^2 + 8}} = 0,59$$

Dieses r ist identisch mit dem Korrelationskoeffizienten, den man auch bei der Berechnung einer Korrelation zwischen AV und Gruppenzugehörigkeit erhalten würde.

Zwei abhängige Stichproben

Bei zwei abhängigen Stichproben erhält man die Abstandsmaße, indem man den t-Wert, den man für diese abhängigen Stichproben bestimmt hat, in die folgenden Formeln einsetzt:

$$d = \frac{t}{\sqrt{df}} \quad und \quad g = \frac{t}{\sqrt{n}}$$

In unserem Textexperiment mit abhängigen Messungen ergeben sich damit:

$$d = \frac{-2,31}{\sqrt{4}} = -1,16 \quad und \quad g = \frac{-2,31}{\sqrt{5}} = -1,03$$

Auch bei abhängigen Stichproben kann man prinzipiell die korrelative Effektgröße *r* berechnen. Allerdings hat sich gezeigt, dass diese Berechnung zu verzerrten (meist zu großen) Ergebnissen führt. Daher sollte man auf diese Art der Berechnung wenn möglich verzichten.

Eine Stichprobe

Wenn ein *t*-Test für eine Stichprobe berechnet wurde – der Einstichprobenfall, bei dem ein empirischer Wert mit einem theoretischen Wert verglichen wird – sind die Formeln zur Bestimmung von Effektgrößen identisch mit denen bei abhängigen Stichproben. Für unseren Vergleich zwischen Psychologiestudierenden und dem Durchschnitt der Bevölkerung hinsichtlich des IQ ergibt sich damit:

$$d = \frac{4,77}{\sqrt{49}} = 0,68 \quad und \quad g = \frac{4,77}{\sqrt{50}} = 0,67$$

10.6   Voraussetzungen für die Berechnung von *t*-Tests

Signifikanztests sind je nach der Art und Weise ihrer Berechnung an einige Voraussetzungen geknüpft, die sich direkt aus der allgemeinen Idee von Signifikanztests ergeben und sich meist auf die hypothetische Population beziehen, für die man eine Aussage treffen möchte. Auch wenn man einen *t*-Test berechnet, unterstellt man, dass einige Voraussetzungen erfüllt sind. Bei einem *t*-Test für unabhängige Stichproben geht man davon aus, dass die beiden Stichproben, die man gezogen hat, tatsächlich unabhängig sind, das heißt, dass sich die verschiedenen Personen in den beiden Gruppen nicht systematisch gegenseitig beeinflussen. Weiterhin unterstellen wir beim *t*-Test, dass die AV immer intervallskaliert ist. Eine weitere Voraussetzung betrifft die Verteilung der Werte der AV. Diese sollte in der Population einer Normalverteilung folgen. Diese Forderung ist leicht nachvollziehbar, denn der gesamte Signifikanztest basiert ja auf Normalverteilungen. Ist die Verteilung der Messwerte schief, würde es kaum Sinn machen, die symmetrische *t*-Verteilung als Prüfverteilung zu verwenden. (Ob Populationswerte normalverteilt sind, lässt sich schwer nachprüfen, denn die Verhältnisse in der Population sind uns ja in aller Regel nicht bekannt. Zumindest kann man aber für die Stichproben-Daten prüfen, ob diese normalverteilt sind. Dafür gibt es einfache Tests in Statistikprogrammen. Außerdem reicht es häufig, sich die Häufigkeitsverteilungen anzusehen – wenn es grobe Unstimmigkeiten mit der Form der Verteilungen gibt, sieht man diese meist auf den ersten Blick.)

Und schließlich gibt es noch eine Voraussetzung, die die Varianzen der beiden Stichproben bzw. Gruppen betrifft. Diese sollten möglichst gleich groß sein. Auch diese Forderung sollte Ihnen einleuchten. Denn Mittelwerte mit großen Streuungen sind weniger aussagekräftig als solche mit kleinen Streuungen. Daher wäre es wenig sinnvoll, zwei Mittelwerte miteinander zu vergleichen, die mit völlig unterschiedlichen Streuungen behaftet sind.

Die letztgenannten Forderungen werden manchmal ignoriert bzw. einfach als gegeben vorausgesetzt – und zwar deswegen, weil der *t*-Test ein sogenanntes *robustes* Verfahren ist. Das heißt, er ist gegen Verletzungen dieser Voraussetzungen so unempfindlich, dass er trotzdem sehr gute Ergebnisse liefert. Das ist einer der Gründe, warum der *t*-Test ein sehr häufig verwendetes Verfahren ist. Erst wenn die Voraussetzungen sehr deutlich verletzt sind – vor allem, wenn die Verteilung der Werte der AV deutlich von einer Normalverteilung abweicht – sollte man auf die Berechnung eines *t*-Tests verzichten. Als Alternative muss man dann auf sogenannte non-parametrische Testverfahren zurückgreifen, denen wir uns später noch zuwenden werden.

Literaturempfehlung
– Aron, A., Aron, E. N., & Coups, E. J. (2012). *Statistics for psychology* (6. Aufl.). London: Pearson. (Kap. 7 und 8)
– Bühner, M., & Ziegler, M. (2009). *Statistik für Psychologen und Sozialwissenschaftler*. München: Pearson. (Kap. 5)
– Sedlmeier, P., & Renkewitz, F. (2013). *Forschungsmethoden und Statistik*. München: Pearson. (Kap. 13)

Unterschiede zwischen mehr als zwei Gruppen: die Varianzanalyse 11

11.1 Das Prinzip der Varianzanalyse

Der *t*-Test ist ein relativ leicht nachvollziehbares Verfahren, das die Bedeutsamkeit der Differenz zweier Mittelwerte untersucht: der Mittelwertsunterschied wird anhand der Streuungen der Mittelwerte relativiert. Der Anwendungsbereich des *t*-Tests ist aber auf den Vergleich von *zwei* Mittelwerten beschränkt. Da sich psychologische Fragestellungen oft aber auf mehr als zwei Mittelwerte beziehen, benötigen wir hier ein anderes Verfahren. Dieses Verfahren untersucht nicht mehr nur eine Differenz zwischen zwei Mittelwerten, sondern die Variation mehrerer Mittelwerte. Das Verfahren versucht also, die Varianz von Mittelwerten zu erklären und wird daher als *Varianzanalyse* bezeichnet. Als Abkürzung wird der Begriff *ANOVA* (für Analysis of Variance) verwendet. Die Varianzanalyse wurde von dem viel zitierten Statistiker Ronald Fisher entwickelt und ist das zweifellos bekannteste Signifikanztestverfahren überhaupt. Genau wie der *t*-Test ist es eine Sonderform der Multiplen Regression. Die Besonderheit besteht darin, dass bei der Varianzanalyse die UV nominalskaliert sein darf. Damit stellt sie sozusagen den Königsweg für die Auswertung von Experimenten dar. Denn das Prinzip eines Experimentes ist in aller Regel der kontrollierte Vergleich mehrerer Versuchsgruppen hinsichtlich einer AV. Die UV besteht hier ebenfalls in der Gruppenzugehörigkeit, die jetzt aber – anders als beim *t*-Test – auch drei oder noch mehr Gruppen umfassen kann. Die Varianzanalyse stellt damit auch ein viel umfassenderes Verfahren als der *t*-Test dar. Außerdem – und vielleicht ahnen Sie es schon – ist der *t*-Test selbst wiederum nur eine Sonderform der Varianzanalyse. Hier besteht die Besonderheit in der eben erwähnten Einschränkung, dass der *t*-Test nur zwei Mittelwerte vergleichen kann, während die Varianzanalyse zwei oder mehr Mittelwerte vergleichen kann. Dabei sind die Berechnungen bei der

© Springer Fachmedien Wiesbaden 2016
T. Schäfer, *Methodenlehre und Statistik*,
DOI 10.1007/978-3-658-11936-2_11

Varianzanalyse nur wenig komplexer als die beim *t*-Test. Sie folgen allerdings einer etwas anderen Logik, die wir uns gleich anschauen wollen.

Die Varianzanalyse ist im Prinzip dasjenige Verfahren, welches das Anliegen der Psychologie am anschaulichsten verkörpert. Wir sind daran interessiert, menschliches Erleben und Verhalten zu verstehen und zu erklären. Dieser Drang zum Verstehen erwächst direkt aus unserer Alltagspsychologie, aus unseren Fragen über den Menschen. Warum verhält sich der eine so, der andere so? Warum verhält sich jemand in einer bestimmten Situation anders als in einer anderen? Warum ging es mir gestern anders als heute? Wenn wir nach Antworten auf solche Fragen suchen, dann tun wir das – ohne es zu wissen – nach dem Prinzip der Varianzanalyse. Wir versuchen nämlich Ursachen zu finden, die für die Varianz, die wir im Erleben und Verhalten von uns und anderen Personen beobachten, verantwortlich sein könnten. Wenn jemand im Seminarraum die Augen zusammenkneift, während wir einen Vortrag halten, überlegen wir, woran das liegen könnte. Und wir ziehen verschiedene Variablen als Ursachen in Betracht. Sprechen wir zu leise? Drücken wir uns unverständlich aus? Oder ist die Schriftgröße unserer Präsentation zu klein? Nun beginnen wir zu experimentieren und sprechen lauter, drücken uns verständlicher aus oder vergrößern die Schrift auf unseren Folien. Nach jeder Änderung würden wir schauen, ob der Zuhörer jetzt einen zufriedeneren Eindruck macht. Wenn ja, dann haben wir die richtige Variable als Ursache identifiziert. Das ist Varianzaufklärung!

Auf diese Weise kann man sich viele alltagspsychologische Fragestellungen als varianzanalytische Fragestellungen veranschaulichen. Es gibt immer eine Vielzahl von Variablen, die mit ihren verschiedenen Ausprägungen als Ursachen und Erklärungen in Frage kommen. Das Ziel ist, die richtige(n) zu finden. Statistisch versuchen wir bei der Varianzanalyse das Gleiche zu tun: die wichtigste Quelle (verursachende Variable) für das Zustandekommen von Varianz zu finden.

Wir werden hier mit einem Beispiel arbeiten, in dem drei Mittelwerte verglichen werden sollen. Prinzipiell ist die Anzahl der Mittelwerte aber nicht begrenzt. Das Prinzip bleibt stets das gleiche. Die drei Gruppen stellen die drei Ausprägungen einer UV dar. Wir wollen die Hypothese untersuchen, dass der Stress (gemessen am Adrenalingehalt im Blut mit einem Index von 1 bis 100) bei der Nutzung verschiedener Verkehrsmittel verschieden stark ist: beim Straßenbahnfahren, beim Autofahren und beim Radfahren. Da wir hier nur *eine* unabhängige Variable (einen sogenannten *Faktor*) untersuchen, haben wir es mit einer *einfaktoriellen* Varianzanalyse zu tun. Das ist der einfachste Fall.

11.2   Eine UV: die einfaktorielle ANOVA

Um uns das Prinzip der Varianzanalyse zu veranschaulichen, sehen wir uns an, um welche Varianzen es überhaupt geht. Abbildung 11.1 zeigt, wie sich die Messwerte von 45 Personen verteilen, die zufällig auf die drei Gruppen aufgeteilt wurden.
   Genau wie beim t-Test sind es drei Arten von Varianz, die hier von Interesse sind. Die erste ist die Gesamtvarianz aller 45 Messwerte, also die Varianz der AV. Diese zeigt einfach an, dass sich die Messwerte über alle Personen hinweg unterscheiden. Diese Varianz ist es, die wir aufklären wollen. Welche Erklärungen stehen uns dabei zur Verfügung? Die erste Erklärung steckt in unserer „Manipulation": wir haben es ja mit Personen zu tun, die verschiedene Verkehrsmittel benutzt haben. Das ist unsere UV, und die sollte den größten Teil der Varianz aufklären. Wo finden wir die Varianz, die auf die UV zurückgeht? Die steckt natürlich in der Differenz der drei Mittelwerte. Die Tatsache, dass die drei Mittelwerte voneinander verschieden sind, zeigt an, dass unsere Manipulation einen Effekt hatte. Allerdings gibt es hier nun nicht mehr nur *eine* Differenz zwischen zwei Mittelwerten, sondern gleich drei Differenzen: Gruppe 1 und Gruppe 2, Gruppe 1 und Gruppe 3, sowie Gruppe 2 und Gruppe 3. Wir sprechen daher nicht mehr von Mittelwertsdifferenzen, sondern von der Varianz der Mittelwerte: sie unterscheiden sich. Weil diese Varianz durch die unterschiedliche Manipulation zwischen den Gruppen hervorgerufen wird, heißt sie *Varianz zwischen den Gruppen*

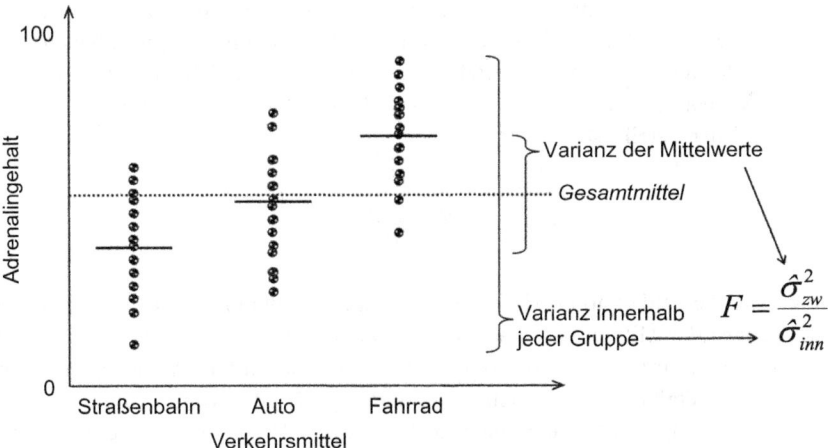

Abb. 11.1 Das Prinzip der Varianzanalyse

Tab. 11.1 Streuungszerlegung bei der Varianzanalyse

Gesamtvarianz =	erklärte Varianz	+ nicht erklärte Varianz
	= systematische Varianz = Varianz zwischen den Gruppen = between-Varianz	= unsystematische Varianz = Varianz innerhalb der Gruppen = within-Varianz = Fehlervarianz

oder *between*-Varianz. Und weil sie denjenigen Teil der Varianz repräsentiert, den wir durch unsere Manipulation erklären können, wird sie auch manchmal *systematische* oder *erklärte* Varianz genannt.

Die zweite Erklärung für die Gesamtvarianz steckt in der Tatsache, dass die Messwerte auch *innerhalb einer jeden Gruppe* variieren. Diese *Varianz innerhalb der Gruppen* oder *within*-Varianz geht einfach darauf zurück, dass Menschen sich in der Ausprägung von Merkmalen nun mal unterscheiden und daher nicht alle denselben Messwert liefern. Außerdem fallen Messfehler in die within-Varianz. Dieser Teil der Varianz ist zufällig und kann nicht erklärt werden. Er stellt einen Fehler dar, der die Aussagekraft unserer Mittelwerte einschränkt. Diese Varianz wird daher auch *Fehlervarianz* oder *unsystematische Varianz* genannt. Tabelle 11.1 fasst die Zerlegung der Gesamtstreuung noch einmal zusammen.

Die Fehlervarianz stellt damit – genau wie beim *t*-Test – eine Art Rauschen dar, welches die Bedeutsamkeit der Mittelwertsdifferenzen etwas einschränkt. Daher versucht die Varianzanalyse zu prüfen, ob die gefundenen Mittelwertsdifferenzen deutlich genug sind, dass wir sie auf die Population verallgemeinern können. Mit anderen Worten, sie prüft das Verhältnis von erklärter und nicht erklärter Varianz. Dieses Verhältnis wird durch die Prüfgröße F ausgedrückt, deren Formel auch in Abb. 11.1 dargestellt ist:

$$F = \frac{\hat{\sigma}_{zw}^2}{\hat{\sigma}_{inn}^2}$$

Je kleiner die Fehlervarianz (inn = Varianz innerhalb der Gruppen) bzw. je größer die Varianz der Mittelwerte (zw = Varianz zwischen den Gruppen), desto größer wird der Wert für F. Der F-Wert ist eine Prüfgröße wie der *t*-Wert. Sie repräsentiert ein Varianz-Verhältnis. Und auch für diese Prüfgröße gibt es eine Prüfverteilung – die F-Verteilung – in der eine Reihe solcher Varianz-Verhältnisse verteilt sind, die in der Population unter Annahme der Nullhypothese vorkommen können. Auch hier wird also wieder geprüft, wie wahrscheinlich ein gefundener F-Wert unter der

Annahme der Nullhypothese war. Bei einem signifikanten Ergebnis kann man die Nullhypothese ablehnen.

▶ Die Varianzanalyse ist ein Verfahren zum Vergleich von Unterschieden zwischen zwei oder mehr Mittelwerten. Dabei wird das Verhältnis zwischen erklärter Varianz (zwischen den Gruppen) und nicht erklärter Varianz (innerhalb der Gruppen) gebildet. Ist die erklärte Varianz in diesem Verhältnis groß genug, führt das zu einem signifikanten Ergebnis.

Aber wie werden die einzelnen Varianzen berechnet? Prinzipiell genauso wie Varianzen immer berechnet werden: man zieht von einem Wert den Mittelwert ab, quadriert diese Differenz, addiert alle quadrierten Differenzen und teilt die Summe durch die Freiheitsgrade. Hier haben wir es aber mit drei Varianzen zu tun, und wir wollen uns anschauen, wie diese im Einzelnen berechnet werden. Bevor wir das tun, sehen wir uns eine Besonderheit bei der Varianzanalyse an. Zur Veranschaulichung der einzelnen Varianzen wird hier meist die Summe der quadrierten Differenzen gar nicht erst durch die Freiheitsgrade geteilt. Man spricht daher von sogenannten *Quadratsummen*. Diese geben ebenfalls die Streuung an, nur eben eine, die noch nicht an der Größe der Stichprobe relativiert wurde. Die Quadratsummen sind uns schon aus der Regressionsrechnung bekannt. Dort wurden jeweils die vertikalen Abstände aller Punkte zur Regressionsgerade quadriert und aufsummiert. Bei der Varianzanalyse wird der Abstand der Punkte zum Mittelwert benutzt. Die Frage bleibt aber die gleiche: wie gut kann der Mittelwert die Daten repräsentieren, also wie groß sind die Abweichungen der Punkte?

▶ In der Varianzanalyse werden als Maß für die Streuung meist die Quadratsummen QS verwendet. Diese sind noch nicht an der Stichprobengröße relativiert.

Beginnen wir mit der Gesamtvarianz aller Daten. Die Quadratsumme QS_{ges} berechnet sich wie folgt:

$$QS_{ges} = \sum \left(x_{ij} - \overline{\overline{x}} \right)^2$$

Wie gewohnt wird hier die Differenz der einzelnen Messwerte x_{ij} zum gemeinsamen Mittelwert gebildet, quadriert und aufsummiert. Die Indizes bedeuten, dass es sich hier um i Personen aus j Gruppen handelt. Der gemeinsame Mittelwert aller Daten ist in Abb. 11.1 durch die gestrichelte Linie dargestellt. Um ihn von den einzelnen drei Mittelwerten der Gruppen abzugrenzen, wird er mit zwei Querstrichen versehen ($\bar{\bar{x}}$). Insgesamt gibt es genauso viele Quadrate wie es Messwerte gibt. Die Quadratsumme besteht daher aus n Summanden.

Wie wir eben behauptet haben, kann diese Gesamtvariation in zwei Teile aufgeteilt werden. Der systematische Teil QS_{zw} geht auf die Variation der Mittelwerte zurück, für die wir nun ebenfalls eine Quadratsumme berechnen können:

$$QS_{zw} = \sum n_j \left(\bar{x}_j - \bar{\bar{x}} \right)^2$$

Wie wir hier sehen, wird der Gesamtmittelwert $\bar{\bar{x}}$ von jedem Gruppenmittelwert $\bar{x}_j$ abgezogen. In unserem Fall gibt es drei solcher Gruppenmittelwerte. (Für den Index j kann man sich also die Zahlen 1, 2 oder 3 vorstellen. Demnach gäbe es hier drei Quadrate, die man aufsummieren muss.) Die Quadrate werden jeweils noch mit der Stichprobengröße der jeweiligen Gruppe (n_j) multipliziert. Wir berechnen hier sozusagen die Streuung einer „Stichprobe", die nur aus drei Werten besteht, nämlich unseren drei Mittelwerten. Diese Streuung sollte möglichst groß sein, denn wir hoffen ja, dass sich unsere Mittelwerte unterscheiden.

Bleibt schließlich noch die Variation der Daten innerhalb einer jeden Gruppe, die die Fehlervarianz darstellt, weil die Verschiedenheit der Messwerte innerhalb der Gruppen für uns nicht systematisch erklärbar ist. Diese Fehlerstreuung berechnet sich schließlich wie folgt:

$$QS_{inn} = \sum \left(x_{ij} - \bar{x}_j \right)^2$$

Das sieht so ähnlich aus wie bei der Gesamtstreuung, nur dass wir hier nicht den Gesamtmittelwert von jedem Messwert abziehen, sondern den Mittelwert der jeweiligen Gruppe, aus der der Messwert stammt. Denn nur so erfahren wir, wie stark die Werte innerhalb einer jeden Gruppe variieren. (Je nach Messwert, um den es gerade geht, nimmt $\bar{x}_i$ also drei verschiedene Werte an. Und Summanden gibt es wieder soviele, wie es einzelne Werte gibt.) Wir können nun die Zerlegung der Gesamtstreuung in ihre beiden Bestandteile folgendermaßen zusammenfassen:

$$QS_{ges} = QS_{zw} + QS_{inn}$$

$$oder: \sum \left(x_{ij} - \bar{\bar{x}} \right)^2 = \sum n_j \left(\bar{x}_j - \bar{\bar{x}} \right)^2 + \sum \left(x_{ij} - \bar{x}_j \right)^2$$

Mit Hilfe der Quadratsummen ist das Zustandekommen der Variationen gut verständlich. Zum Schluss müssen wir aber wieder auf die Varianzen kommen. Dafür teilen wir wie gehabt die Quadratsummen durch die entsprechenden Freiheitsgrade:

$$F = \frac{\hat{\sigma}^2_{zw}}{\hat{\sigma}^2_{inn}} = \frac{\frac{QS_{zw}}{df_{zw}}}{\frac{QS_{inn}}{df_{inn}}}$$

Die Freiheitsgrade kann man folgendermaßen bestimmen:

$$df_{zw} = k - 1 \ \ und \ \ df_{inn} = \sum (n_j - 1) \ \ oder \, auch \ N - k$$

Dabei steht k für die Anzahl von Gruppen und N für die Gesamtstichprobengröße. Bei df_{inn} wird von jeder Gruppengröße n_j 1 abgezogen. Von diesen Differenzen gibt es dann k Stück, die aufsummiert werden. In unserem Beispiel gab es drei mal 15 Personen. Die Freiheitsgrade wären dann:

$$df_{zw} = 3 - 1 = 2 \ und \ df_{inn} = (15 - 1) + (15 - 1) + (15 - 1) = 42$$

Die Bestimmung der verschiedenen Varianzen wird man – vor allem weil die Varianzanalyse sehr komplex sein und sehr große Stichproben umfassen kann – immer dem Computer überlassen. Was aber anhand der Formeln deutlich werden sollte, ist das Prinzip, dass die Differenz von Mittelwerten groß und die Streuung der Daten um ihre Mittelwerte herum klein sein sollte. Demnach ergeben sich größere Werte für F, wenn die Mittelwerte weiter auseinanderliegen oder aber die Streuungen um die Mittelwerte kleiner sind.

Zur Prüfung des F-Wertes auf Signifikanz mit Hilfe der F-Tabelle benötigt man die Zähler- und Nennerfreiheitsgrade. In der Tabelle sind die kritischen F-Werte für verschiedene Signifikanzniveaus aufgeführt. Der kritische Wert für ein Signifikanzniveau von 5 % ist für unser Beispiel mit 2 Zähler- und 42 Nennerfreiheitsgraden 3,23 (diesen Wert müssen wir bei 40 Nennerfreiheitsgraden ablesen, da die Tabelle keinen Wert für 42 Freiheitsgrade enthält – wir können ihn aber annäherungsweise benutzen). Allerdings gilt auch hier, dass diese Art der Signifikanzprüfung mit Hilfe der Tabelle eher Übungszwecken dient. Den genauen p-Wert für einen bestimmten F-Wert erfahren wir nur von einem Statistikprogramm, und man sollte stets diesen p-Wert angeben. Tabelle 11.2 zeigt den typischen Aufbau einer Tabelle, wie sie Statistikprogramme als Ergebnis der Varianzanalyse liefern.

Tab. 11.2 Aufbau einer Ergebnistabelle bei der Varianzanalyse

Ursprung der Varianz	Quadratsummen (sum of squares, SS)	Freiheitsgrade df	geschätzte Varianz (mean squares, MS)	F-Wert	p-Wert
zwischen den Gruppen	…	…	…	…	…
innerhalb der Gruppen	…	…	…		
gesamt	…	…			

F-Test und t-Test

Natürlich kann man eine Varianzanalyse auch dann berechnen, wenn man nur zwei Gruppen untersucht hat (also anstelle des t-Tests). Denn auch dann haben die Mittelwerte eine Varianz (der einfache Mittelwertsunterschied). Beide Analysen kommen daher in diesem Fall zum selben Ergebnis. F-Werte und t-Werte sind dann problemlos ineinander überführbar:

$$t = \sqrt{F} \quad bzw. \quad F = t^2$$

Im Unterschied zum t-Wert kann F aber nie negativ werden – denn es gibt keine negativen Varianzen. Der F-Test testet folglich immer einseitig. Die Varianzanalyse kann damit auch die Richtung des Unterschiedes nicht identifizieren. Es spielt nämlich keine Rolle, in welcher Reihenfolge man die Gruppen in ein Diagramm wie in Abb. 11.1 aufnimmt. (Man hätte die Autofahrer auch in die Mitte setzen können.) Für die Berechnung der Quadratsummen ist diese Reihenfolge unerheblich. Und durch die Quadrierung werden alle Differenzen immer positiv. Dass es mit dem t-Test möglich ist, die Richtung einer Hypothese vorher festzulegen und einseitig zu testen, ist wohl der wichtigste Grund, warum beim Vergleich von zwei Gruppen normalerweise der t-Test verwendet wird und nicht die Varianzanalyse.

An der Beziehung zwischen F-Test und t-Test wird außerdem deutlich, dass der t-Test lediglich ein Spezialfall der Varianzanalyse ist. Nun fragen Sie sich aber eventuell, ob man anstelle eines F-Tests auch mehrere t-Tests berechnen könnte, wenn man mehr als zwei Gruppen vergleicht. In unserem Beispiel könnten wir ja auch drei t-Tests berechnen. Das ist in der Regel aber *nicht* möglich. (Auf eine Alternative kommen wir gleich noch zu sprechen.) Die Erklärung dafür liegt in der Logik des Signifikanztests. Erinnern Sie sich daran, dass eine Irrtumswahrscheinlichkeit von 5 % bedeutet, dass Sie nur in 5 von 100 Fällen einen Fehler machen, wenn Sie die Nullhypothese ablehnen. Anders ausgedrückt: Wenn die Nullhypothese stimmt und Sie 100 Signifikanztests berechnen, dann werden im Durchschnitt 5 davon fälschlicherweise signifikant und führen zu einer falschen Entscheidung. Wenn Sie also mit denselben Daten einen zweiten Signifikanztest rechnen, dann vergrößert sich die Wahrscheinlichkeit, bei einem dieser Tests einen Alpha-Fehler zu begehen. Man sagt daher, dass sich der Alpha-Fehler *kumuliert*. Es ist daher nicht zulässig, mehrere Signifikanztests mit denselben Daten zu berechnen, ohne eine entsprechende Korrektur vorzunehmen.

Einzelvergleiche (Post-hoc Tests)
Kommen wir zurück zum Ergebnis der Varianzanalyse. Bei einem signifikanten Ergebnis wissen wir, dass sich die Mittelwerte der Versuchsgruppen unterscheiden. Eine Frage bleibt allerdings offen: Wir wissen nicht, *wie* sie sich unterscheiden. Die ANOVA liefert ein sogenanntes *overall*-Ergebnis, das heißt, das Ergebnis gilt für alle Mittelwerte insgesamt. Wir wissen nur, dass diese sich *irgendwie* unterscheiden. In der Regel sind wir aber daran interessiert zu wissen, zwischen welchen Mittelwerten ein bedeutsamer Unterschied besteht. Wenn in unserem Beispiel aus Abb. 11.1 die Gruppen 1 und 2 den gleichen Mittelwert gehabt hätten, die Gruppe 3 aber einen sehr viel höheren Mittelwert, hätte das ebenfalls zu einem signifikanten Ergebnis führen können.

Einen ersten Hinweis liefert natürlich zunächst ein Diagramm, das immer *vor* einer jeden Berechnung angeschaut werden sollte. Im Diagramm sind die Mittelwertsunterschiede schon entsprechend zu erkennen. Um im Nachhinein (*post hoc*) die einzelnen Mittelwertsunterschiede auf Signifikanz zu prüfen, kann man sogenannte *Einzelvergleiche* berechnen. Diese funktionieren im Prinzip wie einzelne *t*-Tests. Allerdings wird hier die eben angesprochene Alpha-Fehler-Kumulation berücksichtigt, indem diese Einzelvergleiche eine sogenannte *Alpha-Korrektur* erhalten. Für eine solche (mathematische) Prozedur gibt es verschiedene Möglichkeiten, und entsprechend gibt es eine Vielzahl von Einzelvergleichstests. Die bekanntesten beiden sind der *Scheffé*-Test und der *Bonferroni*-Test. Anschließend an eine Varianzanalyse gibt es immer so viele Einzelvergleichstests wie es mögliche Vergleiche gibt (in unserem Beispiel waren es drei). Diese Tests liefern als Ergebnis lediglich einen *p*-Wert für jeden einzelnen Mittelwertsunterschied, den man wie jeden anderen *p*-Wert interpretieren kann. So könnten wir beispielsweise mit Hilfe der Einzelvergleiche erfahren, dass sich die Straßenbahnfahrer von den Radfahrern unterscheiden (deren Mittelwerte liegen am weitesten auseinander), dass es aber zwischen Straßenbahnfahrern und Autofahrern sowie zwischen Autofahrern und Radfahrern keine signifikanten Unterschiede gibt. Der signifikante overall-Test der ANOVA wäre damit nur durch diesen einen signifikanten Mittelwertsunterschied zustande gekommen. Es können aber auch zwei oder alle drei Mittelwertsunterschiede signifikant sein.

Die Betrachtung eines Diagramms mit Mittelwerten oder eines Boxplots sollte immer am Anfang der Analyse stehen. Wenn man dort sieht, dass Mittelwertsunterschiede in eine Richtung gehen, die der Hypothese widerspricht, erübrigt sich natürlich die Berechnung von ANOVA bzw. Einzelvergleichen. Nur wenn es keine gerichteten Hypothesen gab und man einfach schauen will, ob es überhaupt irgendwo Unterschiede gibt, kann man in jedem Fall diese Analysen durchführen.

Einzelvergleiche kann man sich als Zusatz bei der Berechnung einer ANOVA von jedem Statistikprogramm ausgeben lassen. Zu bedenken ist, dass mit der Anzahl von Versuchsgruppen auch die Anzahl möglicher Einzelvergleiche immer größer wird. Bei vier Versuchsgruppen gibt es schon sechs mögliche Einzelvergleiche. Für diese sinkt aufgrund der Alpha-Fehler-Korrektur die Wahrscheinlichkeit für ein signifikantes Ergebnis immer mehr.

Als Alternative zu Einzelvergleichstests kann man – wenn man gerichtete Hypothesen über die einzelnen Mittelwertsunterschiede hat – sogenannte *Kontraste* bzw. *Kontrastanalysen* berechnen, auf die wir hier nicht näher eingehen wollen.

Literaturempfehlung zu Kontrastanalysen
– Kapitel 16 aus Sedlmeier, P., & Renkewitz, F. (2013). *Forschungsmethoden und Statistik*. München: Pearson.
– Rosenthal, R., Rosnow, R. L., & Rubin, D. B. (2000). *Contrasts and effect sizes in behavioral research: A correlational approach*. New York: Cambridge University Press.

11.3   Mehr als eine UV: die mehrfaktorielle Varianzanalyse

Im eben diskutierten Beispiel haben wir eine UV mit drei Ausprägungen untersucht. Wir hatten es also mit einem einfaktoriellen Design zu tun und können daher die durchgeführte Varianzanalyse als *einfaktorielle* ANOVA bezeichnen. Wie wir aus den Überlegungen zu den verschiedenen experimentellen Designs wissen, können wir aber auch gleichzeitig eine zweite UV untersuchen, die ebenfalls zwei oder mehr Ausprägungen haben kann. Wir haben es dann mit einem *zweifaktoriellen* Design zu tun. Nehmen wir an, wir hätten bei dem Vergleich der verschiedenen Verkehrsteilnehmer zusätzlich erhoben, ob es Unterschiede im Geschlecht gibt.

Tab. 11.3 Faktorielles Design in einer zweifaktoriellen ANOVA mit Beispieldaten

		UV A: Verkehrsmittel			
		Straßenbahn	Auto	Fahrrad	
UV B: Geschlecht	Frauen	35	50	65	$\bar{x}_{Frauen}$
	Männer	48	50	49	$\bar{x}_{Männer}$
		$\bar{x}_{Straßenbahn}$	$\bar{x}_{Auto}$	$\bar{x}_{Fahrrad}$	$\bar{\bar{x}}$

Wir könnten dabei die Hypothese haben, dass bei Männern die Unterschiede im Stressniveau nicht so groß sind wie bei Frauen. Das Geschlecht ist nun unsere zweite UV mit zwei Ausprägungen. Das bedeutet, dass wir es mit einem 3x2-Design zu tun haben (3 Ausprägungen für die erste UV und 2 Ausprägungen für die zweite UV). Tabelle 11.3 zeigt beispielhafte Daten für dieses Design, und in Abb. 11.2 sind diese durch Liniendiagramme dargestellt.

Der Vorteil der Varianzanalyse ist nun, dass sie beide UVs gemeinsam untersuchen kann. Wie kann man sich das vorstellen? Zunächst wollen wir natürlich für jede der beiden UVs wissen, ob sie zu einem signifikanten Effekt geführt hat oder nicht. An den Berechnungen, die wir hierfür durchführen müssen, ändert sich dabei gar nichts. Wir würden für jede UV einen F-Wert berechnen:

$$F_A = \frac{\hat{\sigma}^2_{zwA}}{\hat{\sigma}^2_{inn}} \quad und \quad F_B = \frac{\hat{\sigma}^2_{zwB}}{\hat{\sigma}^2_{inn}}$$

Die beiden UVs sind hier mit A und B bezeichnet. Für die erste UV ergibt sich die Varianz zwischen den Gruppen aus den Mittelwertsunterschieden, die durch die verschiedenen Verkehrsmittel hervorgerufen werden. Diese Varianz wird genauso berechnet wie in der einfaktoriellen ANOVA. Das heißt, für diese Berechnung bleibt die zweite UV unberücksichtigt! Für die zweite UV ergibt sich die Varianz zwischen den Gruppen entsprechend durch die unterschiedlichen Mittelwerte, die durch das Geschlecht zustande kommen. Hier wird wiederum die erste UV außer Acht gelassen. Die Varianz innerhalb der Gruppen wird wie gehabt über *alle* Messwerte berechnet. Diese ist also für beide Analysen dieselbe. Welche F-Werte könnten wir erwarten, wenn die Daten so aussehen wie in Abb. 11.2? Für die verschiedenen Verkehrsmittel ergibt sich wahrscheinlich ein großer Wert für F, denn die drei Mittelwerte liegen – wenn man das Geschlecht außer Acht lässt – relativ weit voneinander entfernt. Beim Geschlecht sieht das allerdings anders aus. Um zu erkennen, ob das Geschlecht auch einen Effekt hatte, müssen wir das Verkehrsmittel außer Acht lassen. Das heißt, wir müssen uns vorstellen, wo der Mittelpunkt der gestrichelten und der Mittelpunkt der durchgezogenen Linie

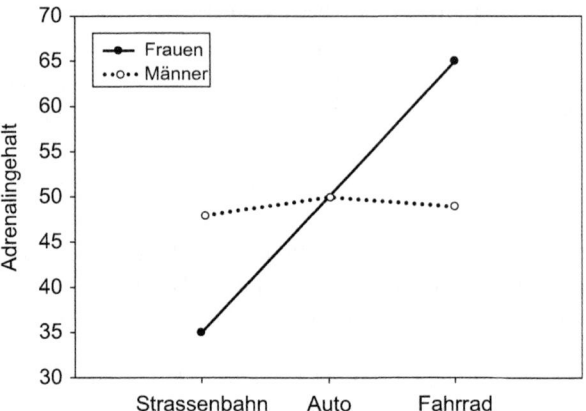

Abb. 11.2 Liniendiagramm für die Beispieldaten

liegen. Das wären die Mittelwerte für Frauen und Männer. Offenbar liegen die aber auf etwa der gleichen Höhe. Sie unterscheiden sich also nicht. Das Geschlecht hat damit keinen Effekt auf das Stressniveau: Männer und Frauen empfinden – im Durchschnitt – denselben Stress.

Damit haben wir für jede der beiden UVs den Effekt bestimmt. In der Varianzanalyse werden diese Effekte als *Haupteffekte* bezeichnet. Bei einer zweifaktoriellen ANOVA gibt es zwei mögliche Haupteffekte. Bei mehr als zwei UVs würde man einfach von einer mehrfaktoriellen ANOVA sprechen. Bei einer ANOVA mit drei UVs gäbe es entsprechend drei mögliche Haupteffekte usw. In unserem Beispiel gibt es wahrscheinlich nur einen signifikanten Haupteffekt, nämlich für die UV Verkehrsmittel. Der andere Haupteffekt wäre sicher nicht signifikant.

Welchen zusätzlichen Vorteil bringt uns nun diese Varianzanalyse? Die Antwort darauf versteckt sich in dem Diagramm in Abb. 11.2. Wie wir sehen, sind die Verläufe der Linien für Frauen und Männer völlig verschieden. Bei den Frauen zeigt sich ein Effekt für die Variable Verkehrsmittel, bei den Männern aber nicht. Anders ausgedrückt: der Effekt, den wir für das Verkehrsmittel gefunden haben, kam nur durch die weiblichen Versuchsteilnehmer zustande. Bei Männern spielt das Verkehrsmittel keine Rolle. Das bedeutet also, dass die Ausprägung der einen UV (das Geschlecht) darüber entscheidet, ob die andere UV (das Verkehrsmittel) zu einem Effekt führt oder nicht. (Man kann diese gegenseitige Beeinflussung auch andersherum formulieren: Die Ausprägung des Verkehrsmittels entscheidet darüber, ob es für das Geschlecht Unterschiede in der AV gibt. Das ist dieselbe

Aussage.) Die gegenseitige Beeinflussung wird *Interaktion* genannt und sie ist der eigentliche Vorteil der mehrfaktoriellen Varianzanalyse. Auch für die Interaktion kann man einen F-Wert berechnen, der darüber Auskunft gibt, ob die UVs in ihrer Wirkung signifikant voneinander abhängen:

$$F_{AxB} = \frac{\hat{\sigma}^2_{AxB}}{\hat{\sigma}^2_{inn}}$$

Die Interaktion zweier Variablen wird immer mit *AxB* gekennzeichnet. Auch hier wird die Varianz, die durch die Interaktion aufgeklärt wird, durch die Fehlervarianz geteilt. Die Fehlervarianz ist wieder dieselbe wie in den obigen Formeln. Die Bestimmung der Varianz für die Interaktion ist denkbar einfach: Sie ist diejenige Varianz, die übrig bleibt, wenn man von der Gesamtvarianz alle bereits bekannten Varianzen abzieht:

$$\hat{\sigma}^2_{AxB} = \hat{\sigma}^2_{gesamt} - \hat{\sigma}^2_{zwA} - \hat{\sigma}^2_{zwB} - \hat{\sigma}^2_{inn}$$

Anders ausgedrückt: Wenn man die aufgeklärten Varianzen aus den beiden Haupteffekten sowie die Fehlervarianz von der Gesamtvarianz abzieht und danach immer noch ein Rest bleibt, dann kann dieser Rest nur noch auf eine Interaktion der UVs zurückgehen. Wir haben es also mit einem Varianzanteil zu tun, der sich nicht durch die einzelnen Haupteffekte allein erklären lässt. Die Interaktion in unserem Beispiel wäre wahrscheinlich signifikant.

▶ Bei der mehrfaktoriellen Varianzanalyse kann man Haupteffekte und Interaktionen unterscheiden. Die Haupteffekte prüfen, ob die einzelnen unabhängigen Variablen einen signifikanten Effekt auf die AV ausüben. Die Interaktion prüft, ob sich die unabhängigen Variablen gegenseitig in ihrer Wirkung beeinflussen.

Wie ist eine solche Interaktion zu interpretieren? Allgemein formuliert, beutet eine Interaktion, dass sich der Effekt der einen UV in Abhängigkeit der anderen UV verändert. Im Speziellen muss man für eine genaue Interpretation immer das Ergebnisdiagramm betrachten. Die Interpretation für unser Beispiel könnte etwa lauten: Für Frauen führen verschiedene Verkehrsmittel zu verschieden hohen Stresswerten (in der Reihenfolge Straßenbahn, Auto, Fahrrad); für Männer gibt es keine Unterschiede. Da man das Ergebnis in einer solchen Wenn-dann-Bedingung ausdrücken kann, spricht man bei Interaktionen auch manchmal von *bedingten*

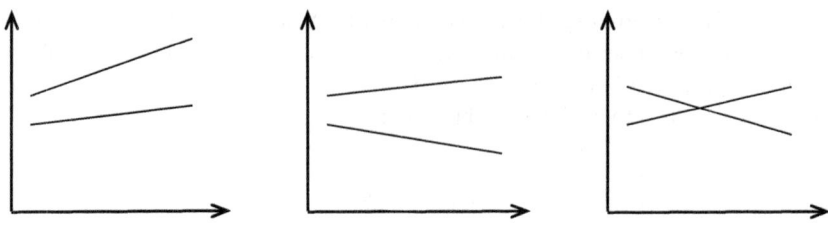

Abb. 11.3 Schematische Darstellung von Interaktionen in einem 2x2-Design

Mittelwertsunterschieden. Noch einmal: die Interaktion ist nicht durch die Wirkung der einzelnen Faktoren erklärbar, nach denen die Gruppen unterschieden wurden, sondern allein aus deren Kombination.

Wie wir in Abb. 11.2 sehen können, ist die Interaktion dadurch charakterisiert, dass die beiden Linien für Männer und Frauen *nicht parallel* verlaufen. Ein solches Muster ist immer ein Hinweis auf Interaktionen. Es bedeutet ja nichts anderes, als dass die Mittelwerte in beiden Gruppen einen unterschiedlichen Verlauf nehmen. Die Linien können sich dabei auch kreuzen. Entsprechend kann es weitere mögliche Linienmuster geben, die auf Interaktionen hindeuten. Es gilt aber immer, dass nicht-parallele Linien eine Interaktion anzeigen. Ob diese signifikant ist, kann natürlich nur der *F*-Test klären. Verschiedene Arten von Interaktionen sind in Abb. 11.3 dargestellt.

Das ganz rechte Diagramm zeigt übrigens den Sonderfall, dass es nur eine Interaktion aber keine Haupteffekte gibt. Die Variable, die auf der X-Achse abgetragen ist, führt in beiden Ausprägungen zum selben Mittelwert. Die Variable, die durch die beiden Linien repräsentiert wird, zeigt ebenfalls für beide Ausprägungen denselben Mittelwert. Nur die Kombination beider Variablen führt zu einem Effekt. Solche Haupteffekte und Interaktionen sind tatsächlich gar nicht so leicht zu erkennen und zu durchschauen, wenn man darin wenig Übung hat. Deshalb versuchen Sie jedes Mal, wenn Sie irgendwo Mittelwerts-Diagramme für mehrere UVen finden – und das passiert ja häufig in der Psychologie – herauszufinden, was es für Haupteffekte und Interaktionen geben könnte. Üben Sie auch jeweils, sich die korrekte Interpretation für solche Interaktionen zu überlegen.

Das Aufdecken von Interaktionen ist ein großer Vorteil der Varianzanalyse. Mit Hilfe einer multiplen Regression kann man Interaktionen prinzipiell auch untersuchen; das ist jedoch wesentlich schwieriger, weil man dafür wieder eine Dummy-Codierung für die Interaktion durchführen muss. Bei der Untersuchung von Interaktionen ist allerdings darauf zu achten, dass ihre Anzahl bei mehr als zwei UVs sehr schnell zunimmt. Bei drei UVs gibt es bereits vier mögliche Interaktionen:

Tab. 11.4 Ergebnistabelle einer zweifaktoriellen ANOVA

Ursprung der Varianz	Quadratsummen (sum of squares, SS)	Freiheits- grade df	geschätzte Varianz (mean squares, MS)	F- Wert	p- Wert
Faktor A (zwischen)	...	...	...	...	...
Faktor B (zwischen)	...	...	...		
Interaktion (AxB)	...	...	...	...	...
Fehler (innerhalb)	...	...	...		
gesamt	...	...			

zwischen Faktor A und B (AxB), zwischen Faktor A und C (AxC), zwischen Faktor B und C (BxC) sowie eine weitere Interaktion zwischen allen drei Faktoren (AxBxC). Eine solche Vielzahl von Interaktionen ist in aller Regel kaum noch sinnvoll zu interpretieren. Tabelle 11.4 zeigt auch für eine zweifaktorielle ANOVA den schematischen Aufbau einer Ergebnistabelle, wie sie Statistikprogramme liefern.

Übrigens kann man auch nach einer mehrfaktoriellen ANOVA Einzelvergleiche für alle UVs berechnen, die mehr als zwei Ausprägungen haben. Das Vorgehen ändert sich dabei nicht.

11.4 Varianzanalyse mit Messwiederholung

Wir haben uns bisher Designs für unabhängige Messungen angesehen. Aber es kann natürlich – genau wie beim t-Test – vorkommen, dass die verschiedenen Versuchsgruppen mit denselben Personen besetzt sind. Wir haben es dann mit abhängigen Messungen bzw. mit echten Messwiederholungen zu tun. Nehmen wir als Beispiel die gleiche Studie wie oben, in der der Effekt verschiedener Verkehrsmittel auf das Stressniveau untersucht wurde. Wir gehen aber jetzt davon aus, dass dieselben Personen alle drei Bedingungen durchlaufen haben. Wenn sich die Mittelwerte der Personen unterscheiden je nachdem, welches Verkehrsmittel sie benutzt haben, können wir auch hier mit Hilfe eines F-Tests prüfen, ob diese Unterschiede signifikant sind. Das Prinzip des F-Tests ändert sich dabei nicht. Allerdings werden die einzelnen Varianzen anders bezeichnet. Schauen wir uns das genauer an und benutzen dafür Abb. 11.4.

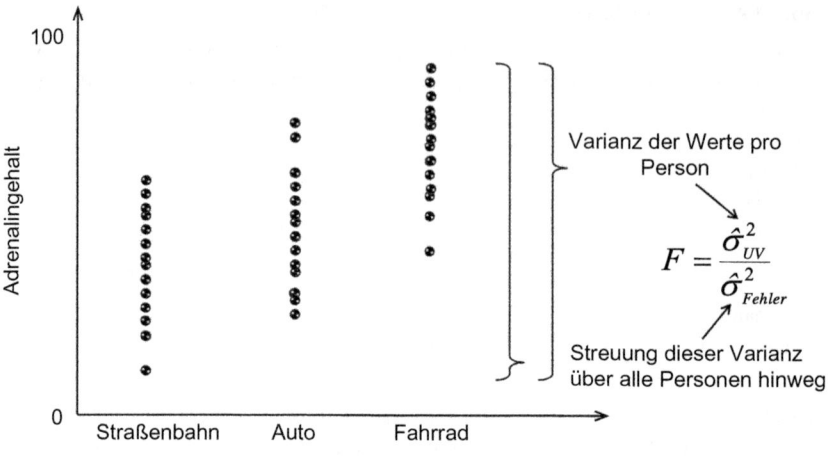

Abb. 11.4 Beispiel für ein Messwiederholungsdesign

Die aufgeklärte Varianz besteht bei Messwiederholungen darin, dass sich über die Messzeitpunkte hinweg (hier sind das die Verkehrsmittel) für alle Personen Unterschiede ergeben und dass diese Unterschiede im Mittel von 0 verschieden sind. Man kann hier also nicht mehr von einer *Varianz zwischen den Gruppen* sprechen, weil es jetzt nur noch eine Gruppe von Personen gibt. Stattdessen sprechen wir hier einfach von der Varianz, die durch die UV hervorgerufen wird und bezeichnen sie mit $\hat{\sigma}^2_{UV}$. Diese systematische Varianz muss nun wieder durch die Fehlervarianz geteilt werden. Worin besteht die Fehlervarianz hier? Wenn die UV (also die Messwiederholung) auf alle Personen den gleichen Effekt ausüben würde, dann müsste für jede Person die gleiche Variation ihrer Messwerte über die drei Messzeitpunkte hinweg entstehen. Das wird aber in der Regel nicht der Fall sein, weil wir einerseits Messfehler machen und andererseits jede Person individuell anders auf die drei Bedingungen reagiert. Diese beiden Einflüsse können wir aber nicht erklären, daher landen sie in der Fehlervarianz. (Diese wird daher manchmal auch als *Residualvarianz* bezeichnet.) Wir bezeichnen sie hier einfach mit $\hat{\sigma}^2_{Fehler}$. Der *F*-Wert berechnet sich dann wie gehabt:

Tab. 11.5 Aufbau einer Ergebnistabelle bei einer ANOVA mit Messwiederholung

Ursprung der Varianz	Quadratsummen (sum of squares, SS)	Freiheits- grade df	geschätzte Varianz (mean squares, MS)	F- Wert	p- Wert
Personen	...	...	...		
UV	...	...	...	...	...
Fehler	...	...	...		
gesamt	...	...			

$$F = \frac{\hat{\sigma}^2{}_{UV}}{\hat{\sigma}^2{}_{Fehler}}$$

Auch dieser F-Wert kann mit Hilfe der F-Tabelle geprüft werden. Die Freiheitsgrade sind:

$$Z\ddot{a}hlerfreiheitsgrade : df_{UV} = k - 1$$

$$Nennerfreiheitsgrade : df_{Fehler} = (k - 1)(n - 1)$$

Dabei steht k für die Anzahl von Messwiederholungen und n für die Anzahl der Personen.

Auch für Varianzanalysen, die bei Messwiederholungen durchgeführt wurden, kann man Einzelvergleiche berechnen. Das Vorgehen ist dabei identisch zur normalen ANOVA. Auch hier werden die entsprechenden Ergebnisse von jedem Statistikprogramm ausgegeben. Tabelle 11.5 zeigt wieder den schematischen Aufbau einer Ergebnistabelle bei einer ANOVA mit Messwiederholung. (Bei „Personen" wird hier zusätzlich die Varianz zwischen den Personen angegeben. Diese entspricht der Varianz innerhalb der Gruppen bei der normalen ANOVA. Allerdings spielt diese hier keine Rolle, da das Niveau, auf dem sich die Personen befinden, für die Messwiederholung völlig irrelevant ist.)

Gemischte Designs

Manchmal kann es vorkommen, dass man in einer mehrfaktoriellen Varianzanalyse abhängige und unabhängige Messungen vermischt hat. Man spricht dann von *gemischten Designs* oder *mixed models*. Beispielsweise hätten wir auch für unser Messwiederholungsdesign zusätzlich untersuchen können, ob sich die Effekte bei Männern und Frauen unterscheiden. Dann hätten wir eine abhängige Messung (Verkehrsmittel) mit einer unabhängigen Messung (Geschlecht) vermischt. Für die Varianzanalyse stellt das kein Problem dar. Auch hier können für beide Haupteffekte und für die Interaktion die F-Werte bestimmt werden.

11.5   Effektgrößen bei der Varianzanalyse

Die Effektgröße, die man für Varianzanalysen berechnen kann, nennt sich Eta-Quadrat (η^2). Die Idee hinter dieser Effektgröße ist relativ einfach: sie fragt danach, wie groß der Anteil der durch die UV aufgeklärten Varianz an der Gesamtvarianz ist. Bei der einfaktoriellen ANOVA sieht das folgendermaßen aus:

$$\eta^2 = \frac{QS_{zw}}{QS_{gesamt}}$$

η^2 kann man sich damit in etwa so vorstellen wie den Determinationskoeffizient in der Regressionsanalyse. Multipliziert mit 100 gibt er an, wie viel Prozent an Gesamtvarianz die UV aufklären kann. Einfacher lässt sich η^2 direkt aus dem F-Wert berechnen:

$$\eta^2 = \frac{F \cdot df_{zw}}{F \cdot df_{zw} + df_{inn}}$$

Wir können diese Formel auch verallgemeinern, um für alle Arten von Effekten aus Varianzanalysen das η^2 zu bestimmen:

$$\eta^2 = \frac{F_{Effekt} \cdot df_{Effekt}}{F_{Effekt} \cdot df_{Effekt} + df_{inn}}$$

Für F_{Effekt} können wir nun jeden beliebigen F-Wert (und die dazugehörigen Freiheitsgrade) einsetzen, den wir in den oben genannten Berechnungen erhalten haben – egal, ob es sich um F-Werte für Haupteffekte, Interaktionen oder Messwiederholungen handelt. Bei Varianzanalysen mit Messwiederholung würde man dabei für die Fehlerstreuung nicht df_{inn}, sondern entsprechend df_{Fehler} einsetzen.

Bei mehrfaktoriellen Varianzanalysen wird das η^2 auch *partielles* η^2 genannt. Das bedeutet, dass sich das jeweilige η^2 nur auf einen Teil (*part*) der Gesamtvarianz bezieht. Das η^2 für einen Haupteffekt beschreibt zum Beispiel nur den Varianzanteil, der auf diese eine UV zurückgeht. Wenn es in der Analyse aber

Tab. 11.6 Konventionen für die Interpretation von Effektgrößen bei der Varianzanalyse (nach Cohen 1988)

kleiner Effekt	ab $\eta^2 = 0,01$
mittlerer Effekt	ab $\eta^2 = 0,06$
großer Effekt	ab $\eta^2 = 0,14$

noch einen anderen Haupteffekt und eine Interaktion gab, dann haben auch diese jeweils ein partielles η^2. Diese Unterscheidung wird deswegen gemacht, weil manchmal auch für die gesamte Analyse ein eigenes η^2 berechnet wird. Dieses würde dann angeben, wie groß der Anteil der aufgeklärten Varianz *durch alle Haupteffekte und Interaktionen zusammen* ist. Statistikprogramme geben in der Regel ein solches globales η^2 für die gesamte Analyse sowie alle partiellen η^2 für die einzelnen Haupteffekte und Interaktionen aus. Auch für die Interpretation von η^2 gibt es Konventionen, die in Tab. 11.6 dargestellt sind. Wir sehen dabei, dass bereits eine Varianzaufklärung von 14 % als großer Effekt angesehen wird.

11.6 Voraussetzungen für die Berechnung von Varianzanalysen

Die Voraussetzungen, die für die Durchführung einer Varianzanalyse erfüllt sein müssen, sind identisch mit denen beim *t*-Test. Zunächst muss die abhängige Variable intervallskaliert sein. Des Weiteren müssen die Messwerte in allen untersuchten Gruppen einer Normalverteilung folgen, um sicherzustellen, dass auch die Werte in der Population normalverteilt sind. Und schließlich sollten sich die Varianzen der Messwerte in allen Gruppen nicht zu stark unterscheiden.

Nur unter diesen Bedingungen ist es gerechtfertigt, die *F*-Verteilung als Prüfverteilung zu benutzen. Allerdings gilt auch für die Varianzanalyse, dass sie relativ robust gegenüber Verletzungen dieser Voraussetzungen ist. Bei sehr starken Verzerrungen – zum Beispiel bei Verteilungen, die eindeutig nicht einer Normalverteilung folgen – sollte man aber auf die Berechnung eines *F*-Wertes verzichten und auf ein nonparametrisches Verfahren zurückgreifen (siehe nächstes Kapitel).

Literaturempfehlung
- Aron, A., Aron, E. N., & Coups, E. J. (2012). *Statistics for psychology*, (6. Aufl.). London: Pearson. (Kap. 9 und 10)
- Backhaus, K., Erichson, B., Plinke, W., & Weiber, R. (2011). *Multivariate Analysemethoden*, (13. Aufl.). Berlin: Springer. (Kap. 2)
- Bühner, M., & Ziegler, M. (2009). *Statistik für Psychologen und Sozialwissenschaftler*. München: Pearson. (Kap. 6)
- Sedlmeier, P., & Renkewitz, F. (2013). *Forschungsmethoden und Statistik*. München: Pearson. (Kap. 14)

11.7   Der *F*-Test als Signifikanztest bei der Regressionsrechnung

Bevor wir dieses Kapitel abschließen, sehen wir uns noch an, wie man den F-Test einsetzen kann, um das Ergebnis einer (Multiplen) Regression auf Signifikanz zu prüfen. Der F-Wert wird manchmal als Hauptergebnis für die Güte der Vorhersage für das gesamte Regressionsmodell neben dem Determinationskoeffizienten R^2 angegeben. Während der Determinationskoeffizient das Ausmaß der aufgeklärten Varianz angibt, soll der F-Wert Auskunft darüber geben, ob das Ergebnis der Regressionsrechnung auf die Population übertragen werden kann. Das Prinzip des F-Tests ändert sich dabei nicht – auch hier wird wieder die durch den Prädiktor bzw. die Prädiktoren aufgeklärte Varianz ($\hat{\sigma}^2_{Regression}$) durch die Fehlervarianz geteilt:

$$F = \frac{\hat{\sigma}^2_{Regression}}{\hat{\sigma}^2_{Fehler}}$$

Die erklärte Varianz ergibt sich dabei aus der Vorhersage der y-Werte. Die Vorhersage schätzt y-Werte ($\hat{y}_i$), die entsprechend der jeweiligen Ausprägung von x vom Mittelwert aller Daten ($\bar{y}$) verschieden sind:

$$\hat{\sigma}^2_{Regression} = \frac{\sum (\hat{y}_i - \bar{y})^2}{df_{Regression}}$$

Die Fehlervarianz entspricht den mittleren Residuen, also dem nicht erklärten

Varianzanteil, der sich aus der Differenz von vorhergesagten ($\hat{y}_i$) und tatsächlichen Werten (y_i) ergibt:

$$\hat{\sigma}^2_{Fehler} = \frac{\sum (y_i - \hat{y}_i)^2}{df_{Fehler}}$$

Auch dieser *F*-Wert kann wie jeder andere *F*-Wert auf Signifikanz geprüft werden. Ein signifikanter Wert gibt dabei an, dass sich die Varianzaufklärung, die mit der Regression erreicht werden kann, auf die Population verallgemeinern lässt und nicht etwa ein zufälliges Ergebnis in der Stichprobe war. Den *F*-Wert kann man übrigens auch direkt aus R^2 berechnen:

$$F = \frac{R^2(n - k - 1)}{(1 - R^2)k}$$

Dabei steht *k* für die Anzahl von Prädiktoren und *n* für die Anzahl der untersuchten Personen.

Der *F*-Wert als Ergebnis einer Regressionsanalyse ist allerdings insgesamt wenig aussagekräftig. Ein signifikantes Ergebnis heißt lediglich, dass die Varianzaufklärung durch das Regressionsmodell größer als 0 ist. Wie groß sie tatsächlich ist, lässt sich aus dem *F*-Wert nicht ablesen. Letztlich ist das aber die interessante Information, die eine Regression liefern soll. Daher ist der Determinationskoeffizient immer das sinnvollere Ergebnis.

Literaturempfehlung
- Sedlmeier, P., & Renkewitz, F. (2013). *Forschungsmethoden und Statistik*. München: Pearson. (Kap. 15)

Testverfahren für nominalskalierte und ordinalskalierte Daten

12

12.1 Parametrische und nonparametrische Testverfahren

Wir haben bisher über eine Reihe von Analyseverfahren gesprochen, die Zusammenhänge von Variablen untersuchen (wie Korrelation und Regression) oder zur Untersuchung von Unterschieden zwischen Gruppen angewendet werden (t-Tests und Varianzanalyse). All diese Verfahren haben die Besonderheit, dass sie auf bestimmten Annahmen beruhen, die sich auf die Verteilung der Messwerte in der Population beziehen: diese sollten immer einer Normalverteilung folgen. Das ist deswegen notwendig, weil diese Verfahren mit Prüfverteilungen arbeiten, die nur dann exakte Werte liefern, wenn die zugrunde liegende Populationsverteilung normalverteilt ist.

Es gibt nun aber zwei denkbare Fälle, in denen diese Voraussetzung verletzt ist. Der eine Fall tritt dann ein, wenn wir abhängige Variablen erheben, die nicht intervallskaliert sind. Das trifft auf alle Variablen auf Nominal- oder Ordinalskalenniveau zu. Bei ordinalskalierten Variablen stehen die Zahlen, die man für die Messungen vergibt (zum Beispiel „Rang 1", „Rang 2" usw.) lediglich in einer größer/kleiner-Relation zum Inhalt (wir wissen nicht, in welcher absoluten Größe sich Rang 1 und Rang 2 unterscheiden). Ähnlich bei einer nominalskalierten Variable wie Autofarbe: diese können wir zum Beispiel mit den Zahlen 1, 2 und 3 für rot, schwarz und blau codieren, aber wir könnten auch beliebige andere Zahlen verwenden. Die Zahlen können hier nicht als quantitative Unterschiede aufgefasst werden, sondern sie sind nur Symbole zur Unterscheidung der Messwerte.

Der zweite Fall, bei dem die Voraussetzung normalverteilter Messwerte verletzt ist, tritt dann ein, wenn intervallskalierte Messwerte eine schiefe Verteilung ergeben. Wir könnten also beispielsweise eine Fragestellung mit Hilfe eines t-Tests untersuchen wollen, aber bei der Betrachtung der Verteilung feststellen, dass diese

© Springer Fachmedien Wiesbaden 2016
T. Schäfer, *Methodenlehre und Statistik*,
DOI 10.1007/978-3-658-11936-2_12

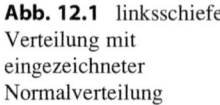

Abb. 12.1 linksschiefe
Verteilung mit
eingezeichneter
Normalverteilung

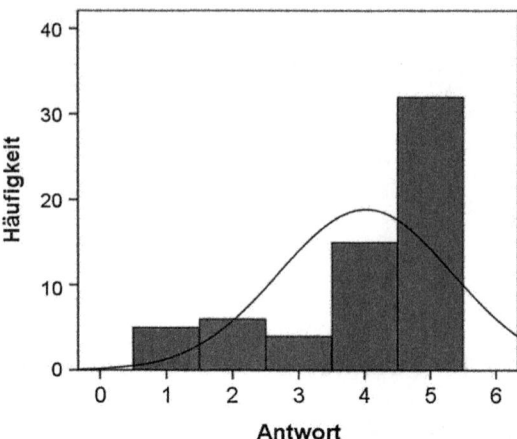

keiner Normalverteilung folgt. Decken- und Bodeneffekte können etwa dazu führen, dass die Verteilung an den Rand des Wertebereiches gedrückt wird und daher linksschief oder rechtsschief ist. Wenn solche schiefen Verteilungen dann zu stark von einer Normalverteilung abweichen, sollte man auf die Berechnung von *t*-Tests oder Varianzanalysen verzichten. Sehen wir uns ein Beispiel für eine schiefe Verteilung an. In einer Studie wurde gefragt, wie stark sich ein Seitensprung des Partners auf die Entscheidung auswirken würde, sich zu trennen. Die Befragten sollten ihre Antwort auf einer Skala von 1 (geringer Einfluss) bis 5 (starker Einfluss) angeben. Wie zu erwarten, werden hier die meisten Personen einen Wert nahe 5 angeben und die Verteilung wäre gegen den rechten Rand des Werte-bereiches gedrückt (siehe Abb. 12.1). Diese Verteilung ist linksschief bzw. rechts-steil.

In das Diagramm ist gleichzeitig eine Normalverteilungskurve gelegt, die ihren Gipfel genau über dem Mittelwert der Daten hat. Diese Kurve zeigt an, wie die Daten eigentlich verteilt sein müssten. Wie wir sehen, kann man bei diesen Daten nicht mehr von einer Normalverteilung sprechen. Stellen wir uns vor, wir wollten für diese Variable zwei Gruppen vergleichen – Männer und Frauen – und die Verteilung würde in beiden Gruppen so schief aussehen. Die Mittelwerte könnten sich nun unterscheiden und wir wollten einen *t*-Test berechnen. Dass das hier keinen Sinn macht, liegt nun auf der Hand, denn der *t*-Test vergleicht die beiden Mittelwerte unter der Voraussetzung, dass die Messwerte in beiden Gruppen normalverteilt sind. Das Diagramm zeigt aber, dass die Betrachtung des Mittel-wertes hier überhaupt keinen Sinn macht. Der Mittelwert liegt bei ca. 4, aber er repräsentiert die Daten der Verteilung alles andere als gut. (Der Mittelwert repräsentiert die Daten nur dann gut, wenn die Verteilung zu beiden Seiten des Mittelwertes symmetrisch abflacht!) Solche Mittelwerte mit *t*-Tests oder Varianzanalysen zu vergleichen, würde zu verzerrten Ergebnissen führen.

Nun ist es nicht immer so leicht zu erkennen, ob eine Verteilung „zu stark" von einer Normalverteilung abweicht. Daher kann man hierfür eigene Signifikanztests berechnen, die Verteilungen dahingehend prüfen können, ob sie einer Normalverteilung folgen. Einer dieser Tests heißt *Kolmogorov-Smirnov-Test* und sollte ein *nicht*-signifikantes Ergebnis liefern, da sich die gefundene Verteilung nicht signifikant von einer Normalverteilung unterscheiden sollte. Ein signifikantes Ergebnis in diesem Test würde also anzeigen, dass man die Daten nicht mehr mit Hilfe von *t*-Tests oder Varianzanalysen untersuchen kann.

Was ist nun zu tun, wenn man es entweder mit nominal- bzw. ordinalskalierten Daten oder mit nicht-normalverteilten Intervall-Daten zu tun hat? Die Lösung besteht in der Anwendung von Testverfahren, die keine Annahmen über die Verteilungen der Werte in der Population machen. Solche Verfahren werden daher *verteilungsfreie* Verfahren genannt. Da sie keine Annahmen über die Verteilung von Lage- oder Streuungsparametern in der Population machen, werden sie auch als *non-parametrische* Tests bezeichnet. Damit grenzen sie sich von den parametrischen Tests ab, die wir bisher kennengelernt haben und die alle von einer Normalverteilung der Parameter ausgegangen sind.

▶ Parametrische Testverfahren setzen eine bestimmte Verteilung – meist eine Normalverteilung – von Populationswerten voraus. Non-parametrische oder verteilungsfreie Verfahren machen keine Annahmen über die Verteilung dieser Werte.

Der Vorteil der non-parametrischen Verfahren liegt neben der Verteilungsfreiheit auch darin, dass man mit ihnen sehr kleine Stichproben untersuchen kann. Prinzipiell kann man alle Fragestellungen, die man sonst mit parametrischen Testverfahren untersuchen würde, auch mit non-parametrischen Verfahren untersuchen. Das tut man allerdings wegen eines großen Nachteils der non-parametrischen Verfahren nicht. Dieser Nachteil besteht darin, dass bei diesen Verfahren die Wahrscheinlichkeit für ein signifikantes Ergebnis geringer ist als bei den parametrischen Verfahren. Das bedeutet, dass Effekte, die es in der Population möglicherweise gibt, viel schwerer entdeckt werden können (wobei mit „entdecken" das Finden eines signifikanten Ergebnisses gemeint ist). Man spricht hier auch von einer geringeren *Teststärke* (oder Power). Die geringere Teststärke ist der wichtigste Grund, warum man wann immer möglich versucht, parametrische Verfahren zu verwenden.

Wir werden uns in diesem Kapitel mit den verschiedenen non-parametrischen Verfahren im Überblick beschäftigen. Da diese Verfahren im Vergleich zu den parametrischen Verfahren sehr selten zum Einsatz kommen, werden wir hier nicht so sehr in die Tiefe gehen und uns stattdessen eher auf die grundlegenden Prinzipien dieser Tests konzentrieren. Beginnen wir mit den Testverfahren für ordinalskalierte Daten.

12.2   Testverfahren zur Analyse ordinalskalierter Daten

Wie Sie aus der Betrachtung der verschiedenen Skalenniveaus wissen, liegen ordinalskalierte Daten in der Regel als Ränge vor. Das heißt, unterschiedliche Messergebnisse – also unterschiedliche Ränge – repräsentieren lediglich eine Reihenfolge. Sie lassen größer-kleiner-Vergleiche oder besser-schlechter-Vergleiche zu, aber sie sagen nichts über die absolute inhaltliche Differenz zwischen zwei Rängen. Wenn wir – wie oben beschrieben – eigentlich intervallskalierte Messwerte haben, aber feststellen, dass diese nicht normalverteilt sind, dann werden diese Messwerte ebenfalls als Ränge behandelt. Für Messwerte wie in Abb. 12.1 würde das bedeuten, dass sie nur noch eine Rangfolge wiedergeben, dass aber die Abstände zwischen den Zahlen (1, 2, 3, 4 und 5) nicht mehr als inhaltlich gleich groß angenommen werden.

Egal ob wir tatsächliche Rangdaten erhoben haben oder aber eigentlich intervallskalierte Daten wie Rangdaten behandeln wollen – die Testverfahren sind hier die gleichen. Zu jedem Test, den wir bisher kennengelernt haben, gibt es dabei eine non-parametrische Entsprechung. Alle Verfahren für ordinalskalierte Daten sind in Abb. 12.2 dargestellt.

Test für Unterschiede bei zwei unabhängigen Stichproben
Im einfachsten Fall haben wir es mit zwei unabhängigen Messungen zu tun. Die parametrische Entsprechung wäre ein *t*-Test, der die beiden Mittelwerte vergleichen würde. Der non-parametrische Test kann nun nicht mehr mit den Mittelwerten arbeiten. Wie Sie aus der Betrachtung der verschiedenen Skalenniveaus wissen, sind Mittelwerte erst ab Intervallskalenniveau berechenbar bzw. interpretierbar. Tests für Ordinaldaten benutzen daher anstelle des Mittelwertes ein anderes Lagemaß: den Median. Der Median ist hier nichts weiter als der mittlere

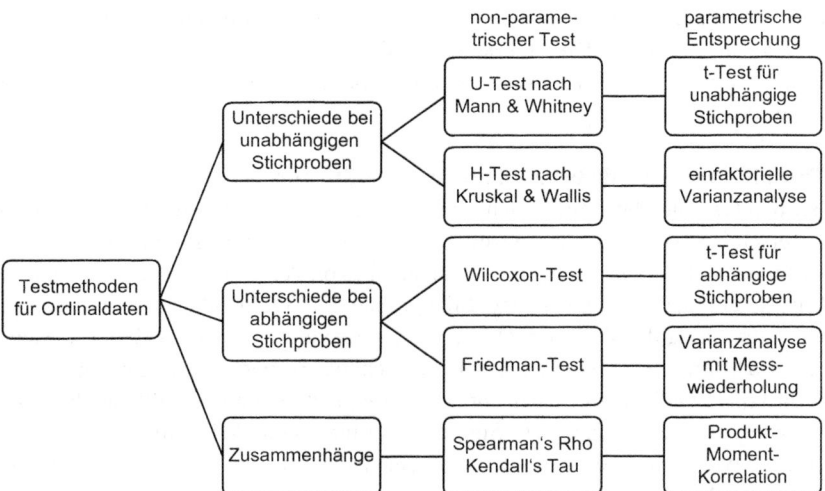

Abb. 12.2   Überblick über non-parametrische Verfahren für Ordinaldaten

Rang in einer Reihe von Rängen. Das Ziel des Tests ist schließlich ein Vergleich der mittleren Ränge für beide Gruppen.

Der Test, der zwei unabhängige Stichproben vergleicht, heißt *U-Test* nach Mann und Whitney. Die Prüfgröße *U*, die für diesen Test bestimmt werden muss, beschreibt den Abstand zwischen den beiden mittleren Rängen. Der *U*-Wert kann wieder mit Hilfe einer Tabelle oder mit Hilfe eines Statistikprogramms auf Signifikanz geprüft werden. Bei großen Stichproben hat sich gezeigt, dass der *U*-Wert annähernd normalverteilt ist. Daher kann man ihn in einen *z*-Wert umrechnen und diesen auf dem herkömmlichen Weg mit Hilfe der *z*-Verteilung auf Signifikanz prüfen. In jedem Fall liefert das Programm auch hier einen genauen *p*-Wert, den man als Ergebnis angeben sollte.

Test für Unterschiede bei mehr als zwei unabhängigen Stichproben
Das Vorgehen zur Untersuchung von mehr als zwei unabhängigen Stichproben ist prinzipiell identisch mit dem eben beschriebenen Vorgehen bei zwei Stichproben. Auch hier wird für jede Gruppe der mittlere Rang bestimmt und anschließend geprüft, ob sich diese mittleren Ränge signifikant voneinander unterscheiden. Der Test, der hier berechnet wird, heißt *H-Test* nach Kruskal und Wallis. Auch hier gilt, dass die Prüfgröße *H* bei großen Stichproben einer bestimmten – sehr häufig verwendeten – Verteilung folgt, die sich *Chi-Quadrat-Verteilung* nennt.

Diese Verteilung und den dazugehörigen *Chi-Quadrat-Test* werden wir uns später noch genauer ansehen. Dieser Test wird in der Regel als Signifikanztest für den *H*-Test verwendet. Der *H*-Test stellt das non-parametrische Äquivalent zur einfaktoriellen Varianzanalyse dar.

Test für Unterschiede bei zwei abhängigen Stichproben

Beim *t*-Test für abhängige Stichproben hatten wir gesehen, dass hier nicht die Unterschiede zwischen den einzelnen Personen von Interesse sind, sondern die Differenzen der Messwerte, die sich innerhalb von Personen ergeben. Das gleiche Prinzip gilt auch für abhängige Stichproben mit Ordinaldaten. Nur dass hier wiederum nicht die absoluten Differenzen verwendet werden, sondern die Ränge dieser Differenzen. Der Test zur Untersuchung zweier abhängiger Messungen heißt *Wilcoxon-Test* oder auch *Vorzeichenrangtest*. Seine Prüfgröße heißt *T*. Statistikprogramme berechnen zur Signifikanzprüfung beim Wilcoxon-Test ebenfalls einen *z*-Wert, und die Analyse liefert einen *p*-Wert, der als Ergebnis berichtet werden sollte.

Test für Unterschiede bei mehr als zwei abhängigen Stichproben

Zum Vergleich von mehr als zwei abhängigen Messungen würden wir im Normalfall eine Varianzanalyse mit Messwiederholung berechnen. Die non-parametrische Entsprechung ist der *Friedman-Test* bzw. die *Rangvarianzanalyse*. Das Vorgehen ist hier analog zum eben dargestellten Vorgehen: für alle Messwertdifferenzen über die verschiedenen Messzeitpunkte hinweg werden Ränge vergeben und diese anschließend auf Signifikanz geprüft. Die Prüfgröße des Friedman-Tests ist wiederum Chi-Quadrat, das von Statistikprogrammen mit einem entsprechenden *p*-Wert ausgegeben wird.

Tests für Zusammenhänge: Rangkorrelationen

Wenn Messwerte nicht intervallskaliert sind oder keiner Normalverteilung folgen, lassen sich natürlich auch keine herkömmlichen Korrelationen zwischen Variablen berechnen. Daher gibt es auch für diesen Fall non-parametrische Entsprechungen – die sogenannten *Rangkorrelationen*. Die Rangkorrelationen korrelieren nicht die Rohwerte, sondern wiederum die den Rohwerten zugewiesenen Ränge. Die einzige Bedingung ist dabei, dass die Beziehung beider Variablen *monoton steigt*. Das bedeutet, dass die Linie, die den Zusammenhang beschreibt, zwar keine Gerade sein muss, dass sie aber nicht ihre Richtung ändern darf. In Abb. 12.3 sind einige Verläufe solcher Linien dargestellt. Das ganz rechte Diagramm zeigt einen Zusammenhang, der erst steigt und dann wieder fällt. Dieser Richtungswechsel stellt

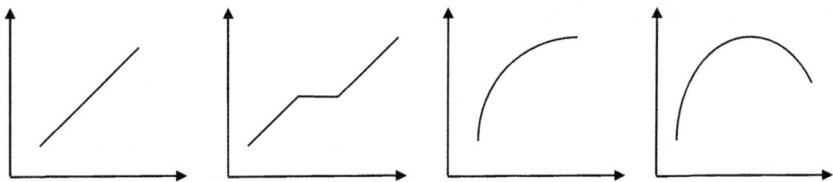

Abb. 12.3 Beispiele für monotone und nicht-monotone Zusammenhänge

einen nicht-monotonen Zusammenhang dar. Alle anderen Zusammenhänge folgen einer monotonen Steigung.

Wenn man die Messwerte, die korreliert werden sollen, nicht bereits als Ränge vorliegen hat, so müssen sie erst in Ränge umgewandelt werden. Dabei wird jedem Messwert abhängig von seiner Größe ein Rang zugewiesen. Bei der Korrelation ist allerdings darauf zu achten, dass die Messwerte beider Variablen einzeln in eine Rangreihe gebracht werden müssen. Man erstellt also eine Rangreihe für die Messwerte von X und eine Rangreihe für die Messwerte von Y. Beide Rangreihen werden anschließend miteinander korreliert. Allerdings kann man sich das Erstellen dieser Rangreihen sparen, wenn man ein Statistikprogramm benutzt, da das diese Umwandlung selbst vornimmt.

Es gibt zwei mögliche Verfahren für die Berechnung einer Rangkorrelation. Die erste Möglichkeit ist die Berechnung einer Prüfgröße, die sich *Spearmans Rho* (ρ) nennt. Rho kann man anwenden, wenn man es eigentlich mit intervallskalierten Daten zu tun hatte, diese aber aufgrund verletzter Voraussetzungen nicht mit einer Pearson-Korrelation untersuchen kann. Wenn man echte Rangdaten erhoben hat (zum Beispiel bei Ergebnissen aus Rankings oder beim Sport), sollte man Rho nicht berechnen. In diesem Fall kann man als Alternative eine andere Prüfgröße berechnen, die sich *Kendalls Tau* (τ) nennt.

Rho und Tau können Werte von -1 bis 1 annehmen und sind so zu interpretieren wie die herkömmliche Pearson-Korrelation r. Rho folgt dabei einer t-Verteilung und wird daher mit einem normalen t-Test auf Signifikanz geprüft. Tau folgt einer z-Verteilung und kann entsprechend mit einem z-Test geprüft werden. Man sollte allerdings beachten, dass man mit den Rangkorrelationen immer weniger Informationen in den Daten berücksichtigen kann als mit einer herkömmlichen Korrelation. Die Rangkorrelationen liefern daher in aller Regel kleinere Werte.

Effektgrößen für Ordinaldaten

Für alle parametrischen Testverfahren haben wir Effektgrößen berechnen können, die den gefundenen Effekt an der Streuung relativieren und somit vergleichbare Maße für diesen Effekt darstellen. Effektgrößen für Unterschiedsfragestellungen sind bei Ordinaldaten leider nicht mehr bestimmbar, da wir hier keine Informationen über Mittelwerte erhalten, aus denen sich Effektgrößen ableiten ließen. Wie wir wissen, stecken in diesen Effektgrößen immer Informationen über Standardabweichungseinheiten. Wenn wir es aber mit Rängen zu tun haben, können wir offensichtlich keine Angaben über Standardabweichungseinheiten machen. Bei Unterschiedsfragestellungen muss man sich also – neben der deskriptiven Betrachtung der Rang-Differenzen oder Mediane – auf das Ergebnis der Signifikanztests berufen.

Bei Zusammenhängen kann man die berechneten Rangkorrelationen wie Effektgrößen betrachten und sie im Prinzip so wie die herkömmliche Pearson-Korrelation interpretieren. Wobei man immer beachten sollte, dass die Rangkorrelationen – wie wir eben gesehen haben – in der Regel zu kleineren Werten führen.

12.3   Testverfahren zur Analyse nominalskalierter Daten

Die non-parametrischen Verfahren, die wir zur Analyse ordinalskalierter Daten kennengelernt haben, waren alle direkt vergleichbar mit parametrischen Verfahren zur Analyse von Unterschieds- oder Zusammenhangsfragestellungen. Das liegt daran, dass sich ordinalskalierte Daten und intervallskalierte Daten relativ ähnlich sind. Ihr Unterschied besteht hauptsächlich darin, dass die ordinalskalierten Messwerte zwar immer noch der Größe nach geordnet werden können, dass man aber nicht mehr von gleichen inhaltlichen Abständen zwischen den einzelnen Ausprägungen ausgehen kann.

Bei Daten auf Nominalskalenniveau sieht das ganz anders aus. Hier kann man die Messwerte in keine sinnvolle Rangreihe mehr bringen, da sie mit Zahlen im herkömmlichen Sinne gar nichts zu tun haben. Wenn wir für Messwerte auf Nominalskalenniveau Zahlen verwenden, dann nur, um sie inhaltlich unterscheidbar zu machen. Wir können mit diesen Zahlen aber keinerlei Berechnungen anstellen. Damit lassen sich für Nominaldaten auch keine Aussagen über Lagemaße machen. Wenn wir Personen beispielsweise nach ihrer Lieblingsmusik fragen, dann können wir Messwerte wie „Rock", „Rap" oder „Klassik" erhalten. Diese sind offensichtlich nicht in eine Rangreihe zu bringen. Es wäre uns freigestellt, in einem Diagramm eine beliebige Reihenfolge dieser Musikstile zu wählen, um die Ergebnisse darzustellen.

Bei einer Variable auf Intervallskalenniveau wären wir gezwungen, die möglichen Messwerte auf der X-Achse der Größe nach zu ordnen. Nur so können wir für die entstehende Verteilung einen Mittelwert und eine Streuung bestimmen. Bei den Nominaldaten können wir das nun nicht mehr tun. Wir können lediglich prüfen, ob die Werte, die in der Verteilung auftauchen, bestimmten Erwartungen entsprechen. Dafür gibt es mehrere Möglichkeiten, mit denen wir uns jetzt beschäftigen wollen. Dabei können wir entweder eine Variable untersuchen – wie die Variable Musikstil von eben – oder zwei Variablen in ihrer Kombination. Die Variablen können dabei wieder zwei oder mehr Ausprägungen haben.

Anpassungstest bei einer nominalskalierten Variable
Wie eben angedeutet, können wir bei Nominaldaten lediglich prüfen, ob eine empirische Verteilung, die wir in einer Studie gefunden haben, einer theoretisch zu erwartenden Verteilung entspricht. Der Begriff Verteilung bezieht sich hier allerdings nicht auf Stichprobenverteilungen, sondern auf Häufigkeitsverteilungen. Diese kennen wir aus der deskriptiven Statistik, und sie geben auf der Y-Achse jeweils die Anzahl der Personen an, die einen bestimmten Messwert erzielt haben. Und tatsächlich ist das Einzige, was wir mit Nominaldaten tun können, die Häufigkeiten bestimmter Messwerte zu untersuchen. Für Häufigkeitsverteilungen kann man eine ganz bestimmte Form erwarten, und diese wird mit der Form der gefundenen empirischen Verteilung verglichen.

Weil man hierbei untersucht, wie gut eine empirische und eine theoretische Verteilung zusammenpassen, wird der entsprechende Test *Anpassungstest* genannt. Sein alternativer und gebräuchlicherer Name ist *Chi-Quadrat-Test (χ^2-Test)*. χ^2 ist eine Prüfgröße, die wiederum einer bestimmten Verteilung folgt, der χ^2-Verteilung. Um eine empirische Verteilung mit einer theoretisch zu erwartenden Verteilung zu vergleichen, werden die beobachteten mit den erwarteten Häufigkeiten verglichen (f steht für frequency):

$$\chi^2 = \sum \frac{(f_b - f_e)^2}{f_e}$$

f_b steht dabei für die *b*eobachteten Häufigkeiten, also die Häufigkeiten, mit der bestimmte Merkmalsausprägungen vorgekommen sind. f_e steht für die *e*rwarteten Häufigkeiten, die sich aus theoretischen Überlegungen ergeben. Das Summenzeichen deutet an, dass die Differenz von beobachteten und erwarteten Häufigkeiten so oft berechnet werden muss, wie es Merkmalsausprägungen gibt.

▶ Der χ^2-Anpassungstest prüft, ob eine empirische Häufigkeitsverteilung mit einer theoretisch zu erwartenden Häufigkeitsverteilung übereinstimmt.

Die erwarteten Häufigkeiten stellen beim χ^2-Test die Nullhypothese dar, und es wird auch hier gegen die Nullhypothese getestet, indem die Differenz der beobachteten und erwarteten Werte gebildet wird. Je größer diese Abweichung, desto größer der Wert für χ^2. Dieser empirische χ^2-Wert muss größer sein als der kritische Wert.

Die zu erwartende Verteilung ist in vielen Fällen eine Gleichverteilung. So würde man beispielsweise beim Würfeln erwarten, dass die Zahlen von 1 bis 6 bei einer großen Zahl von Würfen in etwa gleich häufig auftreten. Die zu erwartende Verteilung kann sich aber auch aus theoretischen Überlegungen oder praktischen Erfahrungen ergeben. Wollen wir etwa untersuchen, ob ein bestimmtes Buch – sagen wir ein Liebesroman – signifikant häufiger von Frauen als von Männern gekauft wurde als ein herkömmlicher Liebesroman, dann können wir für die erwarteten Häufigkeiten keine Gleichverteilung voraussetzen. Denn Liebesromane werden generell eher von Frauen als von Männern gekauft. Diese generelle Häufigkeit – etwa 70 % zu 30 % – müssten wir hier als erwartete Häufigkeit benutzen.

Die erwartete oder theoretische Verteilung kann natürlich auch einfach eine Normalverteilung sein. Der Anpassungstest würde dann prüfen, ob die Häufigkeitsverteilung signifikant von einer Normalverteilung abweicht. Diese Art von Chi-Quadrat-Test hatten wir oben schon besprochen – und den Kolmogorov-Smirnov-Test als Beispiel genannt. Er kann verwendet werden um zu untersuchen, ob Daten einer Normalverteilung folgen oder nicht.

Unabhängigkeitstest bei zwei nominalskalierten Variablen
Der Anpassungstest prüft, wie sich die Verteilung einer einzigen Variable von einer theoretischen Verteilung unterscheidet, die man für diese Variable erwartet. Natürlich kann man aber auch mehr als eine nominalskalierte Variable für eine Stichprobe erheben. Zur Auswertung kann man nun zunächst für jede dieser Variablen einen Anpassungstest machen – nach dem eben vorgestellten Prinzip. Des Weiteren kann man sich aber fragen, ob die Verteilungen der beiden Variablen irgendeine Beziehung zueinander aufweisen, ob also die Form der einen Häufigkeitsverteilung von der Form der anderen Häufigkeitsverteilung abhängt. Der Test, der das prüfen soll, heißt entsprechend *Unabhängigkeitstest*. Dieser Test ist

ebenfalls ein χ^2-Test, da er sich auch auf beobachtete und erwartete Häufigkeiten bezieht. Die beiden Variablen, die man mit dem Unabhängigkeitstest untersuchen möchte, können dabei im Prinzip beliebig viele Ausprägungen haben.

▶ Der Unabhängigkeitstest prüft, ob die Verteilung der Ausprägungen einer Variable unabhängig von der Verteilung der Ausprägungen einer anderen Variable ist.

Die Kombinationen der Ausprägungen solcher Variablen kann man in einer sogenannten *Kreuztabelle* oder *Kontingenztafel* darstellen.

▶ Kreuztabellen oder Kontingenztafeln bilden die verschiedenen Kombinationen der Ausprägungen nominalskalierter Variablen ab.

Im häufigsten Fall wird die Abhängigkeit von nur 2 Variablen untersucht. Dabei kann die eine Variable k und die andere Variable l Ausprägungen haben. Der χ^2-Unabhängigkeitstest wird daher auch $k \; x \; l - \chi^2$ (sprich *k mal l Chi-Quadrat*) genannt. Um ihn zu berechnen, werden wieder für jede der k x l Merkmalskombinationen die beobachteten und die erwarteten Häufigkeiten benötigt. Wenn der Test schließlich signifikant ist, dann heißt das, dass die Häufigkeitsverteilung der einen Variable *nicht unabhängig* von der Verteilung der anderen Variable ist. Wo genau die Unterschiede liegen, kann man allerdings nur anhand der Kreuztabelle im Einzelnen erkennen.

Auch beim Unabhängigkeitstest können die erwarteten Häufigkeiten einer Gleichverteilung entsprechen oder aber aus theoretischen Erwartungen resultieren. Sehen wir uns ein Beispiel an, in dem die erwarteten Häufigkeiten zunächst bestimmt werden müssen. Wir wollen gern wissen, ob Frauen mehr Klassik-CDs kaufen als Männer. Dafür machen wir eine kleine Studie und beobachten die Käufe von 60 Personen in einem Musikgeschäft. Die erste Variable wäre demnach das Geschlecht und die zweite Variable die Frage, ob die Person eine Klassik-CD gekauft hat oder nicht (ja/nein). Wir finden die folgenden Ergebnisse (siehe Tab. 12.1).

Was sind nun die erwarteten Häufigkeiten? Wie wir sehen, haben wir in unserer Stichprobe weder gleich viele Männer und Frauen erwischt, noch haben wir gleich viele Klassik-CD-Käufer wie nicht Klassik-CD-Käufer erwischt. (Wir könnten mit Anpassungstests nun erst einmal prüfen, ob diese Verteilungen für das Geschlecht und für die CD-Art von einer Gleichverteilung signifikant abweichen. Aber das ist hier nicht unsere Fragestellung.) Wir können also nicht einfach die 60 Personen

Tab. 12.1 Ergebnisse beim CD-Kauf (beobachtete Häufigkeiten)

		Geschlecht		
		männlich	*weiblich*	*Zeilensumme*
Klassik-CD gekauft?	*ja*	9	35	*44*
	nein	1	15	*16*
Spaltensumme		*10*	*50*	*N = 60*

durch 4 teilen und das Ergebnis in jede Zelle eintragen. Vielmehr müssen wir hier die Häufigkeiten der Gesamtstichprobe berücksichtigen und in die Bestimmung der erwarteten Häufigkeiten einfließen lassen. Anders ausgedrückt: Wir können nicht erwarten, dass von den 44 verkauften Klassik-CDs 22 von Männern und 22 von Frauen gekauft wurden, denn die Stichprobe enthält ja viel weniger Männer als Frauen. Die erwarteten Häufigkeiten können wir bestimmen, indem wir die sogenannten *Zeilensummen Z* und *Spaltensummen S* multiplizieren und durch *N* teilen:

$$f_e = \frac{Z \cdot S}{N}$$

Diese Summen geben einfach an, wie viele Männer und Frauen und wie viele Klassik-CD- und nicht-Klassik-CD-Käufe es insgesamt gab. Die erwartete Häufigkeit für die Kombination „Mann und Klassik-CD" wäre damit $\frac{44 \cdot 10}{60} = 7, 3$. Auf diese Weise können alle erwarteten Häufigkeiten bestimmt werden (siehe Tab. 12.2).

Wie man erkennen kann, bleiben die Zeilen- und Spaltensummen natürlich gleich. Die beobachteten und erwarteten Häufigkeiten können nun in die bereits bekannte Formel des χ^2-Tests eingesetzt werden:

$$\chi2 = \frac{(9 - 7,3)^2}{7,3} + \frac{(35 - 36,7)^2}{36,7} + \frac{(1 - 2,7)^2}{2,7} + \frac{(15 - 13,3)2}{13,3} = 1,76$$

Die Freiheitsgrade betragen $(k - 1)(l - 1) = (2 - 1)(2 - 1) = 1$. Die χ^2-Tabelle liefert bei einem Signifikanzniveau von 5 % einen kritischen Wert von 3,84. Unser Ergebnis ist also nicht signifikant und wir können nicht behaupten, dass der Kauf von Klassik-CDs vom Geschlecht abhängt (die Variablen sind also unabhängig).

Dieses gerade vorgestellte Beispiel stellt übrigens den Sonderfall dar, dass beide Variablen nur zwei Ausprägungen haben. Die Kreuztabelle, die dabei entsteht, besitzt nur vier Felder und wird daher oft als *Vierfeldertafel* bezeichnet.

Tab. 12.2 erwartete Häufigkeiten für das CD-Beispiel

		Geschlecht		
		männlich	*weiblich*	*Zeilensumme*
Klassik-CD gekauft?	*ja*	7,3	36,7	*44*
	nein	2,7	13,3	*16*
Spaltensumme		*10*	*50*	*N = 60*

Unabhängigkeitstest bei Messwiederholungen

Neben den beiden bisher diskutierten Möglichkeiten, dass man eine Variable oder zwei Variablen untersucht, kann der Fall auftreten, dass man *eine Variable zwei-mal* gemessen hat. Das würde einer klassischen Messwiederholung entsprechen. Hier wäre man daran interessiert zu prüfen, ob sich die Verteilung der Messwerte bei der ersten Messung von der Verteilung der Messwerte bei der zweiten Messung unterscheidet. Nehmen wir an, wir würden Raucher und eine Kontrollgruppe von Nichtrauchern einem Nichtraucherseminar unterziehen. Den Anteil von Rauchern und Nichtrauchern erheben wir vor und nach dem Seminar. Unsere Hoffnung ist natürlich, dass das Seminar dazu führt, dass es hinterher weniger Raucher als vorher gibt. Die erhobenen Daten können wir wieder in einer Tabelle darstellen (siehe Tab. 12.3).

Entscheidend an dieser Tabelle sind die Zellen b und c. Diese würden angeben, dass jemand entweder vorher geraucht hat und hinterher nicht mehr (b) oder vorher nicht geraucht hat aber hinterher (c). Bei Personen in den Zellen a und d hätte sich nichts verändert. Der entsprechende χ^2-Test heißt *Mc-Nemar-χ^2*. Der Mc-Nemar-Test hat eine sehr einfache Formel, in die tatsächlich nur die Zellen b und c eingehen:

$$\chi^2 = \frac{(b - c)^2}{b + c}$$

Ein signifikantes Ergebnis würde hier anzeigen, dass das Verhältnis von Rauchern zu Nichtrauchern nach dem Seminar anders ist als vor dem Seminar. Ob dabei tatsächlich Raucher zu Nichtrauchern geworden sind und nicht etwa umgekehrt, muss man wieder anhand der Tabelle prüfen.

Effektgrößen für Nominaldaten

Die Bestimmung von Effektgrößen für Nominaldaten wirft die gleichen Probleme auf, wie wir sie bei den Effektgrößen für Ordinaldaten schon diskutiert haben. Da wir auch bei Nominaldaten keine Mittelwerte zur Verfügung haben, können wir

Tab. 12.3 Tabelle für ein Messwiederholungsdesign bei einer nominalskalierten Variable

		Messung 2 (hinterher)	
		Raucher	*Nichtraucher*
Messung 1 (vorher)	*Raucher*	a	b
	Nichtraucher	c	d

keinerlei Abstandsmaße berechnen. Wir können aber für alle Arten von χ^2-Tests eine korrelative Effektgröße bestimmen, denn prinzipiell prüfen alle χ^2-Tests den Zusammenhang von Verteilungen. Die Effektgröße, die hier berechnet werden kann, heißt w und kann für alle χ^2-Tests nach der folgenden Formel berechnet werden:

$$w = \sqrt{\frac{\chi^2}{N}}$$

N bezieht sich dabei immer auf die Größe der Gesamtstichprobe. w kann genauso wie die herkömmliche Pearson-Korrelation interpretiert werden. Beim Spezialfall der Vierfeldertafel wird auch manchmal der sogenannte *Phi-Koeffizient* (φ) als Effektgröße verwendet, dessen Ergebnis aber mit w identisch ist.

Literaturempfehlung zu allen Unterschieds-Fragestellungen bei parametrischen und nonparametrischen Tests:
– Aron, A., Aron, E. N., & Coups, E. J. (2012). *Statistics for psychology* (6. Aufl.). London: Pearson. (Kap. 14)
– Bühner, M., & Ziegler, M. (2009). *Statistik für Psychologen und Sozialwissenschaftler*. München: Pearson. (Kap. 5 und 6)
– Sedlmeier, P., & Renkewitz, F. (2013). *Forschungsmethoden und Statistik*. München: Pearson. (Kap. 17 und 18)

Glossar

Abhängige Messungen Abhängige Messungen entstehen durch Messwiederholung an derselben Stichprobe oder durch gepaarte (gematchte) Stichproben. Sie zeichnen sich durch eine kleinere Fehlervarianz aus, da Störvariablen hier weniger Einfluss haben als bei unabhängigen Messungen.

Allgemeines Lineares Modell (ALM) Das ALM spannt sich wie eine Art mathematischer Schirm über fast alle Arten von Signifikanztests und vereint die in verschiedenen Tests auftauchenden Berechnungen. Es führt alle Testverfahren auf lineare Zusammenhänge zwischen Variablen zurück, welche sich durch eine Regressionsgerade beschreiben lassen. Die Gleichung des ALM sagt aus, dass sich der konkrete Messwert einer Person aus einer Regressionskonstante, dem Einfluss einer Reihe von Prädiktoren und einem Fehler zusammensetzt.

Alpha-Fehler (Fehler erster Art) Der Alpha-Fehler ist die Wahrscheinlichkeit, mit der man beim Signifikanztesten aufgrund eines Stichprobenergebnisses fälschlicherweise die Alternativhypothese annimmt und die Nullhypothese verwirft (obwohl diese eigentlich in der Population gilt).

Alternativhypothese Die Alternativhypothese (auch als H1 bezeichnet) als Teil des Signifikanztests beschreibt den Effekt (Unterschied, Zusammenhang), den man als mindesten oder interessanten Effekt für die Population annimmt.

Anpassungstest Der Anpassungstest prüft, ob eine empirische Häufigkeitsverteilung mit einer theoretisch zu erwartenden Häufigkeitsverteilung übereinstimmt. Die zu erwartende Verteilung kann einer Gleichverteilung, einer Normalverteilung oder einer beliebigen anderen Form von Verteilung entsprechen, welche sich aus theoretischen Überlegungen oder praktischen Erfahrungen ergeben kann.

Beta-Fehler (Fehler zweiter Art) Der Beta-Fehler ist die Wahrscheinlichkeit, mit der man beim Signifikanztest aufgrund eines Stichprobenergebnisses fälsch-

© Springer Fachmedien Wiesbaden 2016
T. Schäfer, *Methodenlehre und Statistik*,
DOI 10.1007/978-3-658-11936-2

licherweise die Nullhypothese annimmt und die Alternativhypothese verwirft (obwohl diese eigentlich in der Population gilt).

Boxplot Ein Boxplot ist eine Form der grafischen Darstellung von Daten. Es bildet die Verteilung einer einzelnen Variable ab. Im Boxplot sind Median und Interquartilsabstand abgetragen. Es bietet eine gute Möglichkeit, die Rohdaten unverzerrt darzustellen und Ausreißer zu identifizieren. Das Boxplot ist Teil der explorativen Datenanalyse.

Chi-Quadrat-Tests Chi-Quadrat-Tests sind non-parametrische Tests zur Analyse von Häufigkeiten oder Verteilungen.

Deskriptive Statistik Die deskriptive (beschreibende) Statistik vereint alle Methoden, mit denen empirische Daten zusammenfassend dargestellt und beschrieben werden können. Dazu dienen Kennwerte, Grafiken und Tabellen.

Determinationskoeffizient Der Determinationskoeffizient r^2 gibt das Ausmaß der Varianzaufklärung einer Variable Y durch eine Variable X an. Er kann maximal 1 betragen, was einer Varianzaufklärung von 100 Prozent entspricht.

Effekt Als Effekt bezeichnet man die Wirkung einer unabhängigen Variable auf eine abhängige Variable. Effekte lassen sich in Form von Unterschieden oder Zusammenhängen beschreiben.

Effektgröße (Effektstärke) Effektgrößen sind standardisierte Maße für die Größe eines Effektes. Sie sind über Stichproben und Themenbereiche hinweg vergleichbar. Man kann Abstandmaße (z. B. d und g) und Zusammenhangsmaße (z. B. r) unterscheiden.

Einseitige Tests Von einseitigem Testen spricht man, wenn man eine Hypothese testet, die eine Annahme über die Richtung des Effektes beinhaltet (z. B., Gruppe A sollte *höhere* Werte haben als Gruppe B; der Zusammenhang zwischen X und Y sollte *negativ* sein).

Einzelvergleiche (Post-hoc-Tests) Im Anschluss an Varianzanalysen prüfen Einzelvergleiche, welche Faktorstufen sich signifikant voneinander unterscheiden. Sie funktionieren im Prinzip wie einzelne t-Tests. Allerdings wird hier die Alpha-Fehler-Kumulation berücksichtigt, indem diese Einzelvergleiche eine sogenannte Alpha-Korrektur erhalten.

Erwartungswert Der Erwartungswert einer bestimmten Variable ist der Wert, den man in der Population erwarten würde, also eine Schätzung des Populationsparameters. Beispielsweise wird der Mittelwert einer Stichprobe als Erwartungswert für den Mittelwert in der Population benutzt.

Experiment Experimente sind künstliche Eingriffe in die natürliche Welt mit dem Ziel, systematische Veränderungen in einer unabhängigen Variable (UV) herzustellen, die ursächlich zu einer Veränderung in einer abhängigen

Variable (AV) führen sollen. Alternativerklärungen werden dabei ausgeschlossen.

Explorative Statistik Die explorative Statistik untersucht Daten mit Hilfe geeigneter Darstellungen und Berechnungen nach besonderen Mustern, Auffälligkeiten oder Zusammenhängen.

F-Test Der F-Test ist der Signifikanztest der Varianzanalyse. Er prüft das Verhältnis von aufgeklärter zu nicht aufgeklärter Varianz. Er wird auch dafür verwendet Regressionsmodelle inferenzstatistisch zu prüfen.

Gesetz der großen Zahl Das Gesetz der großen Zahl beschreibt folgenden Zusammenhang: Je größer eine Stichprobe ist, desto stärker nähert sich die Verteilung einer Variable der wahren Verteilung in der Population an.

Haupteffekt Im Zuge der mehrfaktoriellen Varianzanalyse beschreiben Haupteffekte neben der Interaktion zwischen verschiedenen UVs den isolierten Effekt der einzelnen UVs auf die AV.

Inferenzstatistik Ziel der Inferenzstatistik sind Schlüsse von einer Stichprobe auf eine Population sowie Aussagen über die Güte dieser Schlüsse. Typische interenzstatistische Verfahren sind Standardfehler, Konfidenzintervalle und Signifikanztests.

Interaktion Im Zuge der mehrfaktoriellen Varianzanalyse beschreibt die Interaktion neben den Haupteffekten der einzelnen UVs die Wechselwirkung zwischen verschiedenen UVs auf die AV. Man spricht auch von bedingten Mittelwertsunterschieden.

Irrtumswahrscheinlichkeit (Alpha, Signifikanzniveau) Die Irrtumswahrscheinlichkeit ist die Wahrscheinlichkeit eines Ergebnisses (unter Annahme der Nullhypothese), ab der man nicht mehr bereit ist, die Nullhypothese zu akzeptieren. Empirisch gefundene Ergebnisse, deren Wahrscheinlichkeiten kleiner als diese festgelegte Irrtumswahrscheinlichkeit sind ($p < \alpha$), werden als *signifikant* bezeichnet und führen zur Ablehnung der Nullhypothese. Die Irrtumswahrscheinlichkeit entspricht damit auch der Wahrscheinlichkeit, mit der man beim Ablehnen der Nullhypothese einen Fehler (Alphafehler) macht.

Konfidenzintervall Ein Konfidenzintervall im Rahmen der Inferenzstatistik ist ein Wertebereich, bei dem man darauf vertrauen (konfident sein) kann, dass er den wahren Wert in der Population mit einer gewissen Wahrscheinlichkeit (der Vertrauenswahrscheinlichkeit) beinhaltet.

Korrelation (auch Pearson-Korrelation oder Produkt-Moment-Korrelation) Die Korrelation beschreibt das Ausmaß des linearen Zusammenhangs zweier Variablen. Man spricht auch von einem bivariaten Zusammenhang bzw. von einer bivariaten Korrelation. Die Größe des Zusammenhangs wird in standardisierter

Form ausgedrückt, ist daher unabhängig von der ursprünglichen Skalierung der Variablen und kann Werte zwischen -1 und $+1$ annehmen. Man erhält die Korrelation durch Standardisierung der Kovarianz.

Kovarianz Die Kovarianz gibt das Ausmaß des Zusammenhangs zweier Variablen in deren natürlicher Maßeinheit an, also nicht in standardisierter Form. Sie beschreibt das Ausmaß, in welchem zwei Variablen gemeinsam variieren.

Kreuztabelle (Kontingenztafel) Kreuztabellen oder Kontingenztafeln bilden die verschiedenen Kombinationen der Ausprägungen nominalskalierter Variablen ab. Die Zellen enthalten die Häufigkeiten, mit denen die Merkmalskombinationen auftreten.

Latente Variablen (Konstrukte) Variablen, die man nicht direkt messen kann, sondern erst mithilfe anderer Variablen erschließen muss, heißen latente Variablen. Die meisten Variablen in der Psychologie sind latent (etwa Intelligenz, Lernen, Aggression).

Manifeste Variablen Variablen, die man direkt messen kann, heißen manifeste Variablen (z. B. Alter, Geschlecht).

Median (Md) Der Median ist ein Maß zur Beschreibung der Lage einer Verteilung. Er ergibt sich, wenn man alle Werte einer Verteilung der Größe nach aufschreibt und den Wert sucht, der genau in der Mitte steht. Liegt die Mitte zwischen zwei Werten, so wird von diesen beiden Werten der Mittelwert gebildet.

Messen Messen besteht im Zuordnen von Zahlen zu Objekten, Phänomenen oder Ereignissen – und zwar so, dass die Beziehungen zwischen den Zahlen die analogen Beziehungen der Objekte, Phänomene oder Ereignisse repräsentieren.

Mittelwert (M) Der Mittelwert (auch arithmetisches Mittel, Durchschnitt, Mean genannt) ist ein Maß zur Beschreibung der Lage einer Verteilung. Er ist die Summe aller Einzelwerte der Daten, geteilt durch die Anzahl dieser Werte.

Modus (Modalwert) Der Modalwert ist ein Maß zur Beschreibung der Lage einer Verteilung. Er gibt diejenige Merkmalsausprägung an, die am häufigsten vorkommt.

Multiple Regression Die multiple Regression ist ein Analyseverfahren, welches direkt aus dem ALM folgt. Sie schätzt mithilfe der Ausprägungen auf mehreren Prädiktorvariablen den Wert einer Person auf einer Kriteriumsvariable. Die Formel für die multiple Regression besteht aus der Regressionskonstante und den Prädiktoren mit ihren Regressionskoeffizienten.

Multipler Determinationskoeffizient Der multiple Determinationskoeffizient gibt den Anteil von Varianz des Kriteriums wieder, der im Zuge der multiplen

Regression durch alle Prädiktoren gemeinsam erklärt wird. Er kann maximal
1 sein, was einer Varianzaufklärung von 100 Prozent entspricht.

Nonparametrische (verteilungsfreie) Testverfahren Nonparametrische oder verteilungsfreie Testverfahren testen Zusammenhänge von Variablen oder Unterschiede zwischen Gruppen. Sie machen jedoch im Gegensatz zu parametrischen
Testverfahren keine Annahmen, die sich auf die Verteilung der Messwerte in
der Population beziehen, und eignen sich daher auch für Daten auf Nominal-
und Ordinalskalenniveau.

Normalverteilung Die Normalverteilung ist die Form, mit der sich die Verteilung
vieler Merkmale in der Population (sowohl physiologische als auch mentale
Merkmale) beschreiben lässt. Diese Verteilungsform ist symmetrisch und
ähnelt einer Glocke, weshalb sie auch als Gauss'sche Glocke bezeichnet wird.

Nullhypothese Die Nullhypothese (auch als H0 bezeichnet) als zentrale Idee des
Signifikanztests behauptet, dass es in der Population keinen Effekt (Unterschied, Zusammenhang) gibt.

Operationalisierung Die Operationalisierung gibt die Art und Weise an, wie ein
Begriff oder eine psychologische Größe definiert, beobachtet und gemessen
werden soll.

Parametrische Testverfahren Parametrische Testverfahren testen Zusammenhänge von Variablen oder Unterschiede zwischen Gruppen. Sie setzen im Gegensatz zu nonparametrischen Testverfahren eine bestimmte Verteilung – meist
eine Normalverteilung – der Messwerte in der Population voraus.

Population (Grundgesamtheit) Die Begriffe Grundgesamtheit und Population
beziehen sich auf die Gruppe von Menschen, für die eine bestimmte Aussage
zutreffen soll (also entweder auf alle Menschen oder auf eine spezifische Sub-
gruppe wie etwa Depressive oder Studierende).

Power Siehe Teststärke

p-Wert Der p-Wert ist die Wahrscheinlichkeit dafür, dass der in einer Stichprobe
gefundene oder ein noch größerer Effekt auftreten konnte unter der Annahme,
dass die Nullhypothese gilt. Er ist das zentrale Ergebnis des Signifikanztests.

Quadratsumme Die Quadratsumme QS ist die Bezeichnung für die Summe
quadrierter Differenzen. Sie ist ein Maß für die Streuung von Messwerten,
welches noch nicht an der Größe der Stichprobe relativiert ist.

Quasiexperiment Quasiexperimente sind Experimente, bei denen die Gruppeneinteilung von Natur aus vorgegeben und daher keine Randomisierung möglich
ist (z. B. Raucher und Nichtraucher).

Randomisierung Bei der Randomisierung werden die Versuchspersonen zufällig den verschiedenen Versuchsbedingungen (z. B. den Gruppen eines Experimentes) zugeteilt.

Rangkorrelationen Rangkorrelationen sind die non-parametrischen Entsprechungen zur herkömmlichen Pearson-Korrelation. Sie korrelieren nicht die Rohwerte, sondern den Rohwerten zugewiesene oder echte Ränge. Die einzige Bedingung ist dabei, dass die Beziehung der beiden zu korrelierenden Variablen einer monotonen Steigung folgt.

Regression Die Regression ist eine Vorhersageanalyse. Sie macht sich die Korrelation von Variablen zunutze, um die Werte der einen Variablen aus den Werten der anderen Variable vorherzusagen (zu schätzen). Die vorhersagende Variable wird dabei als Prädiktor, die vorhergesagte Variable als Kriterium bezeichnet.

Regressionsgewichte In der Regression beschreiben die Regressionsgewichte den Einfluss eines Prädiktors auf die Vorhersage des Kriteriums. Bei der multiplen Regression gibt es mehrere Prädiktoren, und jeder Prädiktor erhält ein eigenes Regressionsgewicht, welches um den Einfluss anderer Prädiktoren bereinigt ist.

Robustes Testverfahren Ein robustes Testverfahren ist zwar an bestimmte Voraussetzungen geknüpft (z. B. Normalverteilung der Daten), ist gegen Verletzungen dieser Voraussetzungen jedoch so unempfindlich, dass es trotzdem sehr gute Ergebnisse (man sagt auch erwartungstreue Schätzungen) liefert.

Signifikanz Signifikanz heißt statistische Bedeutsamkeit und bezieht sich immer auf einen Effekt, den man in einer Stichprobe gefunden hat und auf die Population verallgemeinern möchte. Signifikante Ergebnisse werden als systematisch und nicht als zufällig erachtet. Signifikanz hat nichts mit inhaltlicher Bedeutsamkeit zu tun.

Signifikanztest Der Signifikanztest als Methode der Inferenzstatistik liefert die Grundlage für eine Entscheidung zwischen gegensätzlichen Hypothesen. Auf der Grundlage von theoretischen Stichprobenverteilungen gibt er Auskunft darüber, ob die statistische Bedeutsamkeit eines Effektes groß genug ist, um ihn auf die Population zu verallgemeinern.

Skala Der Begriff Skala beschreibt die Beschaffenheit des empirischen und des numerischen Relativs sowie eine Abbildungsfunktion, die die beiden verbindet. Dabei geht es um die Frage, wie das empirische Relativ (also das zu beschreibende Phänomen) durch ein numerisches Relativ (also durch Zahlen) sinnvoll repräsentiert werden kann.

Stamm-und-Blatt Diagramm Ein Stamm-und-Blatt Diagramm ist eine Form der grafischen Darstellung von Daten. Es bildet die Verteilungen einer einzelnen

Variable mit allen Rohwerten ab. Da jede Person in der Abbildung mit ihrem konkreten Wert auftaucht, gibt es keinerlei Informationsverlust. Es dient zum Erkennen von schiefen oder untypischen Verteilungen. Das Stamm-und-Blatt Diagramm ist Teil der explorativen Datenanalyse.

Standardabweichung Die Standardabweichung s (oder auch SD für standard deviation) ist ein Maß zur Beschreibung der Streuung einer Verteilung. Sie ist die Wurzel aus der Varianz.

Standardfehler Der Standardfehler ist die Standardabweichung der Stichprobenverteilung eines Kennwertes. Er quantifiziert die Ungenauigkeit bei der Schätzung von Populationsparametern mithilfe von Stichprobenkennwerten.

Standardnormalverteilung z–Werte verteilen sich immer in einer ganz bestimmten Form, die als Standardnormalverteilung (z–Verteilung) bezeichnet wird. Sie ist durch die Form der Glockenkurve (Normalverteilung) gekennzeichnet und besitzt stets einen Mittelwert von 0 sowie eine Standardabweichung von 1.

Stichprobenverteilung In einer Stichprobenverteilung als wichtigste Grundlage der Inferenzstatistik sind die Kennwerte (z. B. Mittelwerte, Anteile, Mittelwertunterschiede, Korrelationen) vieler Stichproben bzw. Studien abgetragen. Sie bildet ab, wie sich die einzelnen Ergebnisse verteilen und wie oft bzw. mit welcher Wahrscheinlichkeit ein bestimmtes Ergebnis zu erwarten wäre. Während eine *empirische* Stichprobenverteilung die Ergebnisse einer endlichen Anzahl realer Studien abbildet, zeigt eine *theoretische* Stichprobenverteilung, wie sich die Ergebnisse verteilen würden, wenn man theoretisch unendlich viele Stichproben ziehen würde.

Streudiagramm (Scatterplot) Das Streudiagramm ist eine Form der grafischen Darstellung von Zusammenhängen zwischen zwei Variablen. Im Streudiagramm ist jede Person durch einen Punkt vertreten und zwar an der Stelle, wo sich ihre Werte auf beiden Variablen kreuzen. Das Streudiagramm ist Teil der explorativen Datenanalyse.

Testen Unter dem Begriff Testen versteht man die Untersuchung von Merkmalen einer Person. Mithilfe einer Zusammenstellung von Fragen oder Aufgaben (Items) sollen dabei die individuellen Merkmalsausprägungen möglichst quantitativ erfasst werden. Man kann grob zwischen Persönlichkeits- und Leistungstests unterscheiden.

Teststärke (Power) Die Teststärke oder Power gibt die Wahrscheinlichkeit an, mit der ein in der Population tatsächlich vorhandener Effekt mithilfe eines Testverfahrens identifiziert werden kann, also zu einem signifikanten Ergebnis führt.

t-Tests *t*-Tests sind eine Gruppe von Tests, die für verschiedene Fragestellungen
verwendet werden können, bei denen Mittelwerte verglichen werden. Das
Prinzip des *t*-Tests ist immer der Vergleich zweier Mittelwerte (aus unabhängigen oder abhängigen Stichproben oder ein Mittelwert, der gegen einen theoretisch zu erwartenden Mittelwert getestet wird).

Unabhängige Messungen Unabhängig sind Messungen dann, wenn die Versuchsteilnehmer rein zufällig den verschiedenen Gruppen, die verglichen werden sollen, zugeordnet wurden und sich daher nicht gegenseitig beeinflussen.

Unabhängigkeitstest Der Unabhängigkeitstest prüft für nominalskalierte Daten,
ob die Ausprägung einer Variable unabhängig von der Ausprägung einer
anderen Variable ist.

Variable Variable ist eine Bezeichnung für eine Menge von Merkmalsausprägungen, wobei es mindestens zwei Ausprägungen geben muss.

Varianz Die Varianz s^2 ist ein Maß zur Beschreibung der Streuung einer Verteilung. Sie ist die durchschnittliche quadrierte Abweichung aller Werte von ihrem
gemeinsamen Mittelwert.

Varianzanalyse Die Varianzanalyse (ANOVA = Analysis of Variance) untersucht
die Unterschiede (Variation) der Mittelwerte von zwei oder mehr Gruppen. Sie
prüft das Verhältnis zwischen erklärter Varianz (zwischen den Gruppen) und
nicht erklärter Varianz (innerhalb der Gruppen) in den Daten. Ist die erklärte
Varianz in diesem Verhältnis groß genug, führt das zu einem signifikanten
Gruppenunterschied. Anstelle von verschiedenen Gruppen kann es sich dabei
auch um verschiedene Messwiederholungen handeln.

Vertrauenswahrscheinlichkeit Die Vertrauenswahrscheinlichkeit (Konfidenz) ist
die Wahrscheinlichkeit, mit der man darauf vertrauen kann, dass ein bestimmtes Konfidenzintervall den wahren Wert in der Population beinhaltet.

Wissenschaftstheorie Die Wissenschaftstheorie beschäftigt sich mit unterschiedlichen Weltbildern, deren verschiedenen Auffassungen über die Fähigkeit der
Wissenschaft die Wahrheit aufzudecken, sowie den damit verbundenen Her-
angehensweisen an wissenschaftliche Fragestellungen.

Zentraler Grenzwertsatz Der zentrale Grenzwertsatz besagt, dass die Verteilung
einer großen Anzahl von Stichprobenergebnissen einer Normalverteilung folgt.
Dies ist umso eher der Fall, je größer die einzelnen Stichproben sind.

z–Standardisierung Mit Hilfe der *z*–Standardisierung lassen sich Messwerte von
verschiedenen Skalen bzw. aus verschiedenen Stichproben vergleichbar
machen, indem alle Ergebnisse auf eine einheitliche standardisierte *z*–Skala
transformiert (umgerechnet) werden. Jedem Rohwert wird ein *z*–Wert zuge-

ordnet, indem man vom Rohwert den Mittelwert aller Werte abzieht und die Differenz anschließend an der Streuung aller Rohwerte standardisiert.

Zweiseitige Tests Von zweiseitigem Testen spricht man beim Testen von Hypothesen, die keine Annahme über die Richtung des Effektes enthalten (z. B., es gibt einen Unterschied zwischen Gruppe A und Gruppe B; es gibt einen Zusammenhang zwischen X und Y).

Literatur

Aron, A., Aron, E., & Coups, E. J. (2009). *Statistics for Psychology*. Upper Saddle River: Pearson Prentice Hall.

Aron, A., Aron, E. N., & Coups, E. J. (2012). *Statistics for psychology* (6. Aufl). London: Pearson.

Backhaus, K., Erichson, B., Plinke, W., & Weiber, R. (2011). *Multivariate Analysemethoden* (13. Aufl.). Berlin: Springer.

Bortz, J., & Döring, N. (2006). *Forschungsmethoden und Evaluation für Human- und Sozialwissenschaftler*. Heidelberg: Springer.

Bühner, M., & Ziegler, M. (2009). *Statistik für Psychologen und Sozialwissenschaftler*. München: Pearson.

Bunge, M., & Ardila, R. (1990). *Philosophie der Psychologie*. Tübungen: Mohr.

Cohen, J. (1988). *Statistical power analysis for the behavioral sciences* (2. Aufl.). Hillsdale: Lawrence Erlbaum Associates.

Cumming, G. (2012). *Understanding the new statistics: Effect sizes, confidence intervals, and meta-analysis*. New York: Routledge.

Cumming, G. (2014). The new statistics: Why and how. *Psychological Science, 25*, 7–29.

Huber, O. (2005). *Das psychologische Experiment: Eine Einführung* (4. Aufl.). Bern: Huber.

Pospeschill, M. (2006). *Statistische Methoden*. München: Spektrum.

Rosenthal, R., Rosnow, R. L., & Rubin, D. B. (2000). *Contrasts and effect sizes in behavioral research: A correlational approach*. New York: Cambridge University Press.

Sedlmeier, P. (1996). Jenseits des Signifikanztest-Rituals: Ergänzungen und Alternativen. *Methods of Psychological Research – online, 1*. http://www.mpr-online.de/

Sedlmeier, P., & Köhlers, D. (2001). *Wahrscheinlichkeiten im Alltag: Statistik ohne Formeln*. Braunschweig: Westermann.

Sedlmeier, P., & Renkewitz, F. (2013). *Forschungsmethoden und Statistik*. München: Pearson.

Van Boven, L., & Gilovich, T. (2003). To Do or to Have? That Is the Question. *Journal of Personality and Social Psychology, 85*, 1193–1202.

Westermann, R. (2000). *Wissenschaftstheorie und Experimentalmethodik*. Göttingen: Hogrefe.

© Springer Fachmedien Wiesbaden 2016
T. Schäfer, *Methodenlehre und Statistik*,
DOI 10.1007/978-3-658-11936-2

Stichwortverzeichnis

© Springer Fachmedien Wiesbaden 2016
T. Schäfer, *Methodenlehre und Statistik*,
DOI 10.1007/978-3-658-11936-2

Printed by Books on Demand, Germany